新视野电子电气科技丛书

LabVIEW程序设计与应用

◎吉淑娇 商微微 雷艳敏 编著

清華大学出版社
北京

内容简介

本书分为上、下两篇，上篇基础篇（第1～6章）介绍LabVIEW的基本编程方法，包括开发环境介绍、VI的编程与调试、数据表达、程序结构、波形控件、网络与通信等方面的内容。下篇应用篇（第7～13章）主要结合电子信息类专业的专业课，首先对“信号分析与处理”“通信原理”和“自动控制原理”课程的主要理论知识进行仿真设计；然后介绍数据采集基础，结合工程教学的实验平台Nextboard进行温度采集系统的设计，并实现远程系统采集设计，最后一章介绍基于声卡的数据采集系统的设计。

编者结合多年教学经验和学生的学习特点，对书中例题进行精心设计，反复测试。本书可作为高等学校电子信息类、仪器及相关专业课程的教材，也可供相关领域的工程技术人员学习和参考。

图书在版编目(CIP)数据

LabVIEW 程序设计与应用/吉淑娇，商微微，雷艳敏编著.—北京：清华大学出版社，2019(2021.8重印)
（新视野电子电气科技丛书）
ISBN 978-7-302-51254-7

Ⅰ.①L… Ⅱ.①吉… ②商… ③雷… Ⅲ.①软件工具－程序设计 Ⅳ.①TP311.56

中国版本图书馆CIP数据核字(2018)第213833号

责任编辑：文 怡 李 晔
封面设计：台禹微
责任校对：时翠兰
责任印制：丛怀宇

出版发行：清华大学出版社
网 址：http://www.tup.com.cn，http://www.wqbook.com
地 址：北京清华大学学研大厦A座 **邮 编**：100084
社 总 机：010-62770175 **邮 购**：010-83470235
投稿与读者服务：010-62776969，c-service@tup.tsinghua.edu.cn
质量反馈：010-62772015，zhiliang@tup.tsinghua.edu.cn
课件下载：http://www.tup.com.cn，010-83470236
印 装 者：三河市少明印务有限公司
经 销：全国新华书店
开 本：185mm×260mm **印 张**：12.75 **字 数**：305千字
版 次：2019年2月第1版 **印 次**：2021年8月第4次印刷
定 价：49.00元

产品编号：078765-01

序

PREFACE

NI公司从1976年推出图形化编程语言LabVIEW以来，目前已经在工业界得到广泛的应用，以虚拟仪器为架构设计的工业测控系统大大加速了工程师和科学家的创新和发现过程。同时，围绕虚拟仪器的架构也有一个非常丰富的生态系统，从各种结合前沿应用的工具包，比如机器学习、机器视觉、5G通信架构、工业大数据等软件工具包，到结合现场应用的各种平台，比如测试测量仪器、FPGA的嵌入式开发、高达26.5GHz的射频通信板卡。这些都是加速创新、加速实现企业价值的有力工具。

目前很多高校都开设了LabVIEW相关的虚拟仪器课程，为学生在接下来的工程和科研工作提供了一个有力的工具。LabVIEW的图形化环境非常有利于帮助同学快速接触、了解工业测试与控制系统的搭建，同时丰富的案例应用与范例代码也便于读者快速搭建和实现真实的测控系统。

本书介绍了LabVIEW的基础环境、编程架构以及数据结构，针对如何搭建测控系统做了有针对性的讲解。同时作者结合自己常年的虚拟仪器课程教学经验，在讲解过程中结合丰富的案例介绍，实用性非常强。

希望本书可以成为相关专业学生、工程师以及LabVIEW爱好者的有力工具。

美国国家仪器　院校计划

刘　洋

前言

FOREWORD

美国国家仪器(National Instruments,NI)公司的创新软件产品 LabVIEW,采用图形化编程语言,使计算机编程变得简便,结合高效的数据采集设备,可以快速地构建虚拟测控系统。随着 LabVIEW 的发展,几乎每隔一两年,就会推出新的版本,其应用范围覆盖了工业自动控制、测量测试、计算机仿真、通信及远程测控等众多领域。LabVIEW 已经走进了国内外很多高校的实验室,国内外高校的工科专业大多也开设了相关的课程。学好 LabVIEW 编程设计,对专业理论课的学习也很有帮助。本书作者从事虚拟仪器教学多年,积累了很多程序开发的实践经验,都努力呈现在本书的大量例题中。

对 LabVIEW 初学者来说,掌握高效的学习方法是学好 LabVIEW 的重要因素。使用 LabVIEW 多动手编程,思考程序为什么是这样的运行结果至关重要。本书作者精心编写了大量的例题,初学者尽可能地反复编写和测试程序,以达到知其所以然的目的。

本书基础篇主要由吉淑娇和雷艳敏编写,应用篇由吉淑娇和商微微编写,全书由吉淑娇统稿。在本书的编写过程中参考了大量的文献,在此对这些文献的作者表示衷心的感谢。同时,感谢 NI 公司驻中国院校合作经理刘洋工程师以及泛华公司技术人员提供的大力帮助。本书的责任编辑与作者进行的大量沟通对本书的出版也十分有益,在此一并表示感谢。同时感谢参与本书程序编写和测试的学生,感谢长春大学对本书出版的大力支持。

作者本着交流学习的态度撰写本书,由于自身水平有限,书中难免有不足之处,欢迎广大读者提出宝贵意见,有任何问题可以和作者联系(shujiaoji@163. com)。本书的出版,希望能够为 LabVIEW 在国内尤其高校的推广使用做一些贡献,能够对广大的 LabVIEW 学习爱好者有所帮助。

作　者

2018 年 6 月

课件、程序下载

CONTENTS

上篇 基 础 篇

上篇　基　础　篇

第1章

LabVIEW概述

本章学习目标

- 了解 LabVIEW 的基础知识以及 LabVIEW 的安装
- 熟练掌握 LabVIEW 的编程环境
- 了解 LabVIEW 的帮助信息

本章首先介绍 LabVIEW 的基础知识及 LabVIEW 的安装，再介绍 LabVIEW 的编程环境，最后介绍 LabVIEW 的帮助信息。

1.1 LabVIEW 简介

LabVIEW 是实验室虚拟仪器集成环境（Laboratory Virtual Instrument Engineering Workbench）的简称，是美国国家仪器（National Instruments，NI）公司推出的一种功能强大而灵活的仪器和分析软件应用开发工具，也是目前应用最广泛、发展最快、功能强大的图形化软件开发环境。

LabVIEW 是一种图形化的编程语言的开发环境，它广泛地被工业界、学术界和研究实验室所接受，被视为一个标准的数据采集和仪器控制软件。LabVIEW 集成了 GPIB、VXI、RS-232 和 RS-485 协议的硬件及数据采集卡通信的全部功能。它还内置了便于应用 TCP/IP、ActiveX 等软件标准的库函数。利用它可以方便地建立自己的虚拟仪器，其图形化的界面使得编程及使用过程都生动有趣。

图形化的程序语言，又称为 G 语言（Graphical Programming Language）。采用这种语言编程时，基本上不写程序代码，取而代之的是程序框图或框图。LabVIEW 尽可能利用技术人员、科学家、工程师所熟悉的术语、图标和概念，是一个面向最终用户的工具。LabVIEW 可以增强用户构建自己的科学和工程系统的能力，提供了实现仪器编程和数据采集系统的便捷途径。使用 LabVIEW 进行原理研究、设计、测试并实现仪器系统时，可以大大提高工作效率。利用 LabVIEW，可产生独立运行的可执行文件，它是一个真正的 32 位/64 位编译器。

像许多重要的软件一样，LabVIEW 提供了 Windows、UNIX、Linux、Macintosh 的多种版本。

传统文本编程语言根据语句和指令的先后顺序决定程序执行顺序，而 LabVIEW 则采用数据流编程方式，程序框图中节点之间的数据流向决定了虚拟仪器程序及函数的执行顺序。

LabVIEW 被广泛应用于测试测量、控制、仿真以及跨平台开发等领域。LabVIEW 经历了三十多年的发展，最近几年 NI 公司每年都会推出新的版本，本书基于 LabVIEW 2015 版本编写，等本书正式出版时，一个新的 LabVIEW 版本又将面世了。

1.2 LabVIEW 的安装和启动

1.2.1 LabVIEW 安装

用户将 LabVIEW 2015 光盘放入光驱中，直接运行光盘中的应用程序 autorun. exe，如图 1.1 所示。

图 1.1 安装界面

单击“安装 NI LabVIEW 2015”→“下一步”按钮，出现如图 1.2 所示的对话框。

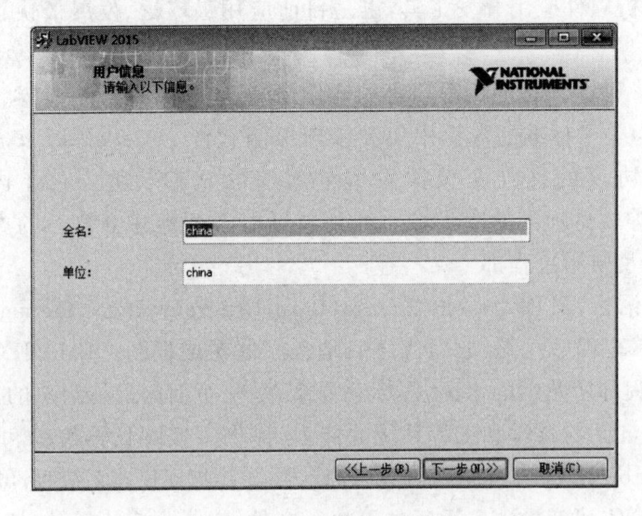

图 1.2 “用户信息”对话框

填写“全名”和“单位名称”，再单击“下一步”按钮，出现如图 1.3 所示的对话框，用户输入序列号信息，如果没有序列号，则会安装 LabVIEW 2015 的试用版本。

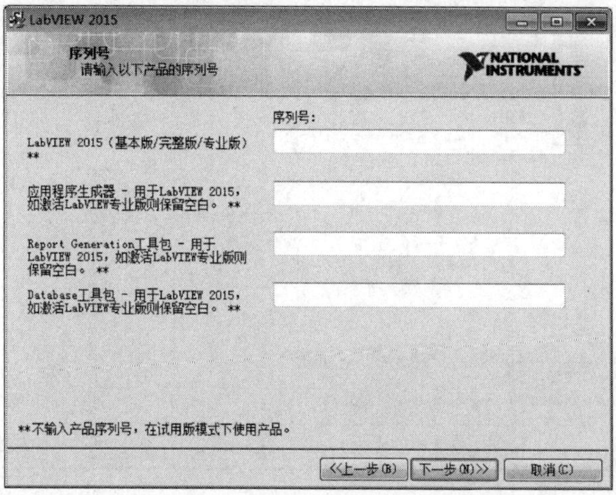

图 1.3 “序列号”对话框

输入完成后，单击“下一步”按钮，出现“目标目录”对话框，用于选择安装路径，可通过单击“浏览”按钮改变安装路径，如图 1.4 所示。

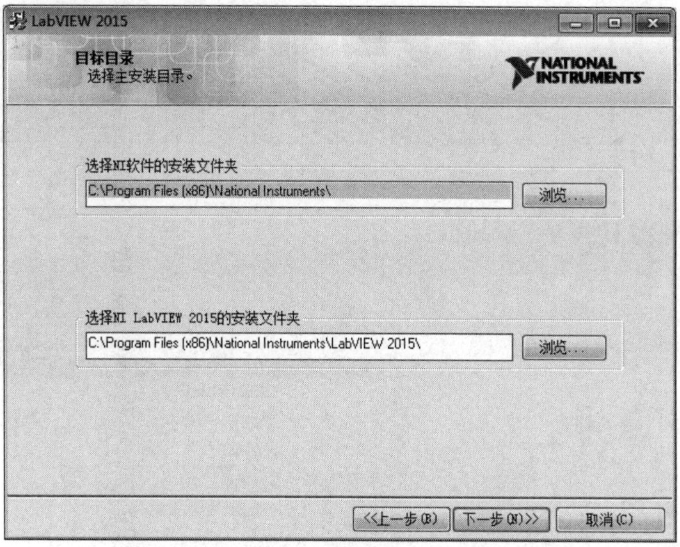

图 1.4 “目标目录”界面

选择完目标路径后，单击“下一步”按钮，出现“组件”对话框，可自定义选择安装的组件，如图 1.5 所示。

除了 LabVIEW 安装光盘之外，NI 公司还提供了其他工具包和仪器驱动光盘，用户可以根据需要，自行选择要安装的项目，单击“下一步”按钮，接受安装许可然后单击“下一步”按钮开始安装，出现安装进度窗口，直至 100%，安装完成。完成后要重启计算机。

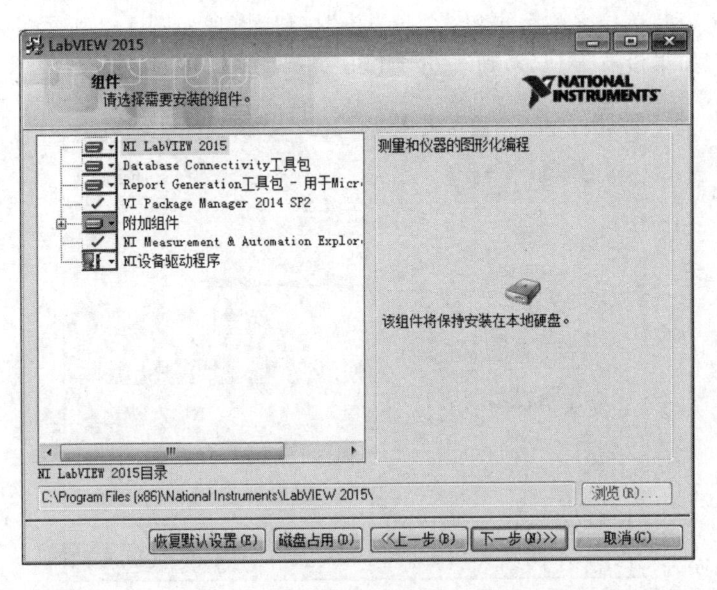

图 1.5　组件目录

1.2.2　LabVIEW 启动

单击"开始"→"程序"→National Instruments LabVIEW 2015，即可启动 LabVIEW。也可以在此右击"发送到桌面"，在桌面建立快捷方式，方便以后使用。启动后的界面如图 1.6 所示。

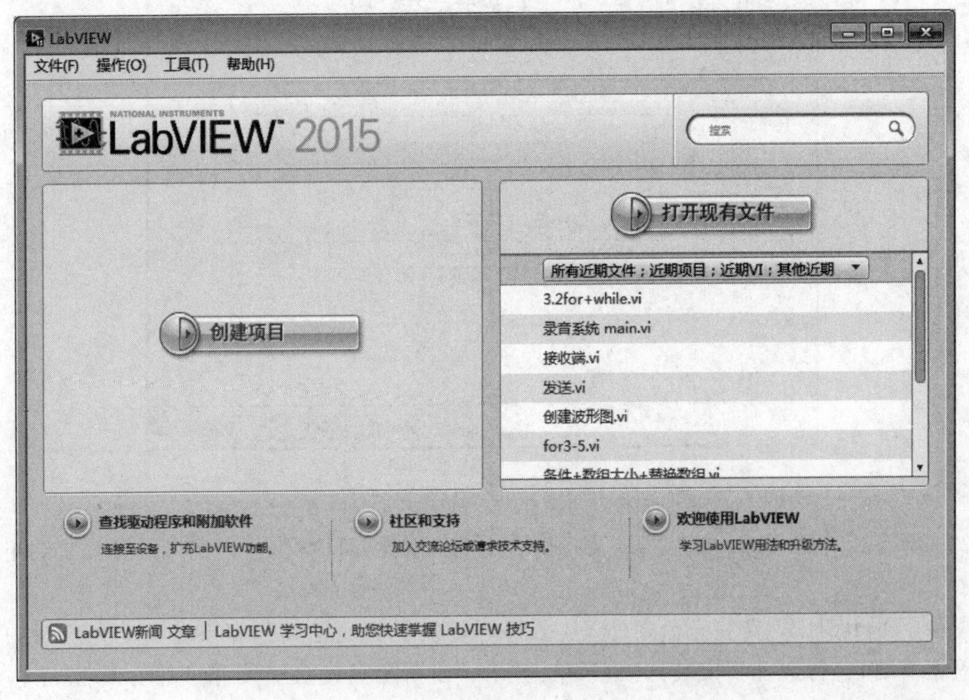

图 1.6　LabVIEW 启动后界面

启动窗口分为左侧的“创建项目”和右侧的“打开现有文件”两部分,用户根据需要选择自己的操作。在菜单栏的“文件”菜单下选择“新建”,可以新建一个 VI 程序,如图 1.7 所示界面,LabVIEW 的程序包括前面板和程序框图,单击“窗口”菜单,可以选择左右两栏显示或者上下两栏显示。

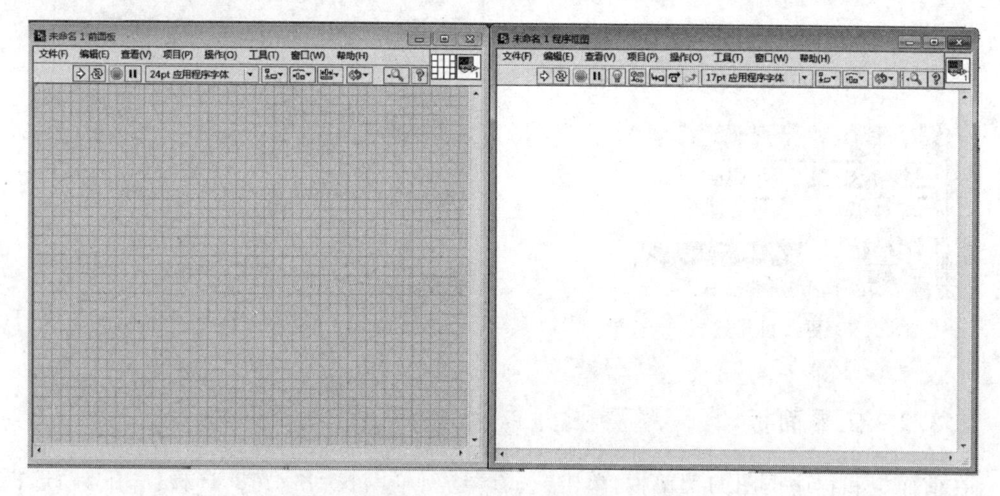

图 1.7　新建的 VI 程序的前面板和程序框图

LabVIEW 程序编辑完成后,在“文件”处单击“保存”命令按钮后,程序后缀默认为. vi。LabVIEW 编写的程序称虚拟仪器,简称 VI。

1.3　LabVIEW 编程环境

1.3.1　控件选板

新建一个 LabVIEW 程序后,在前面板上右击,出现“控件”选板,如图 1.8 所示。该选板包括创建前面板所需要的“输入控件”和“显示控件”。根据不同的“输入控件”和“显示控件”类型,将控件归入不同的“子选板”中。

控件有多种可见类型和样式,包括新式、银色、系统和经典,用户根据自己的需要选择。如果用户想改变控件的默认显示内容,鼠标放在控件处,控件前边的图形由 控件 变成 控件时,单击鼠标左键,显示如图 1.9 所示,接着选择“自定义”→“更改可见选板”,如图 1.10 所示,勾选对话框编程需要部分,然后单击“确定”按钮。

图 1.11 为自定义选板只勾选“新式”样式的显示样式。其他不常用控件隐藏在下拉图标 中,想显示出来则单击 按钮即可。控件选板内的子选板,包括数值、布尔以及字符串等,其具体应用将在第 2 章详细介绍。

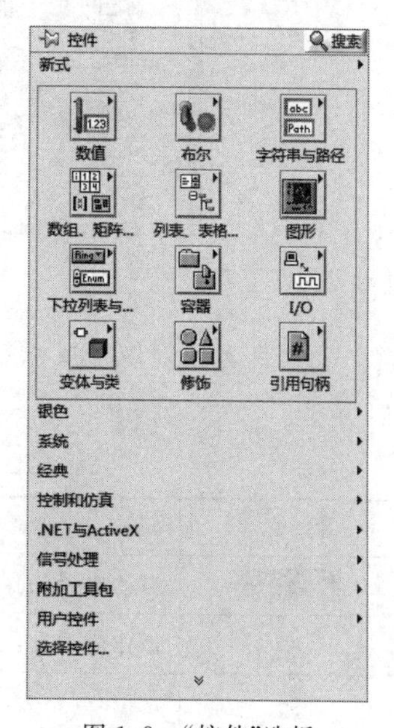

图 1.8　“控件”选板

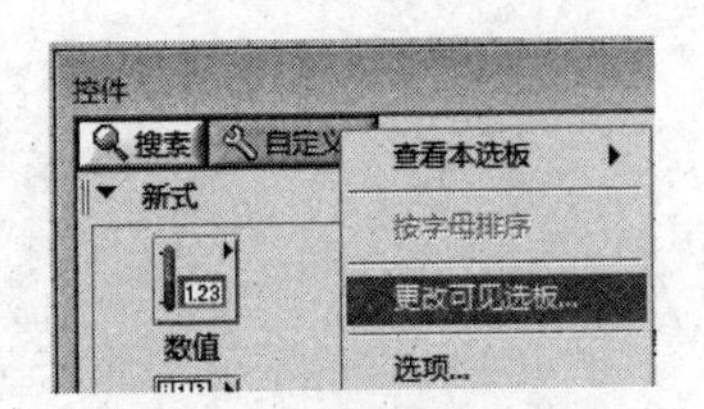

图 1.9　更改可见选板

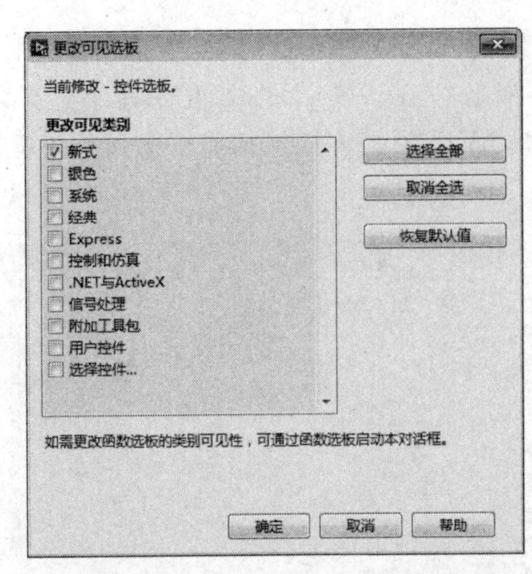

图 1.10　“更改可见选板”窗口

1.3.2　工具面板

在前面板和程序框图的菜单栏，单击“查看”选项可以找到“工具”选板。“工具”选板提供了各种用于创建、修改和调试 VI 的工具，如图 1.12 所示。

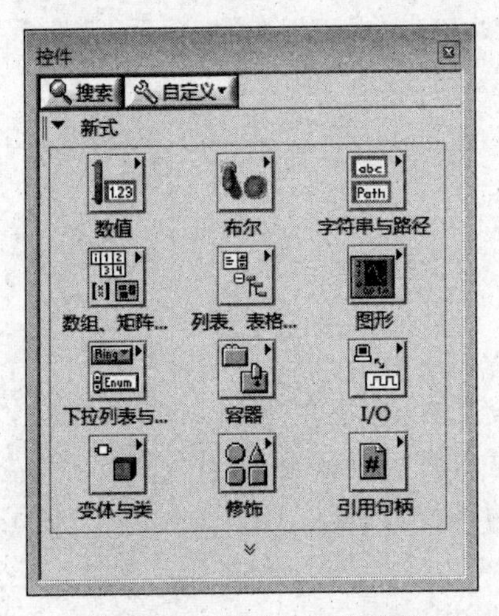

图 1.11　自定义的可见选板

图 1.12　“工具”选板

每个工具都对应于鼠标的一个操作模式、光标对应于选板所选择的工具图标，如表 1.1 所示。

表 1.1　工具选板的名称和功能

图标	名称和功能
	自动选择工具：根据鼠标相对于控件的位置自动选择合适的工具
	操作值工具：用于操作前面板对象数据，或选择对象内的文本或数据
	定位/调整大小/选择工具：用于选择对象、移动对象或缩放对象大小

续表

图标	名称和功能
	编辑文本工具：用于在对象中输入文本或在窗口创建标注
	进行连线工具：用于在框图程序中节点端口之间连线，或定义子程序的端口
	对象快捷菜单工具：用于弹出右键快捷菜单，与单击鼠标右键作用相同
	滚动窗口工具：同时移动窗口内所有的对象
	设置/清除断点工具：用于在框图程序内设置或清除断点
	探针数据工具：用于在程序框图内的数据连线上设置数据探针
	获取颜色工具：获取对象某点的颜色
	设置颜色工具：利用颜色选择对话框中选择的颜色或利用由颜色复制工具获得的颜色

一般平时使用自动选择工具“ ”选项即可应付大多数编程工作，偶尔有特殊需要，再调用“工具”选板内的其他工具。

1.3.3 函数选板

在程序框图界面，右击鼠标，出现“函数”选板，如图1.13所示。

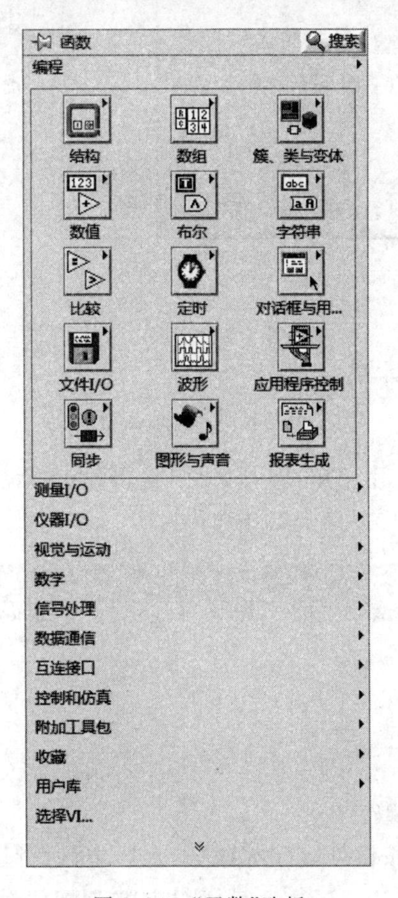

图1.13 “函数”选板

“函数”选板包括创建程序框图所需的 VI 和函数。按照 VI 和函数的类型，将 VI 和函数归入不同的子选板。最常用的基本函数工具为“编程”选板，其中包含结构、数组以及布尔运算等，具体内容后面章节将具体介绍。“函数”选板仍然可以自定义显示，将鼠标放到“函数”选板处，显示图标为 函数 时，可以单击进入“更改可见选板”界面，进行自定义设置，如图 1.14 所示。

图 1.15 所示的“自定义”选板中只显示“编程”和“信号处理”，用户想找到其他函数控件，单击下拉图标 即可。建议用户编程前先做这样的自定义设置，方便查找常用函数控件。

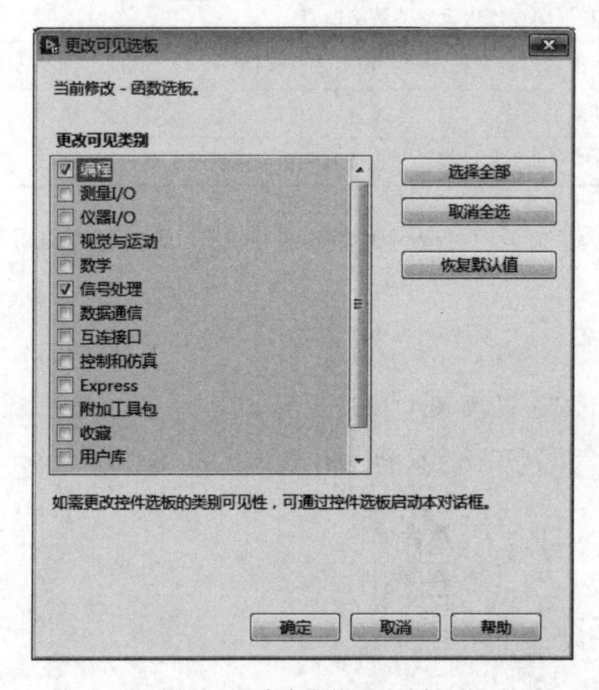

图 1.14 自定义的可见选板

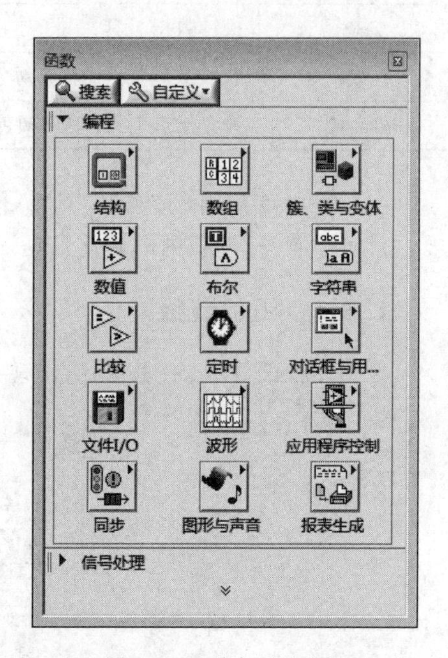

图 1.15 更改可见选板

1.3.4 菜单栏和工具栏

1. 菜单栏

VI 窗口顶部的菜单为通用菜单，包括文件、编辑、查看等操作，图 1.16 为前面板菜单栏。主菜单下的具体子菜单可以单击点开查看。

图 1.16 菜单栏

2. 工具栏

1) 前面板工具栏

前面板的工具栏如图 1.17 所示。

程序运行按钮：单击该按钮可运行当前 VI，运行中该按钮变为 ，如果 VI 存在错误，运行按钮处于断开状态 ，表示无法运行，单击该按钮即可弹出对话框显示错误原因。

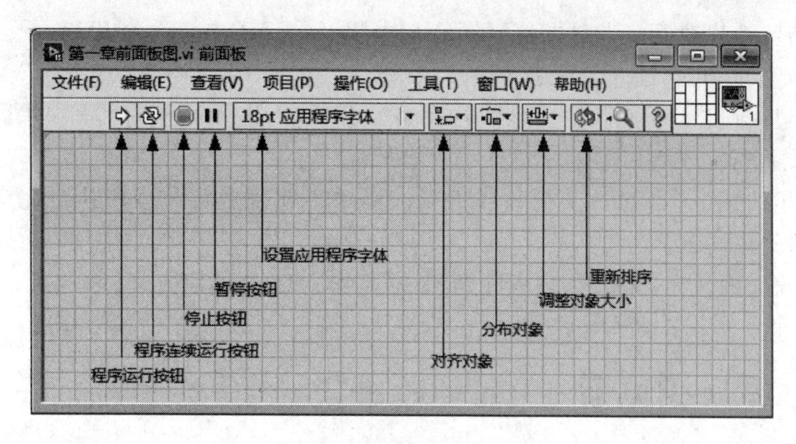

图 1.17 前面板的工具栏

程序连续运行按钮：单击此按钮可重复、连续运行当前 VI。

停止按钮：当 VI 正在运行时变亮，单击此按钮终止当前 VI 的运行。

暂停或恢复执行按钮：单击此按钮可暂停当前 VI 的运行，再次单击继续运行。

设置应用程序字体按钮：对选中文本的字体、大小、颜色、风格和对齐方式等进行设置。

对齐对象按钮：使用不同方式对选中的若干对象进行对齐。

分布对象按钮：使用不同方式对选中的若干对象间隔进行调整。

调整对象大小按钮：使用不同方式对选中的若干前面板控件的大小进行调整，也可精确指定某控件的尺寸。

重新排序按钮：调整选中对象的上、下叠放次序。

2）程序框图工具栏

程序框图的工具栏如图 1.18 所示，与前面板的工具栏相似。

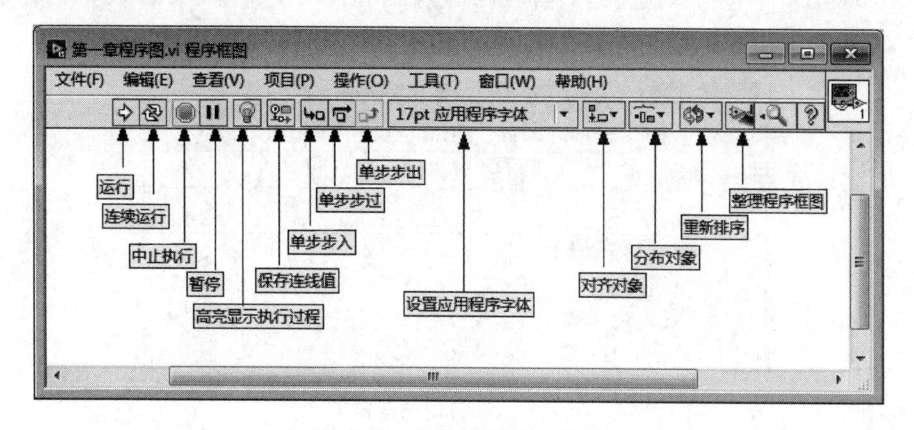

图 1.18 程序框图的工具栏

高亮显示执行过程按钮：单击该按钮后，可动态显示程序框图的执行过程，这对初学者理解数据流运行方式尤为有用。

保存连线值按钮：单击该按钮后 LabVIEW 将保存运行过程中的每个数据值，将探针放在连线上时，可立即获得流经连线的最新数据值。

单步步入按钮：单步完成 LabVIEW 程序单元。单步执行的规则是，当数据流经循环结构时,一步步迭代执行;当数据流经子 VI 时,步入子 VI 单步执行代码;子 VI 还有子 VI,则再进入其中,直至进入最底层 VI。

单步步过按钮:调试时程序单步执行完整的循环,不进入循环内部;如果数据流经子 VI,程序一次执行完子 VI 功能,不进入子 VI 内部。

单步步出按钮:单步进入某循环或子 VI 后,单击此按钮可使程序执行完该循环或子 VI 剩下的部分并跳出。

整理程序框图按钮:自动整理程序框图,提高程序的可读性。

1.4 项目浏览器

在 LabVIEW 启动界面上有"创建项目"选项,如图 1.19 所示。或者在 LabVIEW 编程界面前面板的"文件"菜单下找到"创建项目"选项。

图 1.19 创建项目

当 LabVIEW 中包括其他类型文档,如帮助文档和说明文件等,LabVIEW 可以通过创建工程文件,以.lvproj 扩展名保存工程。创建的项目浏览器如图 1.20 所示。

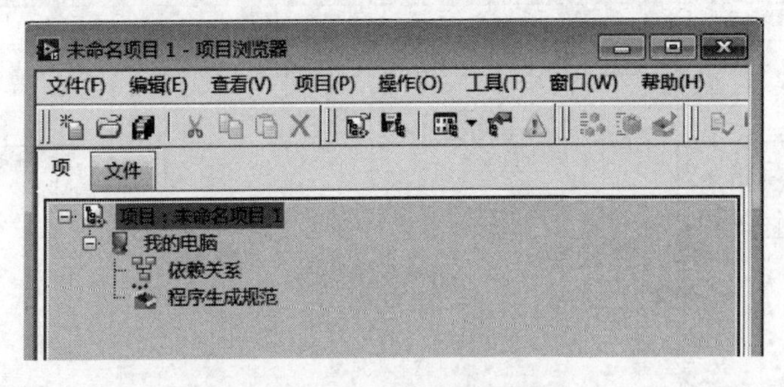

图 1.20 项目浏览器窗口

默认情况下,窗口包括以下信息:

项目根目录:包含项目浏览器窗口中的所有选项,项目根目录的标签包括该项目的文件名。

我的电脑:表示可作为项目中目标对象之一的本地计算机。

依赖关系:用于查看工程中 VI 需要的相关项目。

程序生成规范:定义如何生成可执行应用软件的规则。

右击“我的电脑”，可以“添加”项目所涉及的文件或文件夹，如图 1.21 所示；如果选择“添加”→“文件夹（自动更新）”，当文件夹里的内容发生变化时，此项目也随着变化。

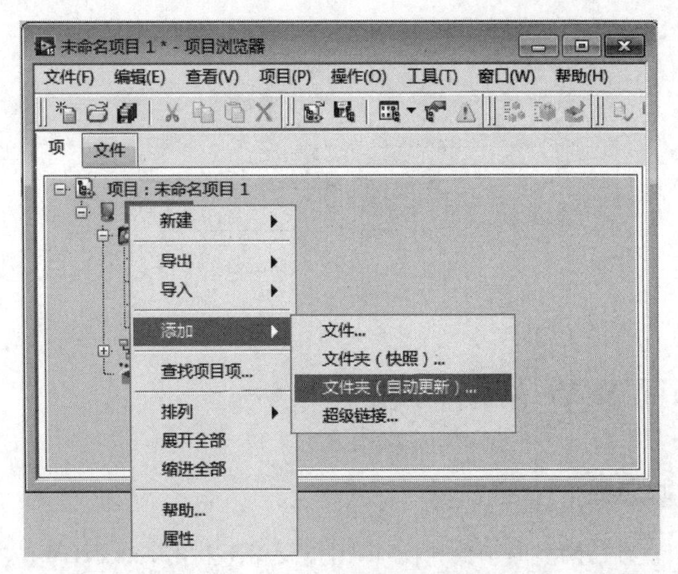

图 1.21　添加文件夹（自动更新）

项目添加完成之后，如果想删除项目，可以在文件夹的右键快捷菜单中选择“从项目中删除”，如图 1.22 所示，也可以对项目进行如“浏览”“排列”等操作。

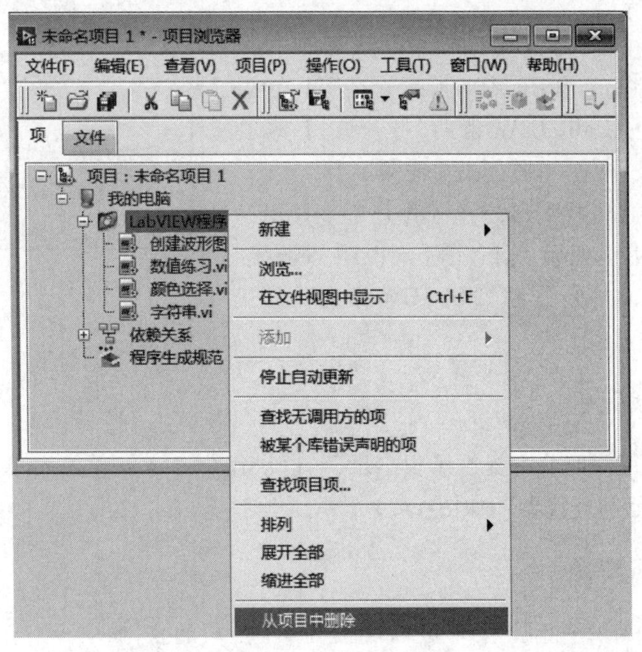

图 1.22　删除操作

右击“程序生成规范”，在“新建”菜单中可以选择将此项目生成一种编译输出类型，如图 1.23 所示，可以生成应用程序、安装程序以及 Zip 文件等。生成应用程序（EXE）以后该项目在计算机中打开为只有前面板类型的产品。生成安装程序要在应用程序生成后，作为安装程序的源文件,安装程序生成后,该项目可以在没有安装 LabVIEW 的计算机上安装使用。

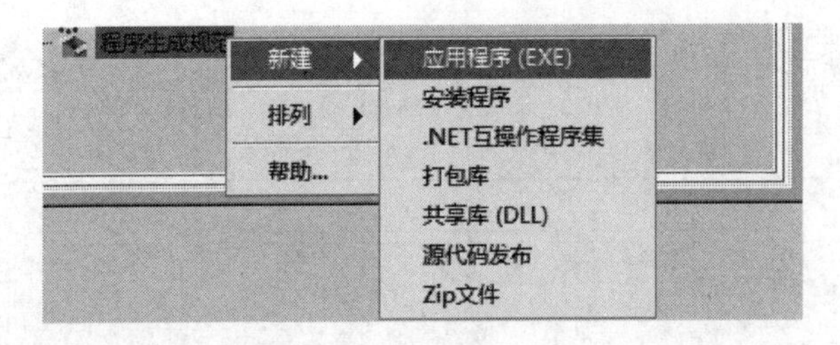

图 1.23 程序生成规范

1.5 LabVIEW 帮助信息

1.5.1 帮助文档

LabVIEW 中含有特别多的函数和控件,用户要善于利用 LabVIEW 自带的即时帮助窗口。可以选择“帮助”→“显示即时帮助”菜单,或者在 Windows 中使用快捷键“Ctrl+H”显示帮助窗口,如图 1.25 所示,显示程序框图的“函数”→“数组”→“数组最大值与最小值”函数的即时帮助信息。

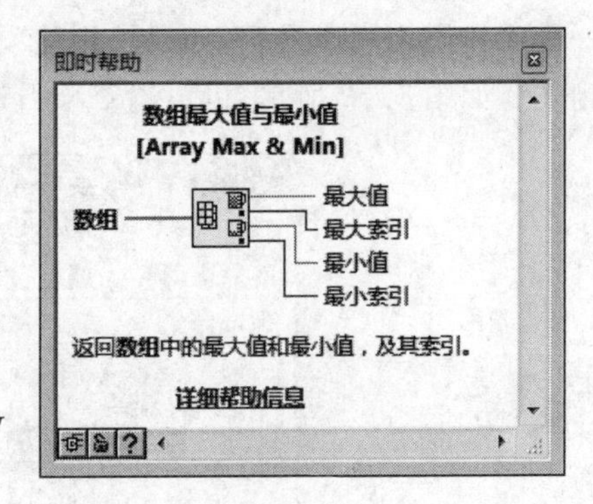

图 1.24 “即时帮助”窗口

单击图 1.24 中的“详细帮助信息”,就可以打开“LabVIEW 帮助”窗口,如图 1.25 所示。还可以通过单击菜单“帮助”→“LabVIEW 帮助”打开该窗口,在这里可以输入目录、搜索等来查找在线帮助。

通过帮助文件可以找到最为详尽的关于 LabVIEW 中每个对象的使用说明及其相关对象说明的链接。LabVIEW 的帮助文件是学习 LabVIEW 最有力的工具之一。

1.5.2 查找范例

LabVIEW 在每一部分都提供了很多示例,以供用户参考。单击菜单“帮助”→“查找范例”可以打开“NI 范例查找器”,如图 1.26 所示。

1.5.3 网络资源

单击“帮助”→“网络资源”菜单可以链接到 NI 公司的官网 www.ni.com,从这里可以找到关于 LabVIEW 编程所需的非常详尽的帮助资料。

另外,在 NI 公司的官网上还有一个专门讨论 LabVIEW 相关问题的 LabVIEW 社区,在这里可以找到学习 LabVIEW 的各种资料,并可以与全世界的 LabVIEW 用户交流有关 LabVIEW 编程的具体问题,http://gsdzone.net 为其中文社区。

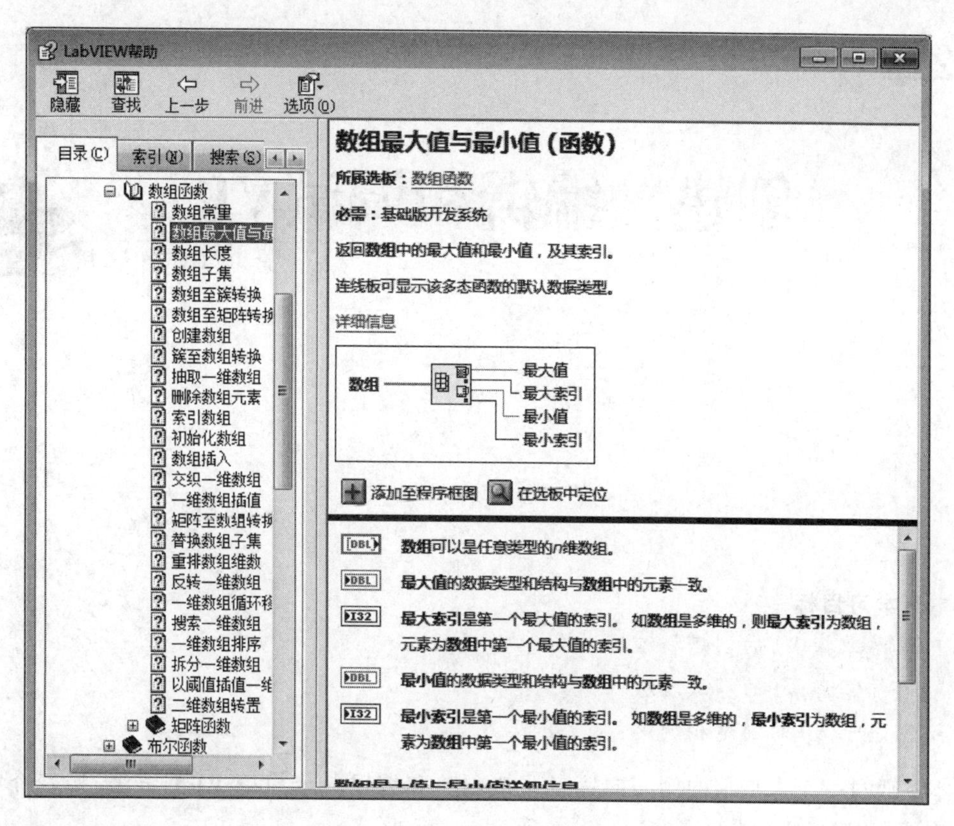

图 1.25　“LabVIEW 帮助”文件

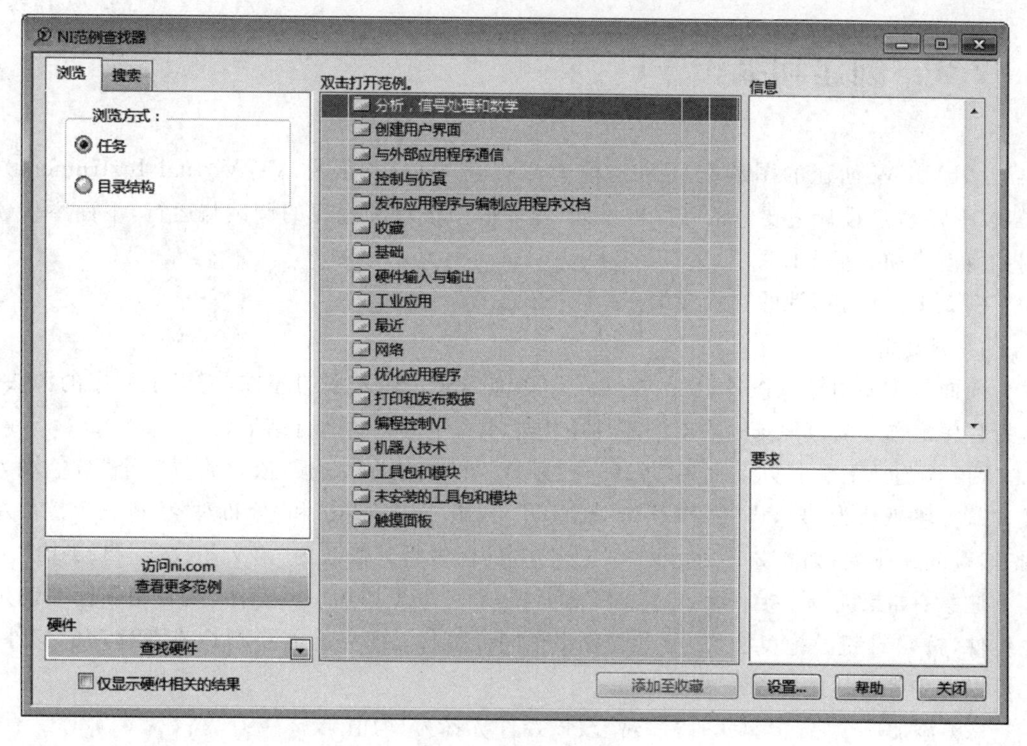

图 1.26　NI 范例查找器

第2章

创建、编辑和调试VI

本章学习目标

- 熟练掌握 VI 的创建和编辑方法
- 熟练掌握 VI 的调试方法
- 熟悉子 VI 的创建和调用

本章通过一个求均值的例子向读者介绍创建和编辑一个简单 VI 的方法，接着介绍如何创建子 VI 以及 VI 的调试方法。

2.1 创建和编辑 VI

LabVIEW 创建的图形化程序也称为虚拟仪器程序，简称 VI(Virtual Instrument)。LabVIEW 程序设计主要包括前面板设计、程序框图设计和程序的调试与运行，下面举例说明如何创建和编辑 VI。

例 2.1 求三门课的平均成绩。

1. 创建前面板

前面板主要由输入控件、显示控件以及修饰构成。输入型的控件，相当于程序的源头，运行程序之前要将其赋值；输出型控件用于显示程序最终的运行结果。

(1) 新建 VI，并打开前面板“控件”→“新式”→“数值”子选板，依次放置三个“数值输入控件”，标签默认为“数值”“数值 2”和“数值 3”，利用“对齐对象”和“分布对象”将三个控件左对齐，等间距排列，如图 2.1 所示；并双击各自的标签将其修改为“语文”“数学”和“英语”。

注意：如果同一个控件多次添加到前面板，也可以先添加一个控件，然后用鼠标左键选中控件，按 Ctrl 键并拖曳控件，可以放置多个同样控件；如果有需要删除或者移动的控件，也可以选中控件后进行相应的操作。

(2) 添加一个“数值显示控件”，修改该控件标签为“均值”。

(3) 为了使面板美观，除了这些菜单里提供的功能外，还可以在前面板的“控件”→“修

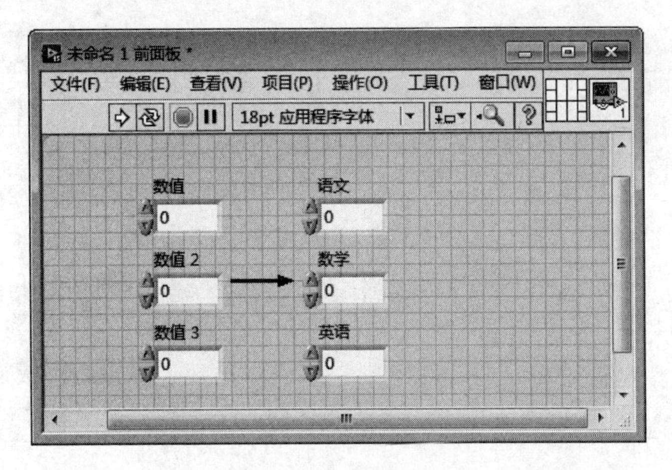

图 2.1　添加数值控件

饰"子选板内,找到很多可以对程序进行美化的工具,如图 2.2 所示;添加任意修饰控件,如"上凸盒",放置到前面板控件处,它会覆盖原来程序的所有控件。此时可以利用工具栏中的"重新排列"功能调整控件的显示层次,如图 2.3 所示。

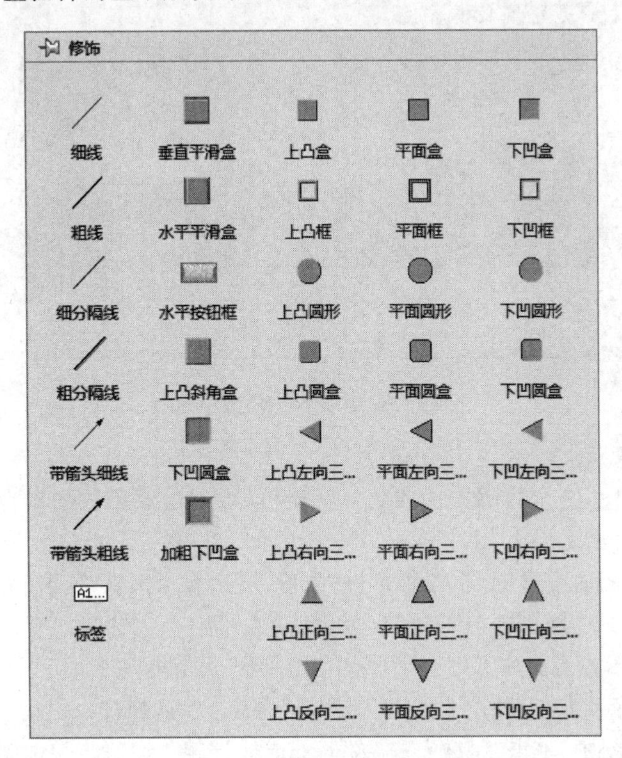

图 2.2　"修饰"子选板

最终显示效果如图 2.4 所示。

另外还可以设置控件的字体、颜色、大小等,如需添加文字说明,可以直接单击屏幕,在想添加的位置双击即可编辑文字,增强程序的可读性。

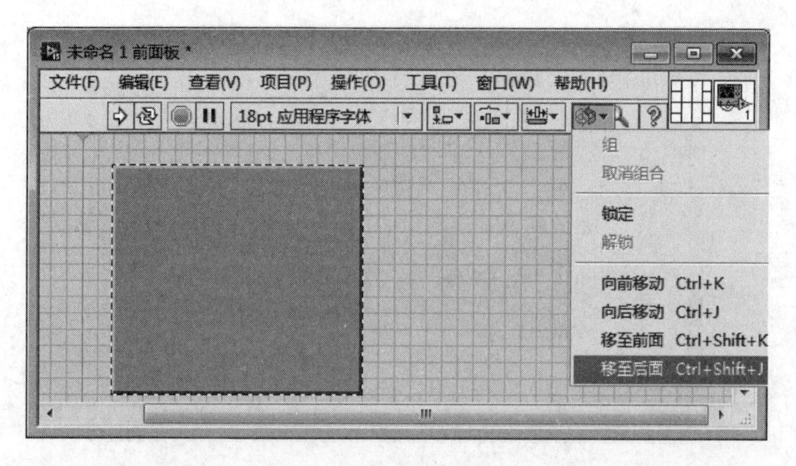

图 2.3 调整控件显示层次

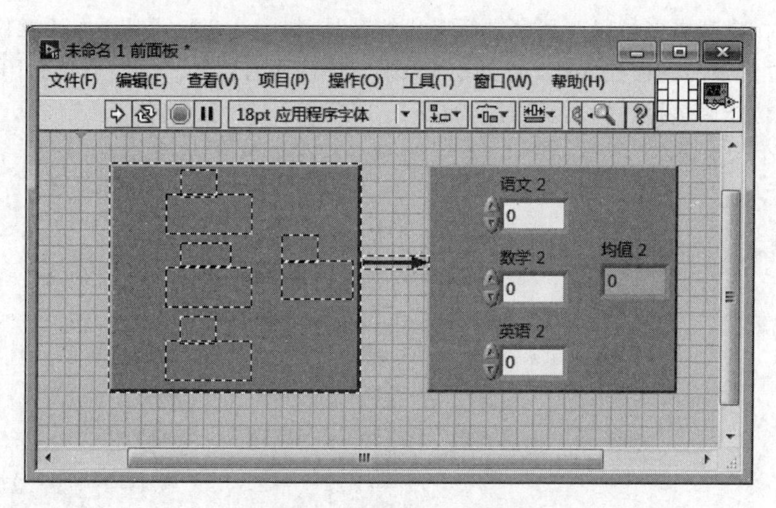

图 2.4 添加修饰的前面板

2. 程序框图设计

(1) 在程序框图，三个数值控件依次显示，也可以通过菜单栏的对齐对象、分布对象等对添加的控件进行排版。

(2) 在程序框图右击鼠标，在“函数”→“数值”子选板中选择“复合运算”函数，即[+]，该函数有五种运算方式：加、乘、与、或和异或，默认为“加”。“加”默认有两个输入端子，鼠标选中该函数，在函数的上端和下端会出现蓝色矩形框，用鼠标左键将蓝色矩形框向下拖曳至有三个输入端口，依次连接“语文”“数学”和“英语”三个输入控件。

(3) 在程序框图中，单击“函数”→“数值”子选板，选择“除”和“DBL 数值常量”，将“复合运算”函数输出端接至该除号的“被除数端”；DBL 数值常量接至“除数端”，双击数值常量将默认值“0”改为“3”，再将除号的输出端接至数值显示控件“均值”上，完成求三科平均成绩的程序连线，编程完成后，利用菜单栏的“整理程序框图”按钮，程序会按照数据流的方向进行整理，方便程序的读取，整理程序框图之前和之后程序的对比如图 2.5 所示。

程序编辑完成之后，将程序保存为“例 2.1 求三科成绩的均值.vi”。

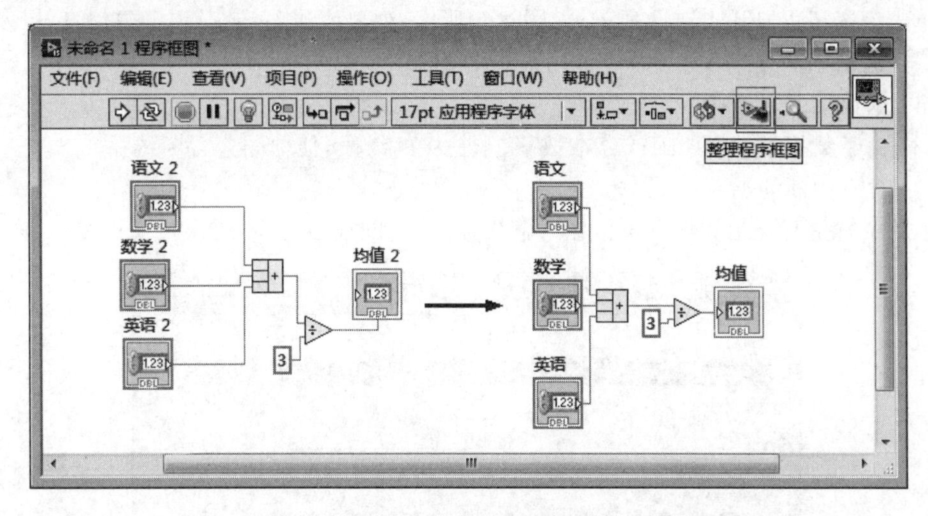

图 2.5　求均值程序框图

2.2　运行和调试程序

2.2.1　运行和停止 VI

在 LabVIEW 中，用户有两种运行 VI 的方法，即运行和连续运行；停止 VI 也有两种方法，即终止执行和暂停。在前面板上有输入控件的程序，运行之前要输入需要的数据。例 2.1 用键盘分别输入三科的成绩，运行程序，检验其结果，如图 2.6 所示。

图 2.6　程序前面板结果

2.2.2　纠正 VI 的错误

由于编辑错误而使 VI 不能编译或运行时，工具条上将出现列出错误按钮，如图 2.7 所示。

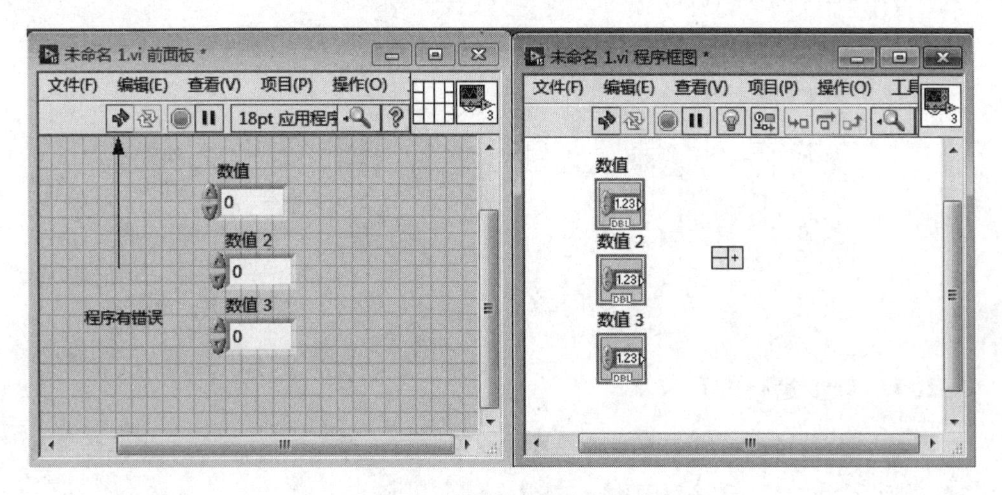

图 2.7　错误列表显示的错误

单击该按钮可以弹出错误列表，如图 2.8 所示，列出错误项，错误和警告信息，以及详细信息。在编辑期间导致 VI 的一些常见错误主要原因有：

(1) 函数端子未连接。

(2) 由于数据类型不匹配或存在散落、未连接的线段，使框图包含断线。

(3) 含有中断的子 VI。

本例中就是复合运算没有连接输入输出端子，匹配连接之后，错误按钮恢复。

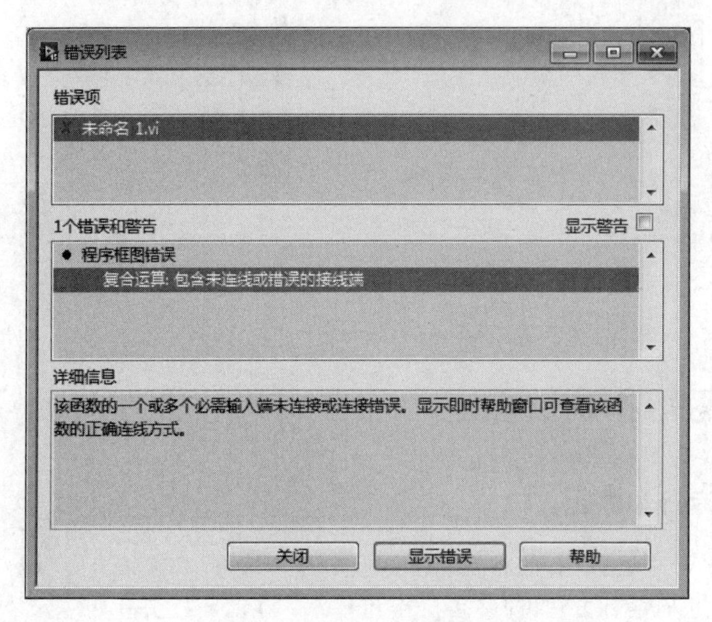

图 2.8 错误列表显示的错误

2.2.3 高亮显示程序执行过程

为了动态显示 VI 程序框图的执行过程，可以通过单击工具条中的“高亮显示程序执行过程”按钮，方便用户理解数据是如何在框图中流动的，见图 2.9 三幅图中的数据流动过程。需要注意的是，这种执行过程会大大增加程序的运行时间。

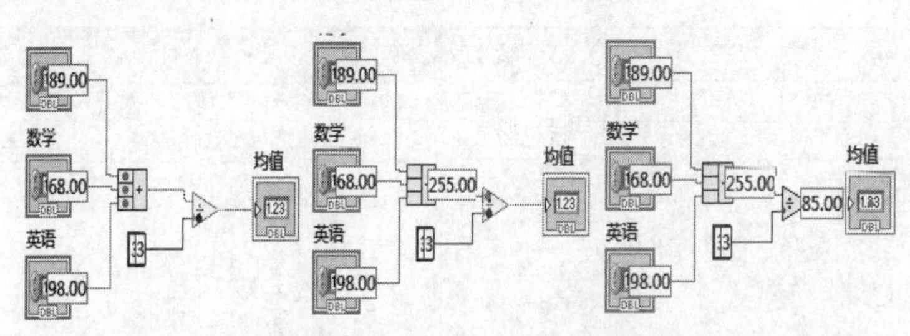

图 2.9 高亮显示程序执行过程中的数据流动情况

2.2.4 单步运行 VI

为了进行调试，可能想要一个节点接着一个节点的执行程序过程，这个过程称为单步运行。“单步运行”和“高亮显示程序执行”经常一起使用。

单击“单步运行”按钮，单步运行“复合运算”和“除法运算”的过程如图 2.10 和图 2.11 所示。要终止单步运行，可以随时单击“单步步出”按钮。

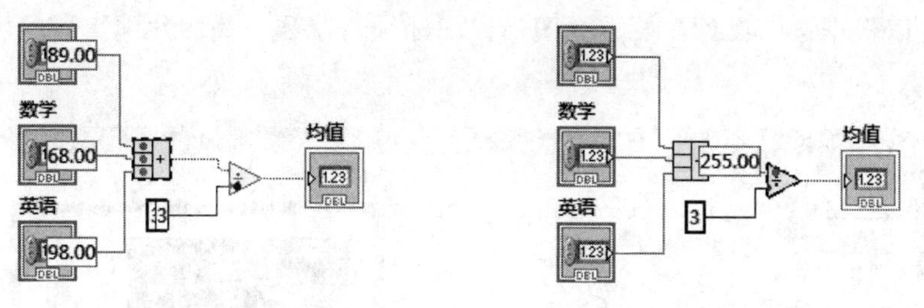

图 2.10　单步步过“复合运算”　　　　图 2.11　单步步过“除法运算”

注意：当 VI 程序中有子 VI 时，单击“单步步入”和“单步步过”按钮会给出两种不同的运行过程，前者会进入子 VI 的内部运行，而后者会跳过子 VI，直接给出子 VI 的结果。

2.3　创建和调用子 VI

子 VI 相当于常规编程语言中的子程序，在 LabVIEW 中，用户可以把任何一个 VI 当作子 VI 来调用，只要该 VI 具有一些共性，很多函数可以把它当作一个模块来调用，这种模块化思想有效地简化了 VI 框图程序的结构，使其更加简单，提高 VI 的运行效率。可以将任何一个定义了图标和连接线的 VI 作为另一个 VI 的子 VI 进行调用。LabVIEW 有两种创建子 VI 的方法，下面将分别进行介绍。

2.3.1　通过图标编辑创建子 VI

第一种创建子 VI 的方法，是在前面板上通过对 VI 进行图标和接线端进行编辑来实现。前面板连线板和图标位置如图 2.12 所示。

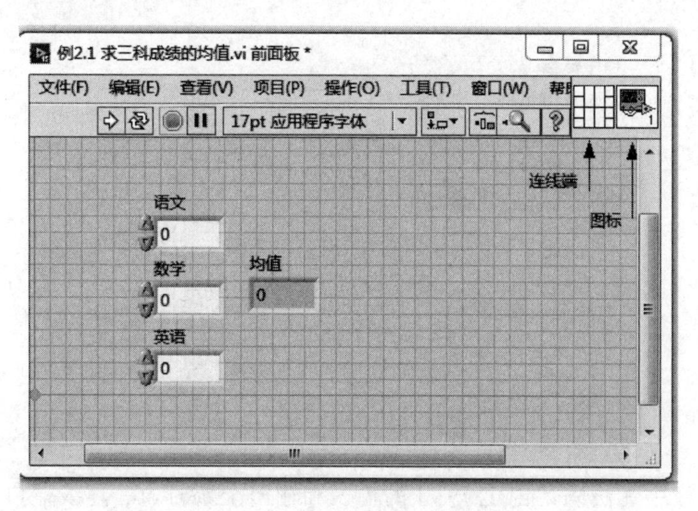

图 2.12　子 VI 图标和接线端

双击 VI 图标，或在 VI 图标处右击，在弹出的快捷菜单中选择“编辑图标”，弹出一个“图标编辑器”对话框，如图 2.13 所示。对话框包括“模板”“图标文本”“符号”及“图层”几个部分，用户可以根据自己设计需要选择图标。图标编辑器和一些图片编辑器的用法类似，不再详细介绍。

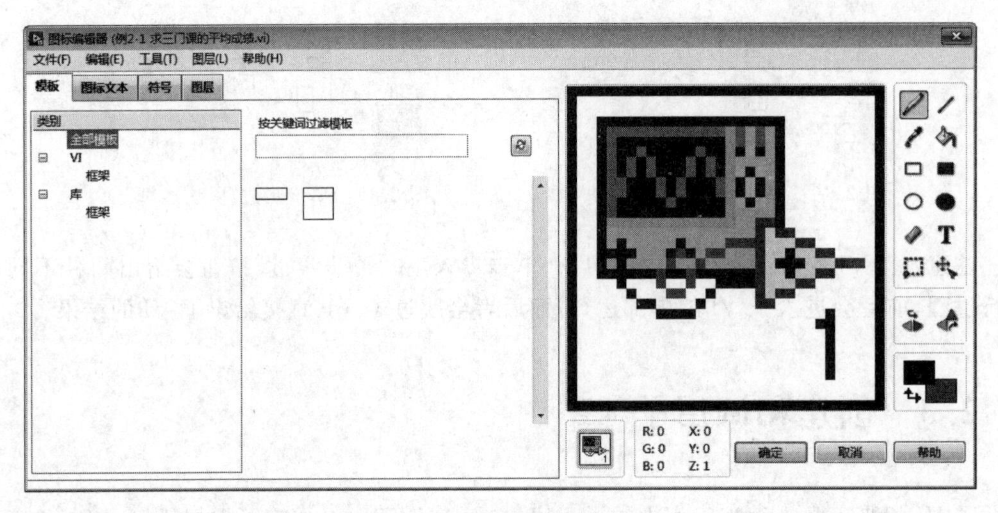

图 2.13 “图标编辑器”对话框

编辑完图标，再编辑接线端，在接线端处右击选择“模式”命令，如图 2.14 所示，模板最多的端口有 28 个，默认的模式为 4×2×2×4，根据所设计程序的输入端和输出端的个数，选择所需要的模式。接着定义前面板中的输入和输出控件与连线端口中各输入输出端口的关联关系，尽可能保持接线端左侧为输入控件，右侧为输出控件。在端口定义时，先用鼠标在接线端端口小矩形框上单击，再在前面板对应的某个控件单击，端口的名称变成相应控件的标签，颜色也会有变化。所有端口对应完成后，当其他 VI 调用这个子 VI 时，从这个连线端口输入的数据就会传输到输入控件中，然后程序从输入控件的对应端口中将数据取出进行相应的处理。

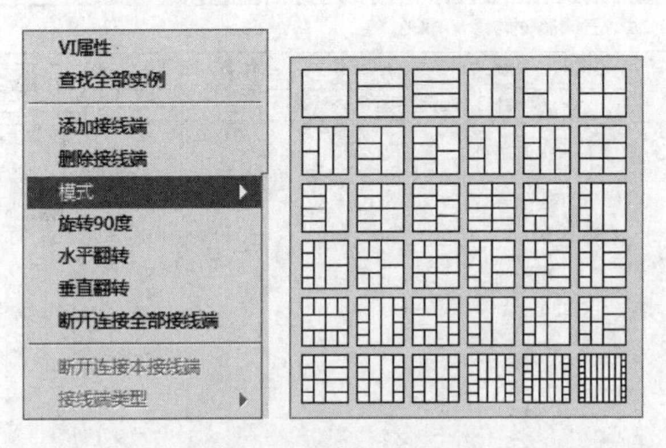

图 2.14 模式下拉菜单

注意：当模板中无法满足创建子 VI 的输入和输出个数时，在“连线端口”的右键快捷菜单中选择“添加接线端”和“删除接线端”，逐个添加或删除接线端口；还可以进行“断开连接连接全部接线端”等操作。

例 2.1 中有三个输入端子，一个输出端子，所以选择三输入一输出模式，单击该模式输入端的一个方格，再选择该方格对应的输入端，如"语文"，则对应方格会变成橙色，如图 2.15 所示，依次将输入、输出端子选择对应端口。

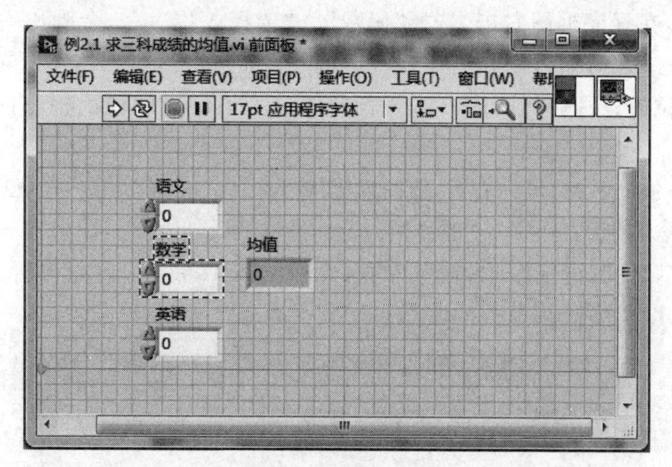

图 2.15　连线板选择

注意：端口的颜色是由与之关联的前面板对象的数据类型来确定的，如与布尔变量相关联的颜色是绿色，DBL 数值类型则为橙色等，已经定义好的输入端子，在连线端处的右键快捷菜单中，可以有三种可选的接线端类型：必须、推荐和可选。必须连接的端子，在帮助信息窗口会用粗体表示，调用子 VI 时，必须有输入数据与之连接，否则程序出现错误。

2.3.2　通过命令创建子 VI

第二种创建子 VI 的方法是通过命令来实现的。具体方法是选择作为子 VI 的那部分程序代码，然后在程序框图"编辑"菜单中选择"建立子 VI"命令，这样选取的代码就会变成系统默认的程序图标，实现子 VI 的创建。仍然以例 2.1 为例说明如何利用命令创建子 VI。

打开例 2.1 程序，在程序框图选择要作为子 VI 的部分，如图 2.16 所示，然后在主菜单的"编辑"菜单选择"创建子 VI"，创建完成如图 2.17 所示。这样创建的子 VI 图标以及接线板都需要再编辑，然后进行保存等操作。

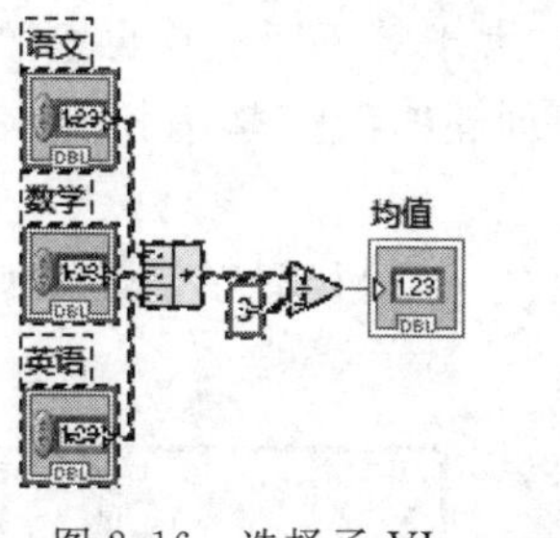

图 2.16　选择子 VI

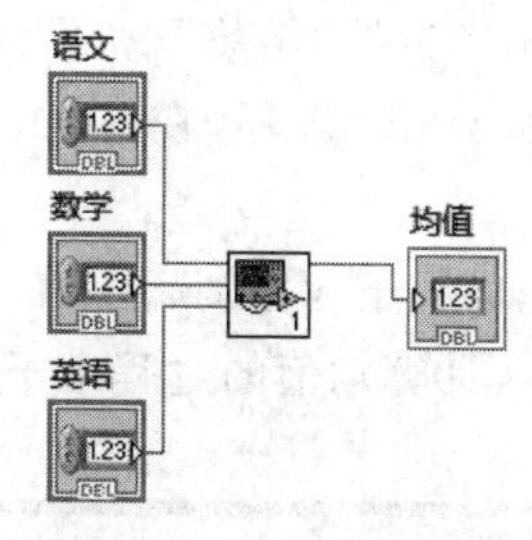

图 2.17　创建子 VI

建立子 VI 后，单击进入子 VI 内，可以进行图标和连线板的编辑，同前。

2.3.3　调用子 VI

上面介绍了两种创建子 VI 的方法，下面介绍如何调用子 VI。

例 2.2 利用求三科平均值函数,判断三科平均值是否达到 80 分,达到则显示通过,不到 80 则显示不通过。

具体的步骤如下:

(1) 新建 VI,在程序框图右击,选择"函数"→"选择 VI"命令,会弹出一个名为"选择需打开的 VI"对话框;在对话框中找到需要调用的子 VI,选中后单击"打开"按钮,直接放置到程序框图的适当位置;另一种调用方法为打开的求均值函数的前面板,直接拖曳其图标到新的 VI 上。

(2) 在子 VI 的输入端口鼠标右击,选择创建"输入控件",在输出端右击,创建"显示控件"。

(3) 前面板上,按照"控件"→"布尔"子选板,添加圆形指示灯,并拖曳至合适大小,在右键快捷菜单单击"属性",设置布尔指示灯的属性如图 2.18 所示,可以设置"开"和"关"不同状态显示的颜色,以及不同状态下的文本。

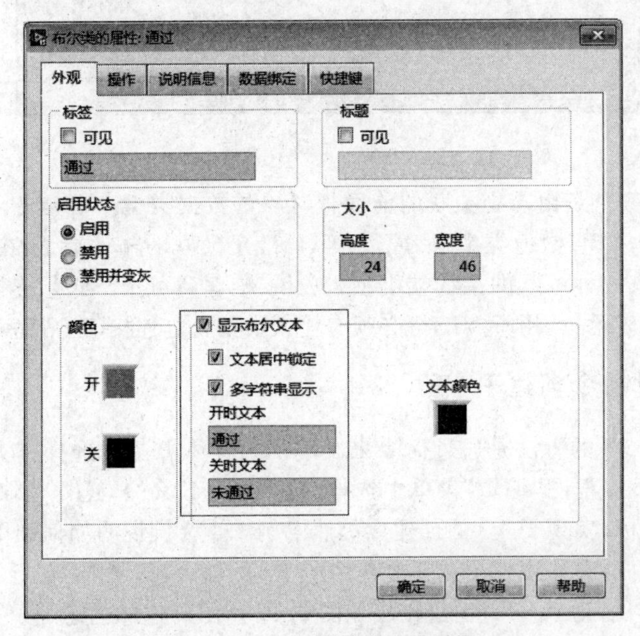

图 2.18 布尔控件属性对话框

(4) 程序框图按照"函数"→"比较"子选板,添加"大于等于"函数,再按照"函数"→"结构"子选板添加 while 循环,在 while 循环的接线端创建"停止"输入控件,各控件之间按图 2.19 连线。

至此,就完成了子 VI 的调用,在前面板输入各科成绩,运行程序就会得到相应的结果,如图 2.20 所示,计算均值的过程由子 VI 完成。

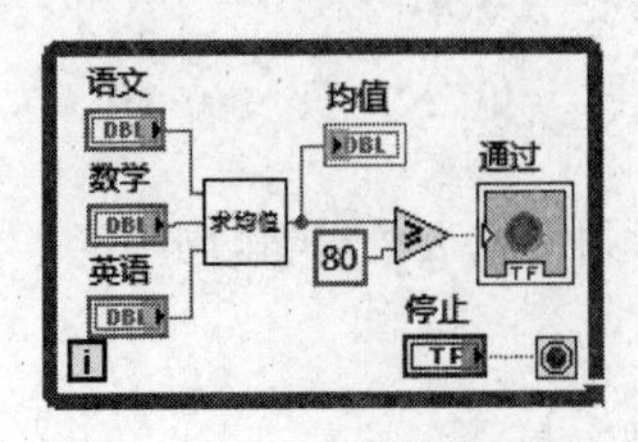

图 2.19 主 VI 的前面板

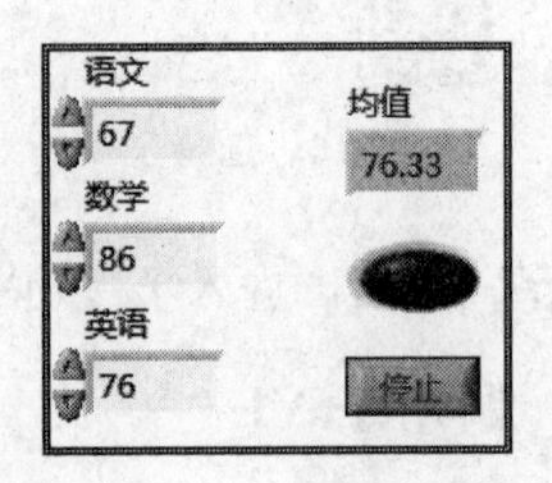

图 2.20 主 VI 的程序框图

第3章

LabVIEW中的数据表达

本章学习目标

- 熟练数值、布尔、字符串、数组和簇的使用
- 了解波形数据控件的使用方法
- 熟练掌握数组函数以及簇函数和字符串函数的应用

本章先向读者介绍 LabVIEW 中各种数据的表达方式，再介绍如何使用这些数据以及数据所对应的函数，每个数据类型都辅以例题。

3.1　数值控件

LabVIEW 前面板提供了 4 种控件形式，包括“新式”“经典”“系统”及“银色”，同一控件可能在不同的形式中找到，只是它们的显示风格不同，其功能是相同的。为叙述方便，本书多以“新式”形式进行相关例程介绍。

3.1.1　数值控件及显示格式

打开“新式”→“数值”控件，显示如图 3.1 所示，其中包含时间标识控件、滑动杆、旋转盘和颜料盒等多种形式的数值控件。

数值控件是输入和显示数据的最简单形式，包括数值输入和数值显示两种控件。默认情况下为双精度 64 位实数，6 位有效数字，超过 6 位时采用科学计数法表示。数值型控件默认显示格式包括增量/减量和标签，其右键快捷菜单中，可以单击显示项，可以根据需要将数值型控件显示不同的样式，如图 3.2 所示。

基数是指进制的形式，可以是十进制、十六进制、八进制和二进制，基数不同，同一个数的数值显示形式不同。

在数值型控件的右键快捷菜单中，还可以设置数值的数据类型。用户可以在控件上右击，选择“表示法”，如图 3.3 所示。

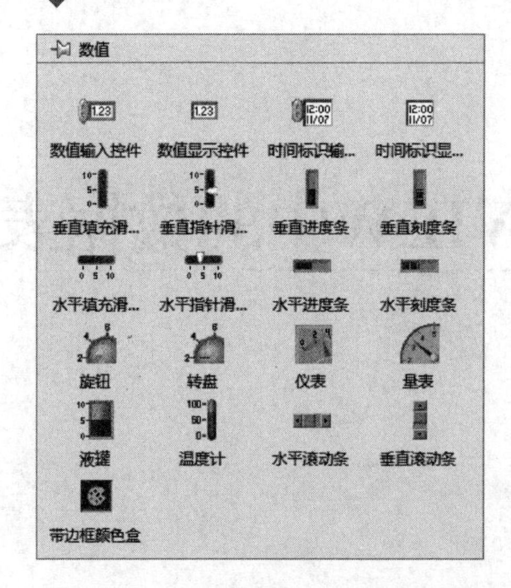

图 3.1 前面板中的数值控件

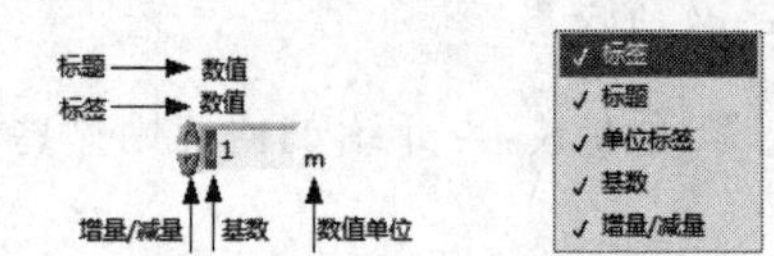

图 3.2 数值型控件的显示方式

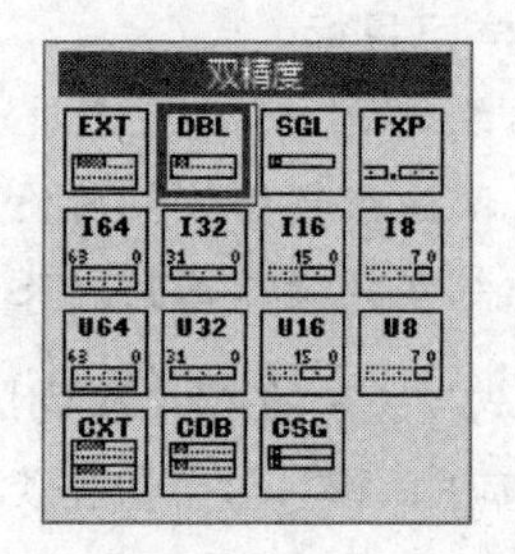

图 3.3 数值型的数据精度类型

数值型控件各表示法的缩写及长度如表 3.1 所示。

表 3.1 数值型控件各表示法的缩写及长度

缩写	全名和长度	缩写	全名和长度
EXT	扩展精度实数,16 字节长	DBL	双精度实数,8 字节长
SGL	双精度实数,4 字节长	FXP	定点数,最大 8 字节长
I64	带符号 64 位整数	I32	带符号 32 位整数
I16	带符号 16 位整数	I8	带符号 8 位整数
U64	无符号 64 位整数	U32	无符号 32 位整数
U16	无符号 16 位整数	U8	无符号 8 位整数
CXT	扩展精度复数,2×16 字节长	CDB	双精度复数,2×8 字节长
CSG	单精度复数,2×4 字节长		

数值型控件的右键快捷菜单的属性对话框如图 3.4 所示,用户可以根据需要进行相应的设置。

3.1.2 数值运算的常用函数

在程序框图面板的“编程”→“数值”和“比较”子选板里,包含很多可以对数值进行操作的符号,如加减乘除、求平方、数值常量以及“等于”“不等于”等,如图 3.5 和图 3.6 所示。

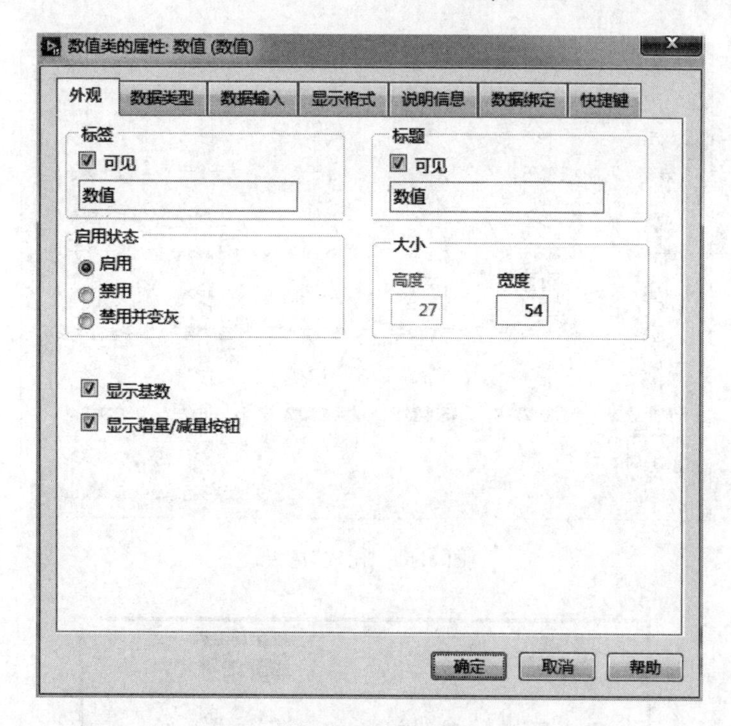

图 3.4　数值型控件属性对话框

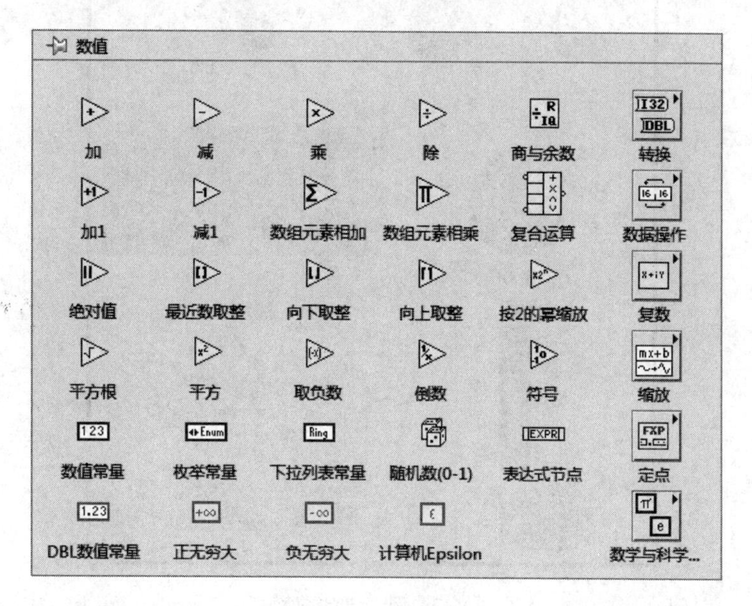

图 3.5　“数值”选板

例 3.1　数值型控件的使用方法。

程序左边放置数值型输入控件，右边放数值型显示控件进行数据显示，并添加 while 循环。前面板和程序框图分别如图 3.7 和图 3.8 所示。

注意 1：不同种类型的数据，运算结果为占用字节数较多的数据类型。

不同类型的数值相加减，结果会调整为精度高的数据类型，如 DBL(64 位双精度浮点)类型的 a 和 I32(32 位整型)类型的 b 相加，结果 a+b 为 DBL 类型，如图 3.9 所示。

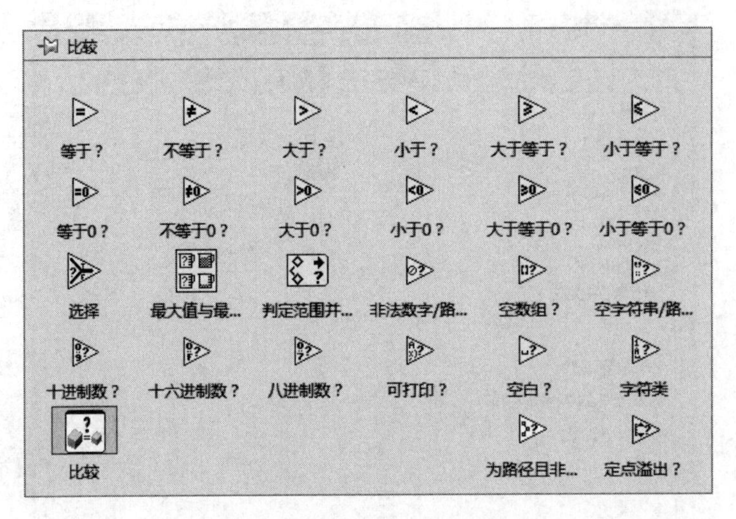

图 3.6 “比较”选板

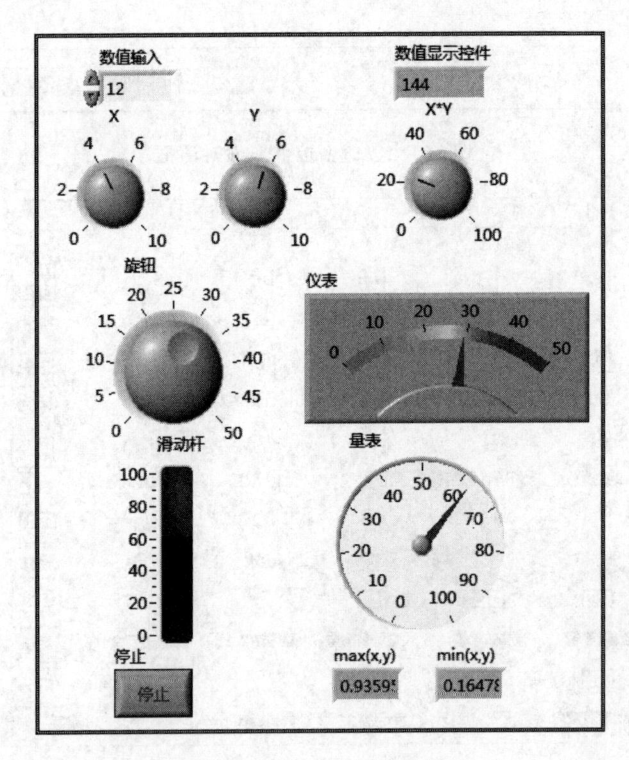

图 3.7 例 3.1 的前面板

注意 2：同一种类型的数据，相加产生溢出情况。

同一种类型的数据，相加减的结果仍然是同一种类型的数据。如 U8(无符号 8 位整型)类型的数据，范围为 0～255，当输出数据超过最大值 255 时，如图 3.10 所示，X、Y 以及结果 X+Y 均为 U8 数据类型，当 X 值为 255，Y 值为 9 时，X+Y 会产生溢出，溢出的结果为 X+Y−256。

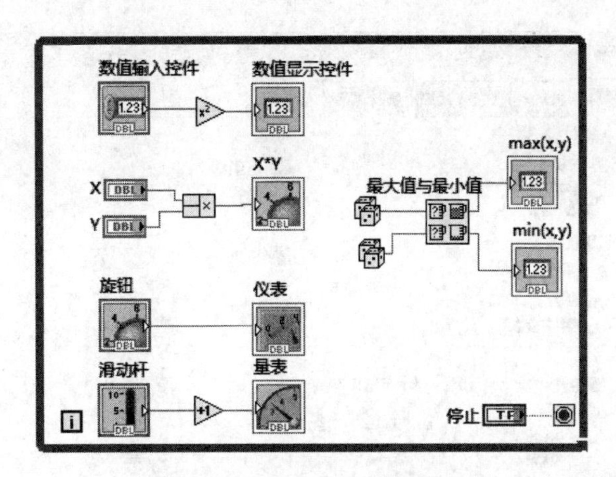

图 3.8 例 3.1 的程序框图

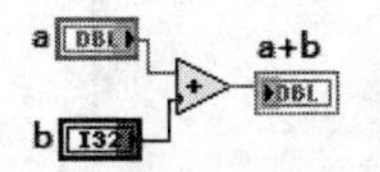

图 3.9 不同数据类型运算结果

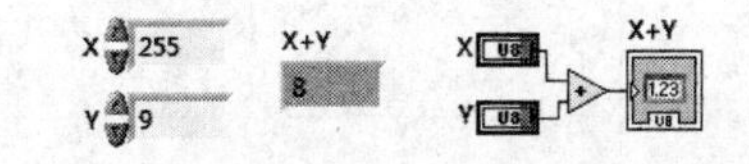

图 3.10 数据溢出前面板和程序框图

3.2 布尔型控件

3.2.1 布尔型控件及显示格式

布尔型控件主要用于布尔变量的输入和显示。打开"新式"→"布尔"控件，显示如图 3.11 所示，包含翘板开关、摇杆开关、指示灯、滑动开关和各种按钮等多种形式。按钮和开关为输入控件，而指示灯为输出控件。

单击鼠标右键，选择"属性"，可以对布尔型控件的外观(如颜色、大小等)、操作(如按钮动作类型)、说明信息、数据绑定和快捷键等进行设置，如图 3.12 所示。

布尔型控件的输入控件的右键快捷菜单中，"机械动作"菜单里给出了布尔型控件的六种可选机械动作，如图 3.13 所示，设计过程中根据需要选择适合的机械动作。布尔显示控件不具有该功能。

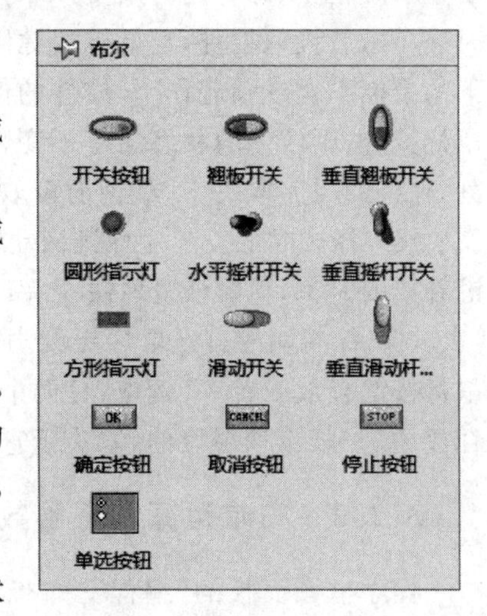

图 3.11 前面板中的布尔控件

六种机械动作介绍如下：

(1) 单击时转换。这种机械动作相当于机械开关。鼠标单击后，立即改变状态，并保持改变的状态，改变的时候是鼠标单击的时刻。再次单击后，恢复原来状态，与 VI 是否读取控件无关。

(2) 释放时转换。当鼠标按键释放后，立即改变状态。改变的时刻是鼠标按键释放的时刻。再次单击并

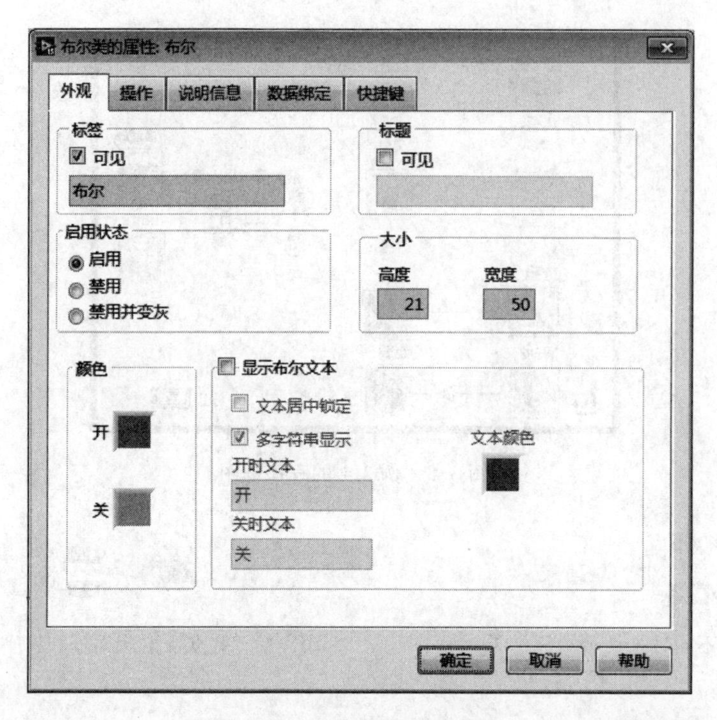

图 3.12 布尔控件属性设置

释放鼠标按键时,恢复原来状态,与 VI 是否读取控件无关。

(3) 单击时转换保持到鼠标释放。这种机械动作相当于机械按钮。鼠标单击时控件状态立即改变,鼠标按键释放后立即恢复,保持时间取决于单击和释放之间的时间间隔。

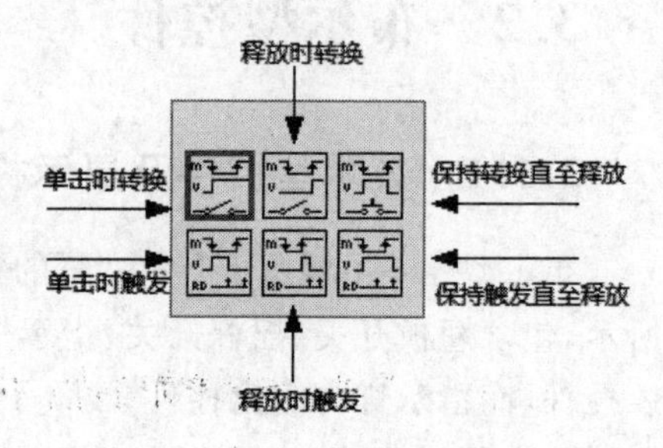

图 3.13 布尔输入控件的机械动作

(4) 单击时触发。这种机械动作,鼠标单击控件后,立即改变状态。何时恢复原来状态,取决于 VI 何时在单击后读取控件,与鼠标按键何时释放无关。如果在鼠标按键释放之前读取控件,则按下的鼠标不再继续起作用,控件的值已经恢复到原来状态。如果在 VI 读取控制之前释放鼠标按键,则改变的状态保持不变,直到 VI 读取。简言之,改变的时刻等于鼠标按下的时刻,保持的时间取决于 VI 何时读取。

(5) 释放时触发。这种机械动作与“单击时触发”类似,差别在于改变的时刻是鼠标按键释放的时刻,何时恢复取决于 VI 何时读取。

(6) 保持触发直至鼠标释放。这种机械动作,鼠标按键按下时立即触发,改变控件值。鼠标按键释放或者 VI 读取,这两个条件中任何一个满足,立即恢复原来状态。到底是鼠标释放还是 VI 读取触发的,取决于它们发生的先后次序。

3.2.2 布尔运算常用函数

程序框图面板的“编程”→“布尔”子选板中,有很多逻辑运算符号以及真、假布尔变量等,如图 3.14 所示。

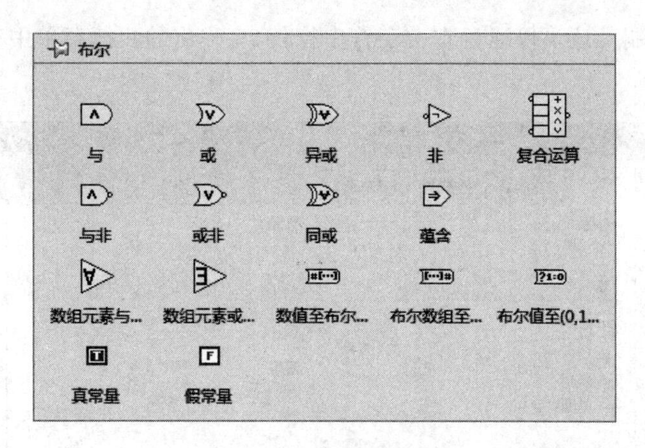

图 3.14　布尔变量运算符

例 3.2　布尔机械动作：按照如图 3.15 所示的前面板和程序框图进行程序编写，将第一个灯的机械动作设置为"释放时触发"，第二个灯设置为"单击时转换"。

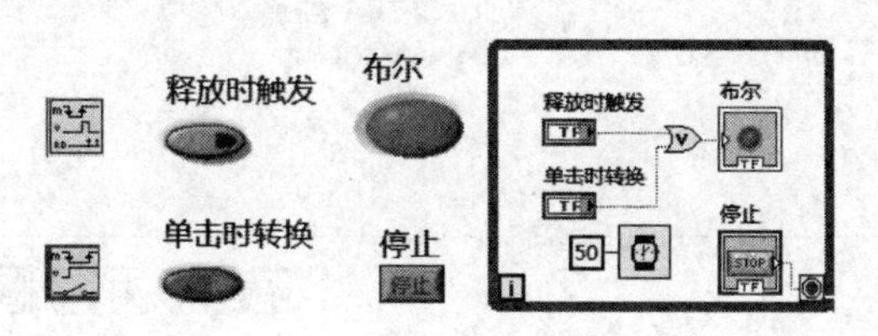

图 3.15　例 3.2 前面板和程序框图

当程序执行 5s 后按下(释放时触发)按键，等待 3s 释放时触发按键，接着经过 2s 后按下(单击时转换)按键，等待 5s 放开单击时转换按键，请问布尔显示器于执行程序后 7s 和 12s 时分别显示什么结果?

答案为"假"和"真"。答案解析："释放时触发"需等到按下按键后放开，其状态才会转为真，并在程序读取后恢复至假。在 7s 时仍未放开"释放时触发"按键，故布尔值为假；而单击时转换则在按下按键时即转变状态为真，且需在下一次重新按下时才会恢复成假，故程序在 12s 时的布尔值为真。

3.3　字符串与路径控件

打开"新式"→"字符串与路径"控件，显示如图 3.16 所示，包括字符串输入和显示控件、组合框控件、文件路径输入和显示控件。

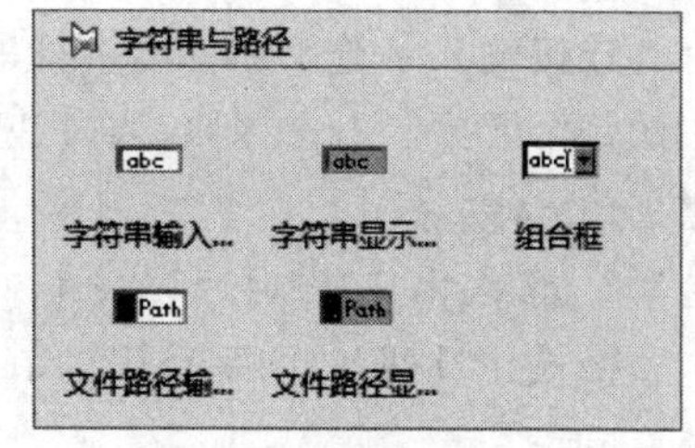

图 3.16　"字符串与路径"控件

3.3.1　字符串控件及显示格式

字符串输入和显示功能，是用户最常用的基本操作功能。右击字符串控件，在弹出的快捷菜单中选择"属性"命令，然后可以对字符串控件的外观进行设置，如图 3.17 所示。显示样式有 4 种方式，即正常、反斜杠符号、密码和十六进制。还可以通过右击字符串控件，在弹出的快捷菜单中直接选择需要的显示样式。

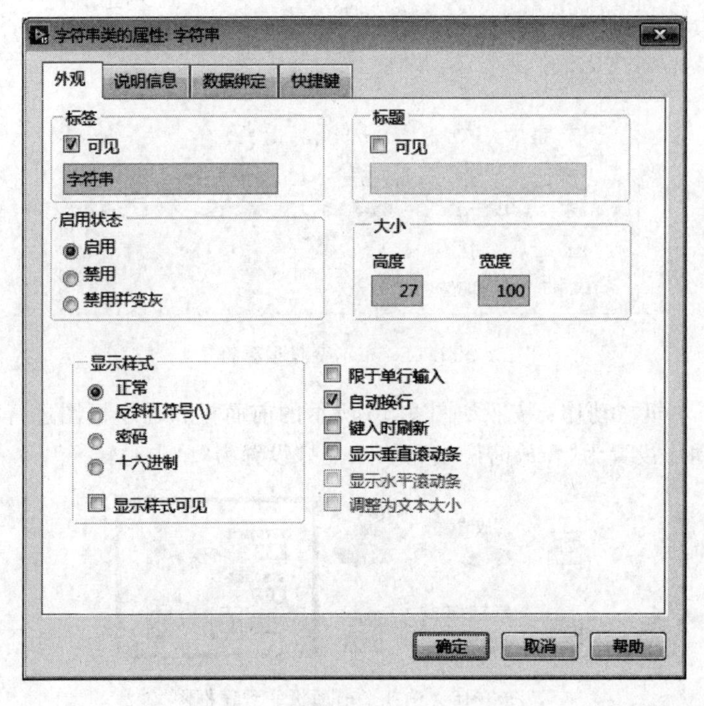

图 3.17 字符串控件的属性设置

图 3.18 和图 3.19 分别为字符串显示控件选择“正常显示”和“密码显示”的情况。

图 3.18 正常显示　　图 3.19 密码显示

3.3.2 字符串控件常用函数

打开程序框图面板，选择“函数”→“编程”→“字符串”，如图 3.20 所示，可以对字符串进行各种操作，如求字符串长度，以及对字符串进行连接等。

主要模块介绍如下：

1. 连接字符串

连接字符串的节点图标和端口定义如图 3.21 所示。

连接输入字符串和一维字符串数组作为输出字符串。对于数组输入，该函数连接数组中的每个元素。右击函数，通过快捷菜单命令选择添加输入，或调整函数大小，均可向函数增加输入端。

2. 格式化日期/时间字符串

格式化日期/时间字符串的节点图标和端口定义如图 3.22 所示。

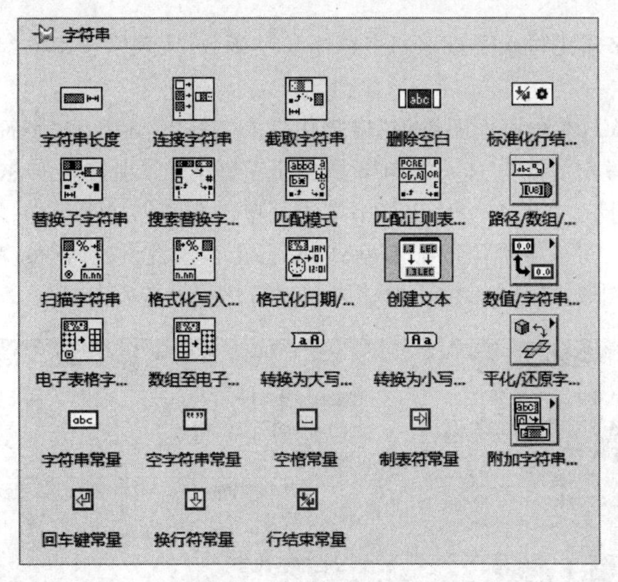

图 3.20 字符串控件运算符

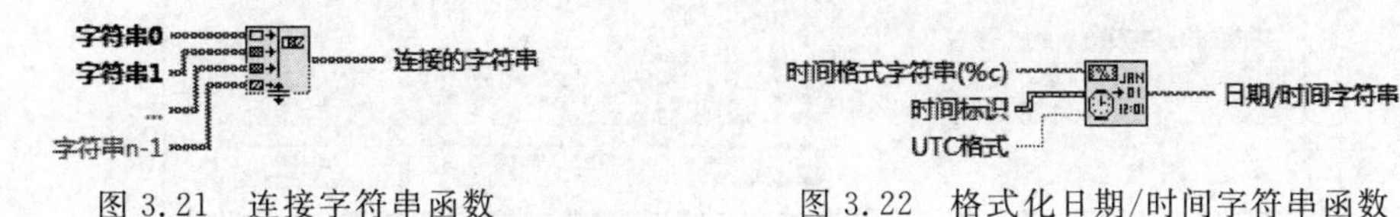

图 3.21 连接字符串函数　　　　图 3.22 格式化日期/时间字符串函数

时间格式字符串：指定输出字符串的格式。如函数未识别以%开始的时间格式代码，可返回实际字符。默认的代码为%C，与计算机上配置的时区所使用的日期/时间表示法对应。如时间格式字符串是空字符串，函数使用默认值。

时间标识：可以是时间标识或数值。该数值为自 1904 年 1 月 1 日星期五 12:00 a.m (通用时间[01-01-1904 00:00:00])以来无时区影响的秒数。默认值为当前日期和时间。如年在 1904 以前，时间标识为负数。

UTC 格式：指定输出字符串是否为通用时间或处于计算机上配置的时区。如值为 TRUE，日期/时间字符串将为通用时间。默认值为 FALSE。

日期/时间字符串：是格式化的日期/时间字符串。

3. 匹配模式

匹配模式的节点图标和端口定义如图 3.23 所示。

在从偏移量起始的字符串中搜索正则表达式。如函数查找到匹配，它将字符串分隔为三个子字符串。正则表达式为特定的字符的组合，用于模式匹配。该函数虽然只提供较少的字符串匹配选项，但执行速度比匹配正则表达式函数快。

4. 替换子字符串

替换子字符串的节点图标和端口定义如图 3.24 所示。

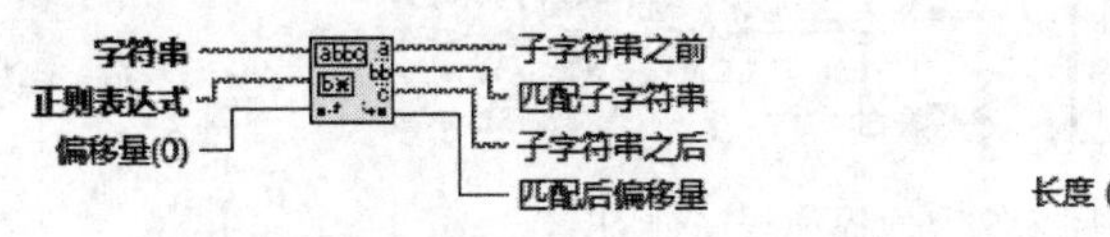

图 3.23 匹配模式的函数

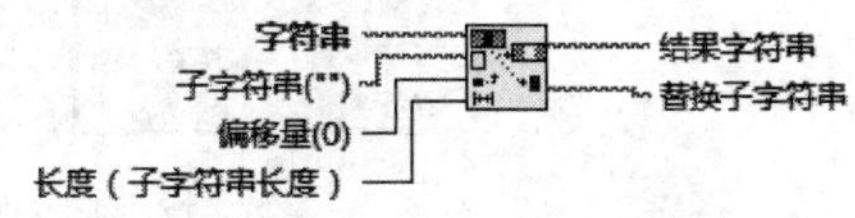

图 3.24 替换子字符串的函数

例 3.3 利用格式化写入字符串和字符串长度函数,实现字符串的组合。

设计步骤:

(1) 新建一个 VI,在程序框图添加"格式化写入字符串"函数和"字符串长度"函数。

(2) 将格式化写入字符串输入端向下拖曳至三输入,分别连接布尔"真常量""数值常量"和"DBL 数值常量",在其初始化字符串端子处单击右键创建常量,并填写汉字"对="。

(3) 设置格式化写入字符串的显示格式,需右击该函数,在弹出的菜单中选择"编辑格式字符串"命令,如图 3.25 所示,依次对输入端进行格式设置。

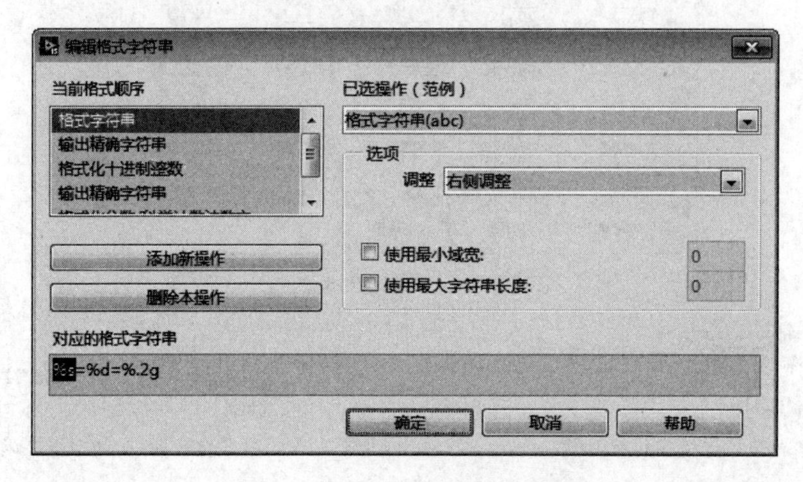

图 3.25 "编辑格式字符串"对话框

(4) 在"格式化写入字符串"函数输出端口新建显示控件,用于显示连接后的字符串,再将输出端接至该"字符串的长度"的输入端,最后在"字符串的长度"的输出端口创建显示控件,用于显示字符串长度。

程序框图和最终运行结果如图 3.26 所示。

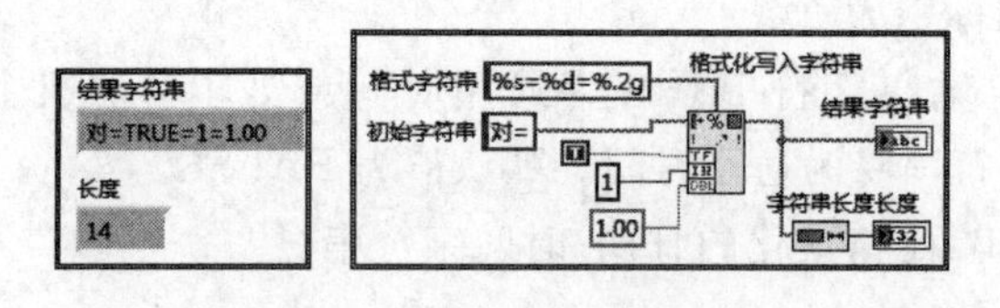

图 3.26 例 3.3 的前面板和程序框图

例 3.4 匹配字符串。

利用匹配字符串函数实现子字符串的匹配,程序框图放置"匹配字符串"函数后,依次在输入端口创建常量,输出端口创建显示控件,程序的前面板和程序框图如图 3.27 所示,偏移量处的数值 6 为从第一个字母开始数,从第 6 个字母开始寻找匹配。

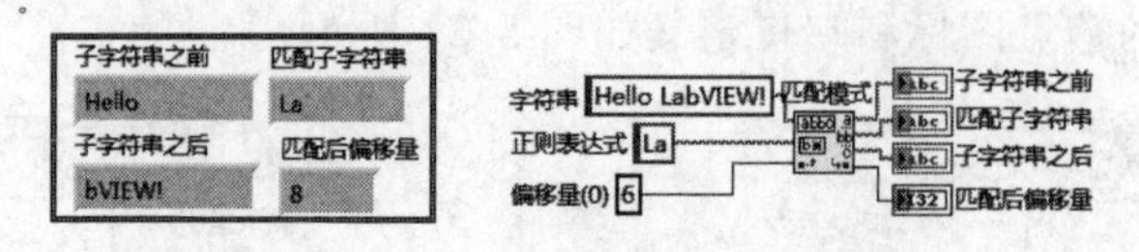

图 3.27 例 3.4 前面板和程序框图

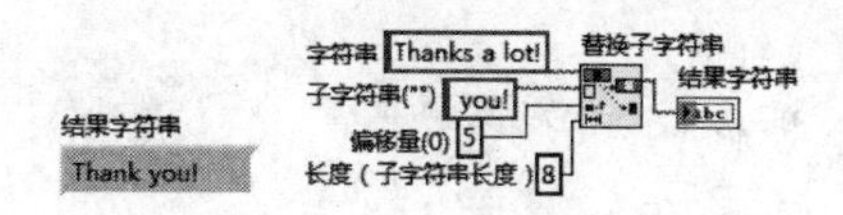

图 3.28 例 3.5 前面板和程序框图

例 3.5 替换字符串。

利用替换字符串函数将"Thanks a lot!"替换为"Thank you!"。

前面板和程序框图如图 3.28 所示，偏移量为 5，从第 6 个字母开始替换，替换字母从"s"到"!"，长度为 8。

3.4 下拉列表与枚举控件

打开"新式"→"下拉列表与枚举"控件，如图 3.29 所示，包括文本下拉列表、菜单下拉列表、图片下拉列表、文本与图片下拉列表和枚举等控件。

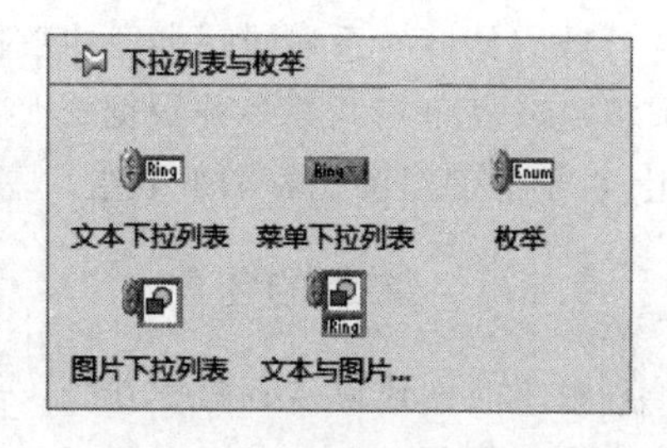

图 3.29 "下拉列表与枚举"控件

1. 下拉列表

下拉列表是将数值与字符串或图片建立联系的数值控件。下拉列表控件以下拉列表的形式出现，用户可在循环浏览的过程中作出决定。此外，下拉列表还可以用来选择互斥项。

2. 枚举控件

枚举控件用于向用户提供一个可供选择的项列表。枚举控件类似于文本或菜单下拉列表控件，但是，枚举控件的数据类型包括控件中所有项的数值和字符串标签的相关信息，下拉列表控件则为数值型控件。

下拉列表和枚举控件常用于作为"选择"功能。在使用时，主要是对选项内容进行编辑和设置，每个对应的选项都有一个值，所以下拉列表与枚举控件经常与选择结构结合使用。选项内容的编辑与设置可以在"属性"→"编辑项"标签里进行，如图 3.30 所示，可以"插入""删除"要编辑的项，还可以调整所编辑项的顺序。

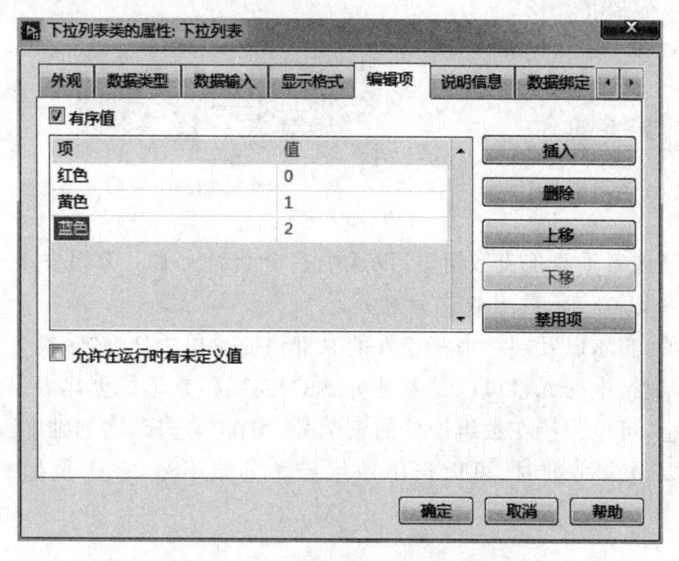

图 3.30 下拉列表项目内容编辑示例

下拉列表和枚举控件的外观很相似，例如选择颜色（红色、黄色和蓝色中的一种），如图 3.31 所示。区别在于枚举控件的数据类型属于整型，而下拉列表可以是整型和浮点型。表示有限的几种物件或者状态时，尽量使用枚举类型，因为枚举控件的数据类型更严格，可以防止程序中出现某些错误。

图 3.31 枚举控件和下拉列表的外观

3.5 数组控件

数组是将一系列同一类型的数据组合到一起。LabVIEW 中，数组可以是字符串类型、数值型或者布尔型等多种数据类型中的同类数据的集合。但不能创建以数组为元素的数组，也不能创建图标和图形数组。

3.5.1 数组的创建

数组的创建通常有两种方法，一是通过创建数组框架再添加元素的方式；二是通过程序进行创建。

1. 框架法创建数组

框架法创建数组的步骤如下：

(1) 从控件选板中选取“数组、矩阵与簇”子选板，如图 3.32 所示；再选取“数组”放入前面板，此时的数组为空数组框架。

(2) 将需要的有效数据对象（如数值、布尔等）拖入数组框，如图 3.33 所示。

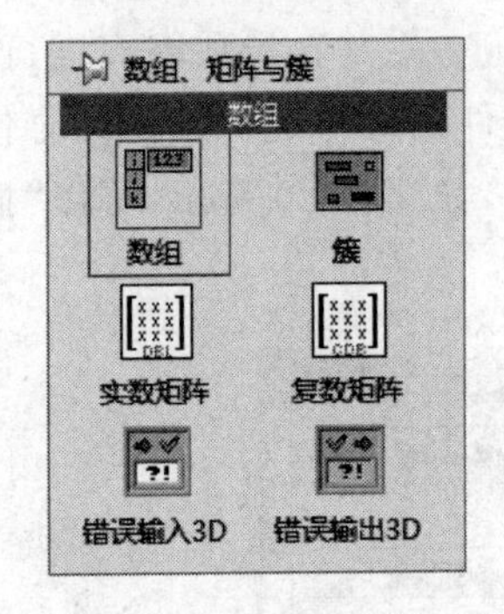

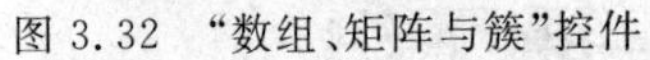
图 3.32 “数组、矩阵与簇”控件

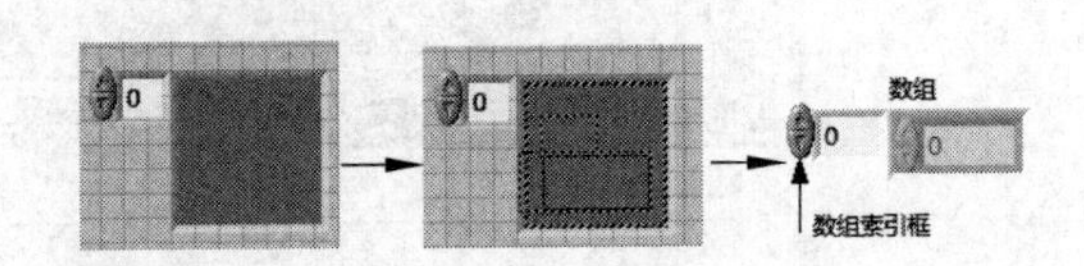

图 3.33 生成数值型数组

然后通过水平或者垂直拖曳数组，可以显示多个数组元素。数组框架的左侧为数组索引框，LabVIEW 中以 0 表示数组的首个索引。

也可以在数值、布尔以及字符串等控件的右键快捷菜单中选择“转换为数组”，则转换成对应类型的数组，数组中的元素可以是各种类型的控件，但是不能创建数组的数组。

创建多维数组，可以直接在数组控件的索引号上右击，选择“增加维度”或者直接用鼠标向下拖曳。当需要减少维数时，可以选中数组控件的索引号，单击鼠标右键，选择“删除维度”。

2. 程序法创建数组

通过程序创建数组，常使用的是for循环。图3.34显示了使用for循环自动索引创建8个元素的数组。在for循环的每次迭代中创建数组的下一个元素。若循环计数器设置为N，则创建N个元素的数组。若在边框快捷菜单的通道模式中选择最终值，则仅输出循环中最后一个值。图3.34中允许索引输出数组。

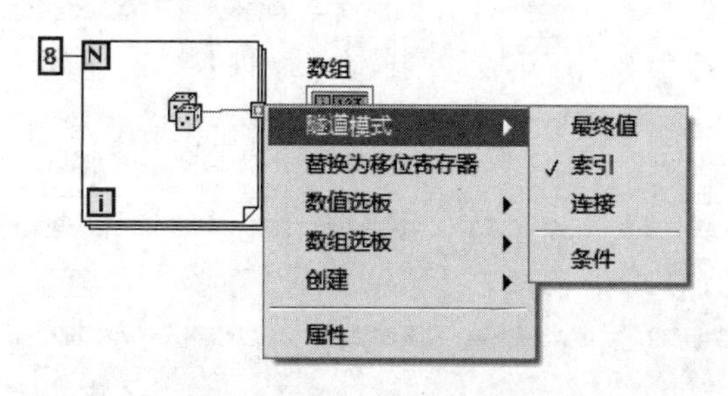

图3.34 程序法创建数组举例

若创建二维数组，可以使用两个嵌套的for循环来创建，外循环创建行，内循环创建列。图3.35为使用两个for循环创建4×5的二维数组程序框图。

如果索引框更改索引值大小，则数组从更改的数值处开始显示，即邻近索引框的数值就是索引代表的数据。如上例的二维数组，从第1行第2列开始显示，如图3.36所示。

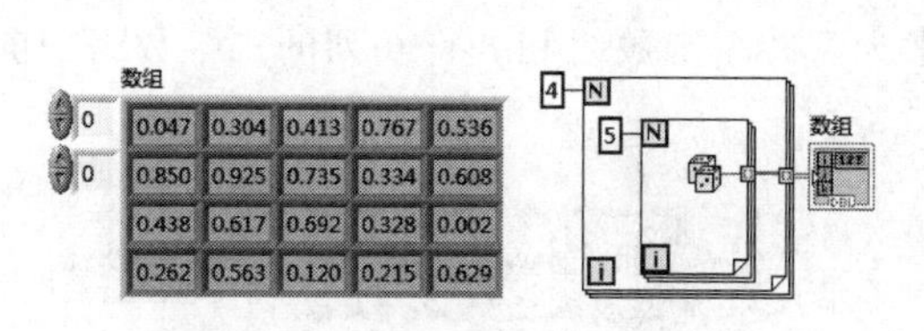

图3.35 程序法创建二维数组举例

图3.36 数组不同索引显示

3.5.2 数组函数

对于一个数组可以进行很多操作，如求数组的长度、替换数组元素、数组元素排序等。LabVIEW提供了大量的数组函数，位置在“函数”→“数组”，如图3.37所示。这里包含一个“数组常量”框架，数组常量相当于一种特殊的数组输入控件，里边放置不同的常量类型。下面介绍几种常用的数组函数。

主要模块介绍如下：

1. 数组大小

“数组大小”函数节点图标如图3.38所示，数组可以是任意维数的数组，大小返回各维度的大小。

求任意数组大小，将数组接至“数组大小”的输入端，在输出端创建显示控件，如图3.39为3行4列数组求大小。

2. 初始化数组

“初始化数组函数”的节点图标和端口定义如图3.40所示，其功能是创建n维数组，数组维数由函数左侧的维数大小端口的个数决定，创建之后每个元素的值都与输入元素端口

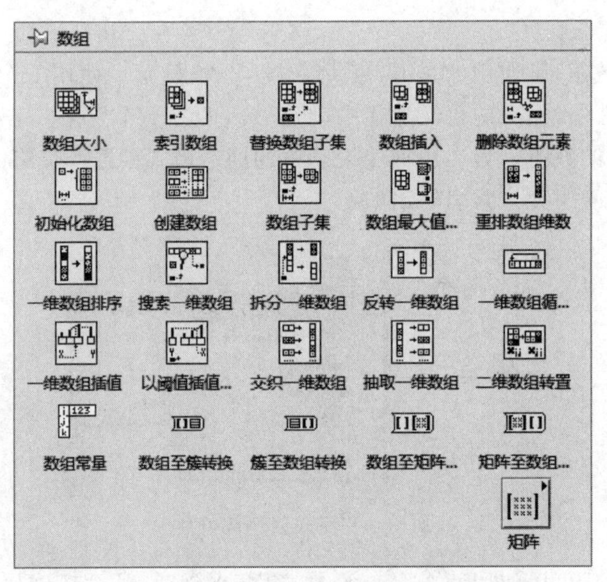

图 3.37　函数选板中的“数组”函数

的值相同。“初始化数组函数”刚放在程序框图上时，只有一个维数大小输入端子，此时创建的是指定大小的一维数组。此时可以通过拖拉下边缘或在维度大小端口右击，选择“添加维度”，来添加维数大小端口。

图 3.41 和图 3.42 分别初始化数组元素为 5 的一维数组和 3 行 4 列的二维数组的前面板和程序框图。

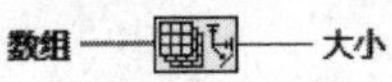

数组 —— 大小

图 3.38　“数组大小”函数的图标和端口

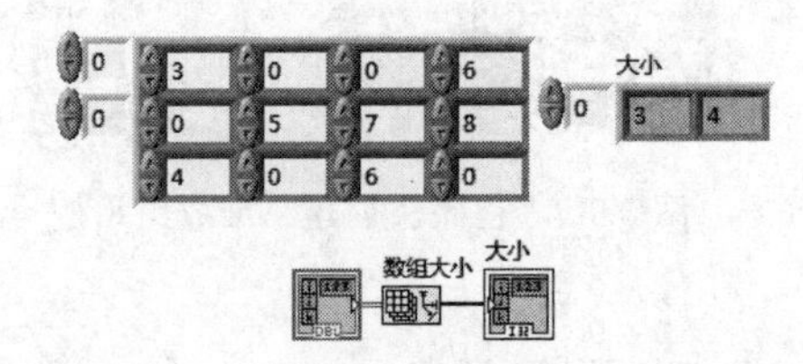

图 3.39　求数组大小前面板和程序框图

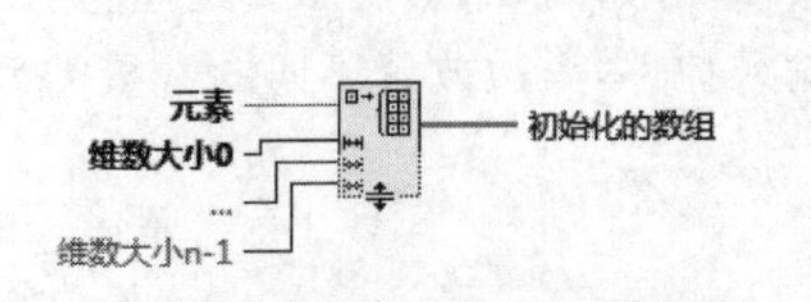

图 3.40　“初始化数组函数”的图标和端口

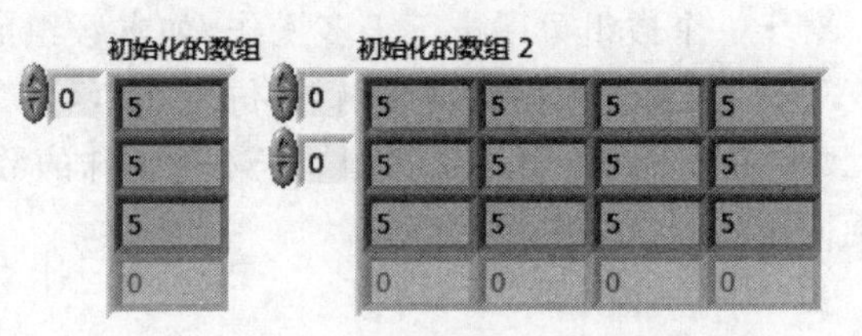

图 3.41　初始化数组举例的前面板

3. 创建数组

“创建数组函数”的节点图标及端口定义如图 3.43 所示。

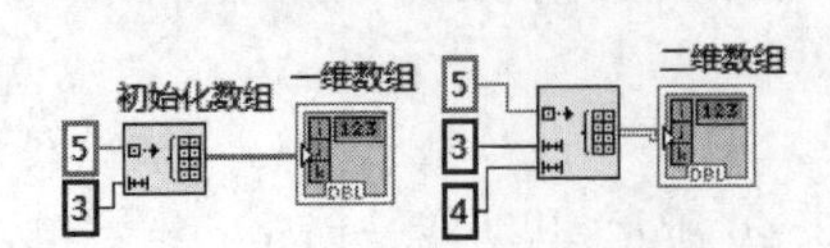

图 3.42　“初始化数组”举例的程序框图

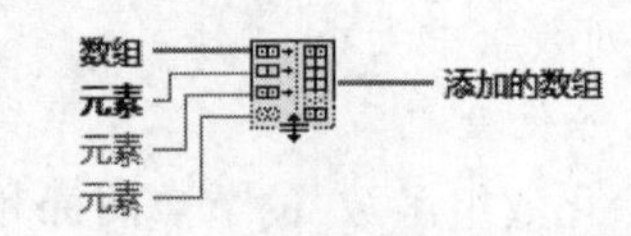

图 3.43　“创建数组函数”的节点图标及端口

"创建数组函数"用于合并多个数组和元素。图 3.44 和图 3.45 分别为创建数组前面板和程序框图，在函数上弹出的快捷菜单中，可以发现有一个选项为"连接输入"，当选择"连接输入"时，结果是把所有输入进行连接的结果，其维数与所有输入参数中的最高维数相同。默认情况则将输入数组合并在一起，如果数组维度不一致，则结果和最高维数相同。

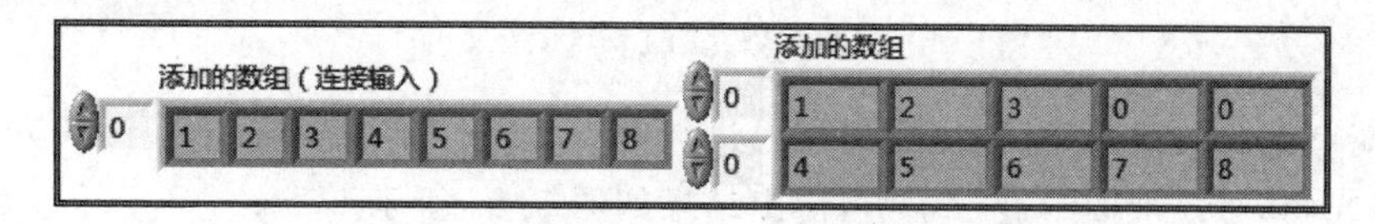

图 3.44 "创建数组函数"(默认情况)前面板

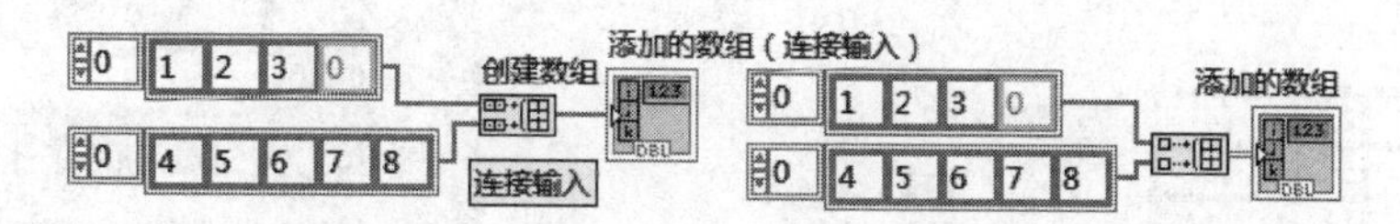

图 3.45 "创建数组函数"(连接输入)程序框图

4. 替换数组子集

"替换数组子集"的节点图标及端口如图 3.46 所示。

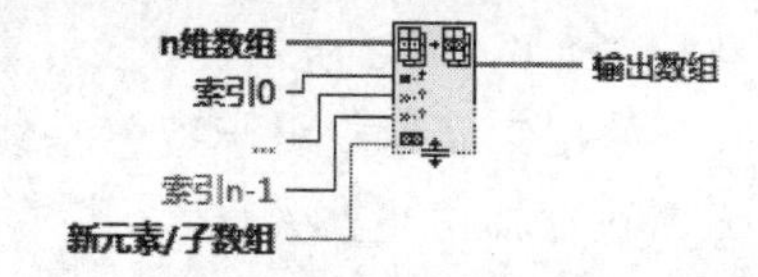

图 3.46 "替换数组子集"的节点图标及端口

"替换数组子集"函数是从"新元素/子数组"端口输入，去替换其中一个或部分元素。"新元素/子数组"输入的数据类型必须与输入数组的数据类型一致。图 3.47 和图 3.48 为替换二维数组的某一行元素和某一个元素。

输出数组				输出数组 2			
0	0	0	0	1	2	3	4
5	6	7	8	5	6	7	8
9	10	11	12	9	10	11	12
13	14	15	16	13	0	15	16

图 3.47 替换数组某一行元素和某一个元素的前面板

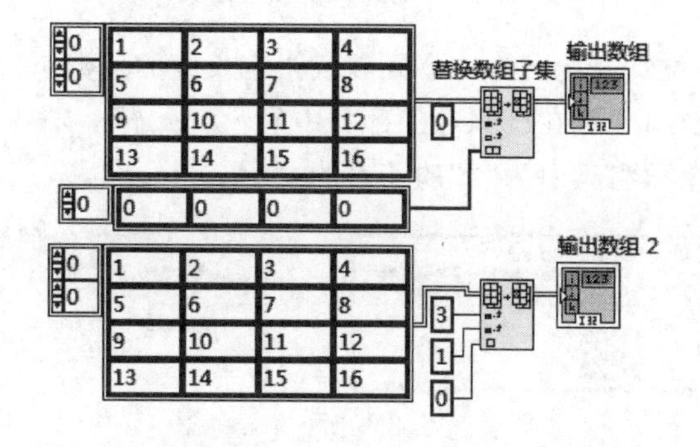

图 3.48 替换数组某一行元素和某一个元素的程序框图

5. 索引数组

“索引数组”的节点图标及端口如图 3.49 所示。

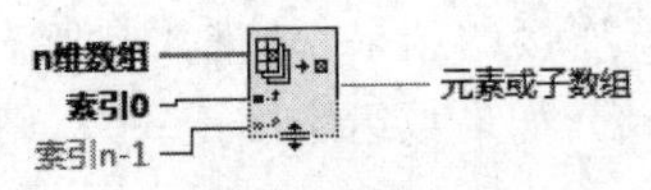

图 3.49 “索引数组”的节点图标及端口

输入端口为一 n 维数组，按照索引编号进行索引，如果索引端不接则默认从第 0 行开始索引，如图 3.50 对二维数组进行索引，输出结果如图 3.51 所示。

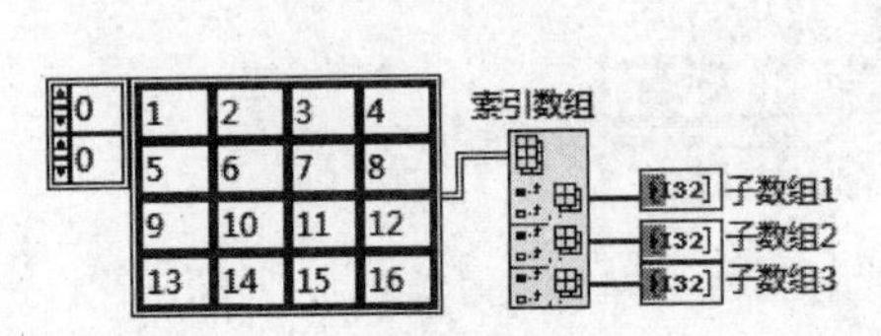

图 3.50 “索引数组”举例前面板

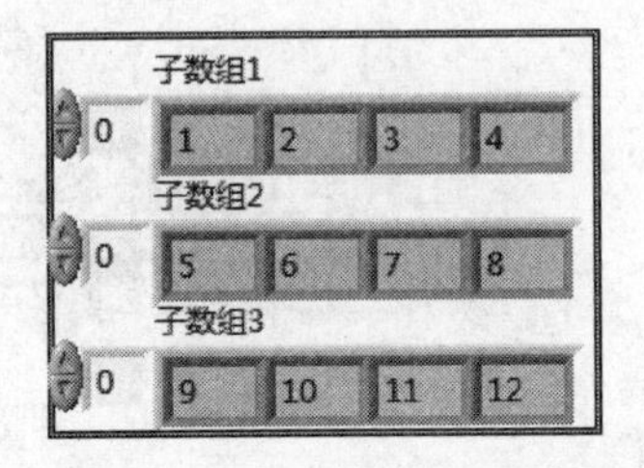

图 3.51 “索引数组”举例程序框图

6. 搜索一维数组

搜索一维数组的节点图标及端口如图 3.52 所示。

在一维数组中从开始索引处开始搜索元素。由于搜索是线性的，调用该函数前不必对数组排序。找到元素后，LabVIEW 可立即停止搜索。

如图 3.53 所示，从索引 4 开始搜索元素“3”，结果为索引 6。

图 3.52 搜索一维数组函数　　图 3.53 一维索引程序

7. 删除数组元素

删除数组元素的节点图标及端口如图 3.54 所示。

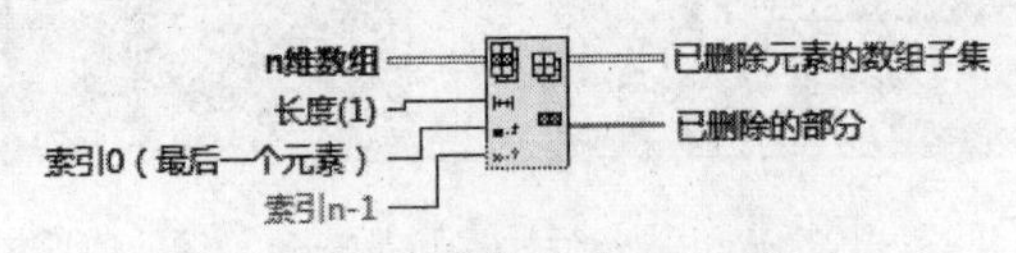

图 3.54 删除数组元素函数

在 n 维数组的索引位置开始删除一个元素或指定长度的子数组。返回已删除元素的数组子集，删除的元素或数组子集在已删除的部分中显示。

图 3.55 为删除一维数组索引为“2”的元素的显示结果。

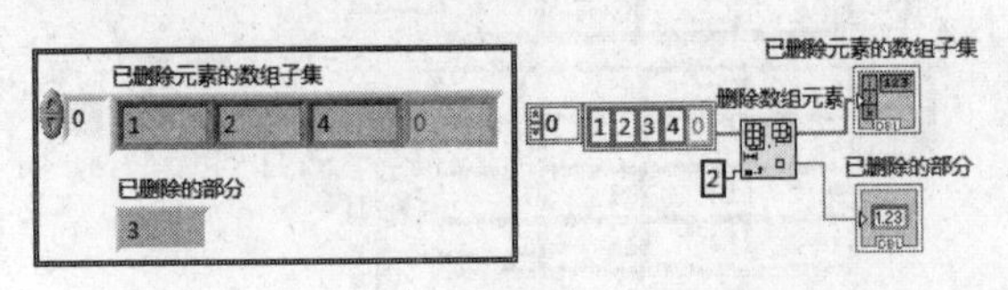

图 3.55 删除数组元素程序

3.6 簇

3.6.1 簇的创建

“簇”是 LabVIEW 中一种特殊数据类型，它可以将几种不同的数据类型集中到一个单元形成一个整体，类似 C 语言的结构。与数组一样，建立簇时，首先也要建立簇框架，然后在簇框架中添加对象作为簇元素，“簇控制器”和“指示器”框架在前面板“控件”→“新式”→“数组、矩阵和簇”中，如前文图 3.32 所示。

创建簇控制器过程如图 3.56 所示，首先将“簇控制器”放置到前面板上，然后放置簇内的元素比如“数值输入控件”，当“簇框架”内边沿出现虚线框时，单击“数值输入控件”即可添加到簇中，在簇中也可以修改“数值控件”的标签，可以根据需要重复上述步骤依次添加需要的控件。

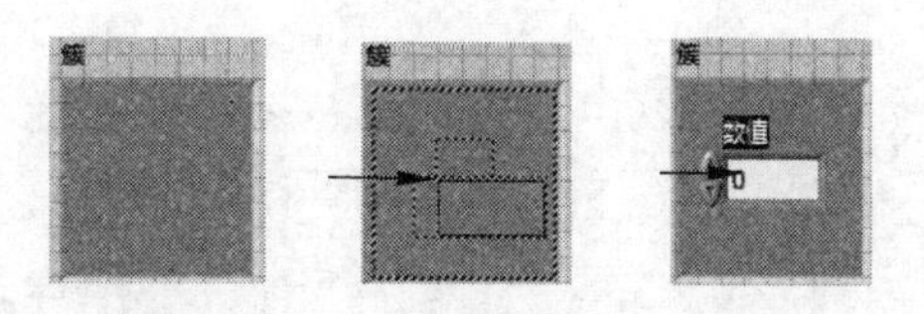

图 3.56 建立一个簇控件过程

簇的元素有一定的排列顺序，顺序为创建簇时添加这些元素的顺序，想改变已有簇中元素的排列顺序，可以在“簇框架”右键快捷菜单中选择“重新排序簇中控件”，则簇处于元素顺序编辑状态。簇中每一个元素右下角出现并排的框：白框和黑框，白框是元素当前位置，黑框指用户改变顺序的新位置，没改变之前黑白框序号一致。用“簇排序”光标单击某个元素，该元素在顺序中的位置就会变成顶部工具条显示的数字，改变完成后，单击对号按钮，如图 3.57 所示。

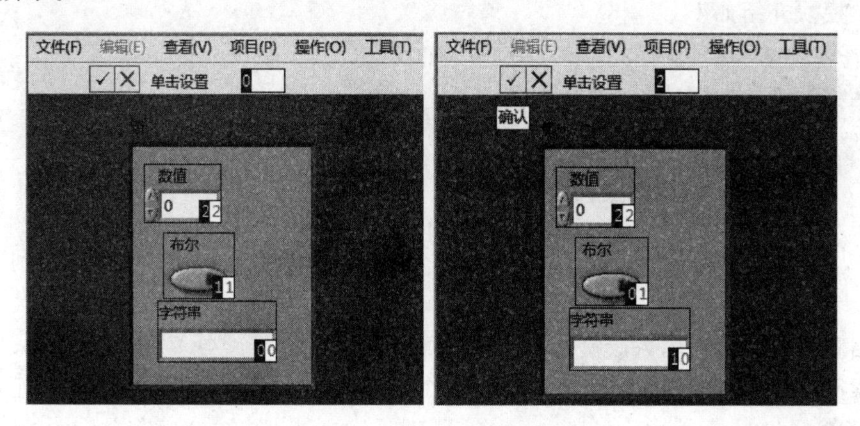

图 3.57 簇中元素重新排序前后

簇元素位置改变后，在簇控件里看不出区别，但是当我们利用“簇解捆绑”函数时，就会发现簇中元素输出顺序的变化。图 3.58 为改变顺序前后簇中元素的显示情况。

3.6.2 簇函数

簇函数如图 3.59 所示，包括按名称解除捆绑、创建簇数组等，下面介绍几种常用的簇函数。

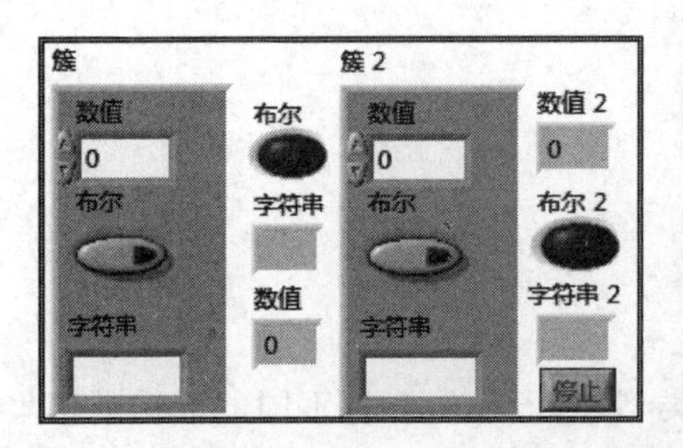

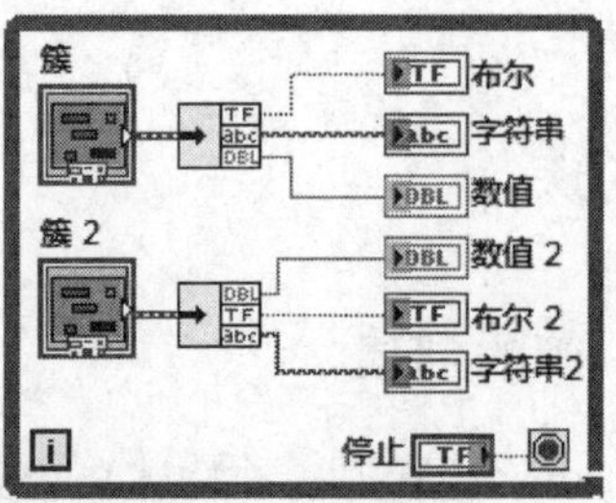

图 3.58 簇中元素重新排序显示前面板和程序框图

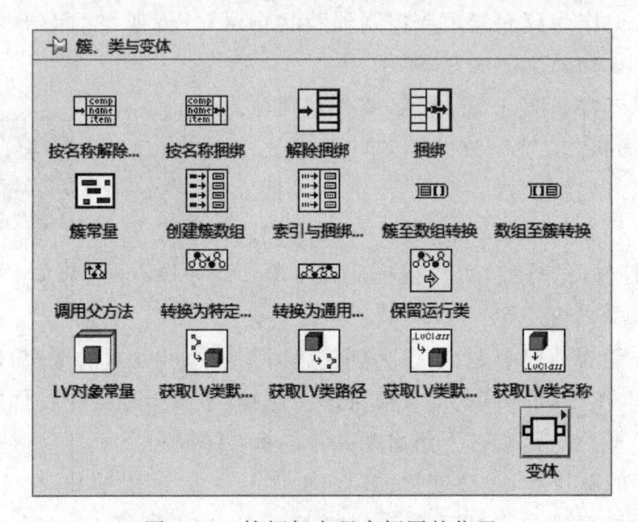

图 3.59 簇框架在程序框图的位置

主要模块介绍如下：

1. 按名称捆绑和捆绑

按名称捆绑和捆绑的节点图标如图 3.60 所示。

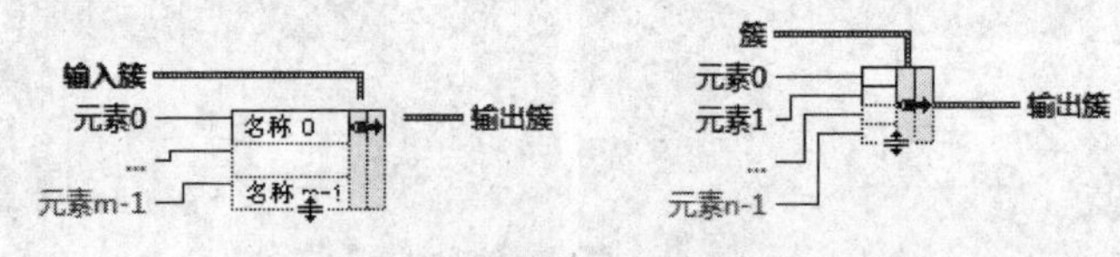

图 3.60 按名称捆绑和捆绑函数

按名称捆绑函数的输入簇是要替换元素的簇。输入簇接线端必须始终连线，且至少有一个元素必须有自带标签。其功能是替换一个或多个簇元素。该函数依据簇中元素名称来引用簇元素。

捆绑函数的簇是要改变值的簇。簇不是必需的接线端子，如该输入端没有连线，函数返回由输入元素组成的簇。连线簇接线端时，捆绑函数使用元素 0..n－1 替换簇。输入接线端的数量必须匹配输入簇中元素的数量。

例 3.6 利用簇函数中的按名称捆绑函数，对输入簇常量进行操作。

簇常量为一种特殊的簇输入控件，其内可以放置各种类型的常量. 默认簇常量内放置的元素类型，不显示标签。本例簇常量内的元素都编辑标签，该例的前面板和程序框图 3.61 所示。

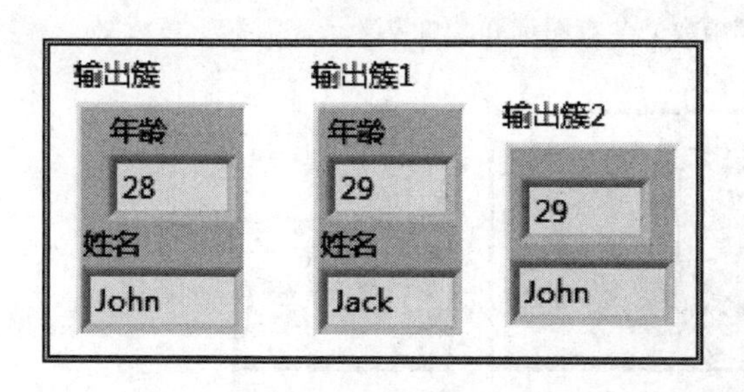

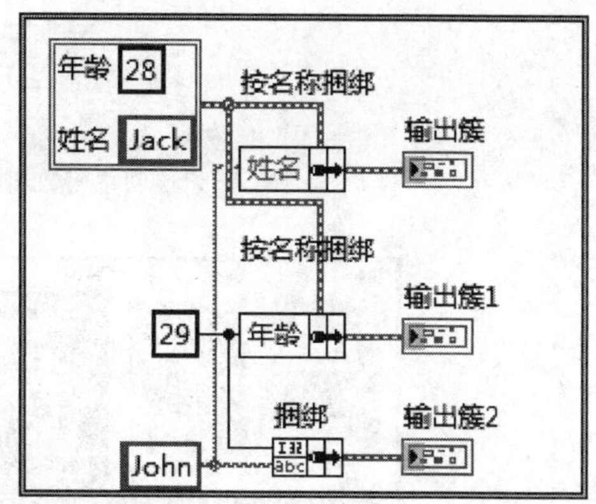

图 3.61 例 3.6 的前面板和程序框图

2. 解除捆绑和按名称解除捆绑

解除捆绑和按名称解除捆绑的节点图标如图 3.62 所示。

将一个簇接至解除捆绑函数时，函数可自动调整大小，显示簇中的各个元素输出。

将一个簇按名称解除捆绑函数时返回指定名称的簇元素。该函数不要求元素的个数和簇中元素个数匹配，通常名称指的是元素的标签。

例 3.7 解除捆绑和按名称解除捆绑练习。

对不编辑标签簇常量进行解除捆绑操作，输出元素的标签按照元素的类型命名；当将簇内元素都编辑标签后，利用按名称解除捆绑，在输出端则显示各元素名称，如图 3.63 所示和图 3.64 所示。

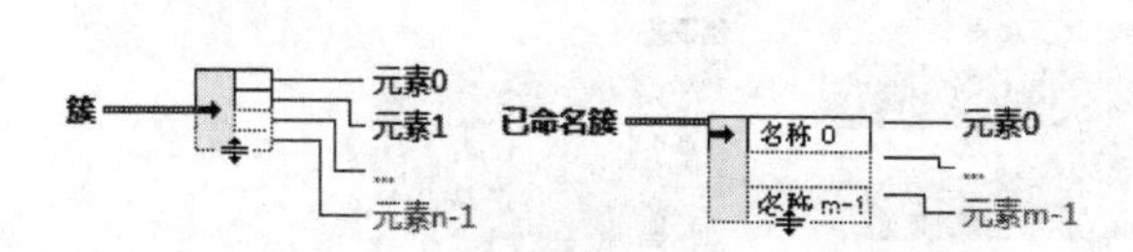

图 3.62 解除捆绑和按名称解除捆绑函数

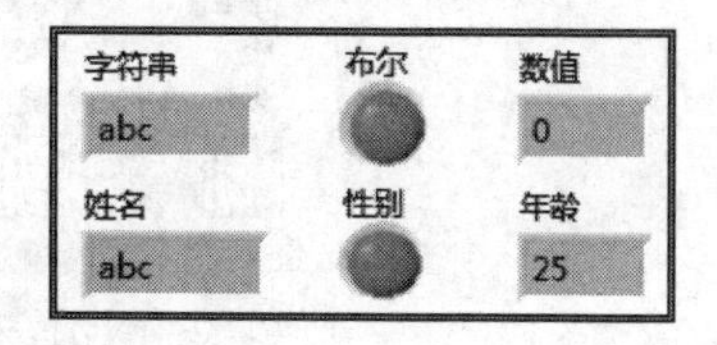

图 3.63 例 3.7 前面板

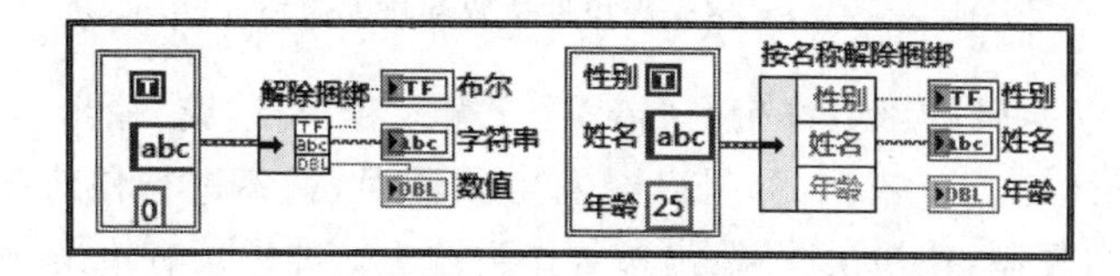

图 3.64 例 3.7 程序框图

3. 创建簇数组

“创建簇数组”函数的节点图标和端口定义如图 3.65 所示。

此函数将输入到端口的每个分量元素转化为簇，然后将这些簇组成一个簇的数组，输入参数可以都为数组，但要求维数相同，而且所有从分量元素输入数据的类型必须相同，分量元素端口的数据类型与第一个连接进去的数据类型相同。

图 3.66 显示将两个簇合并成一个簇的前面板和程序框图。

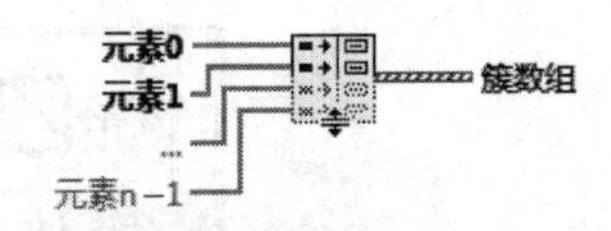

图 3.65　“创建簇数组”函数的节点图标和端口定义

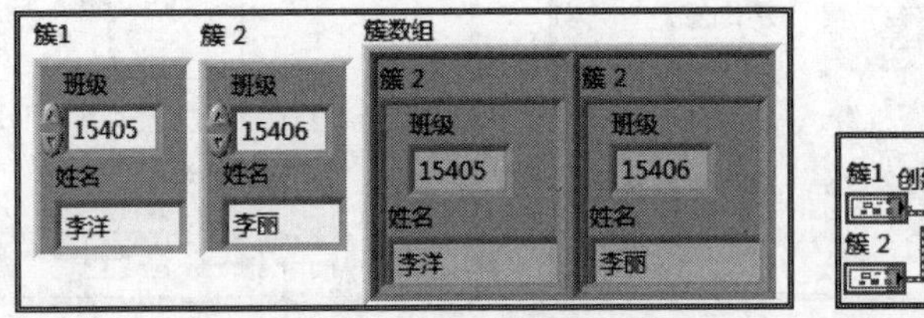

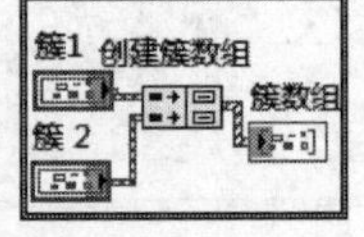

图 3.66　创建簇数组前面板和程序框图

3.6.3　错误簇

LabVIEW 包含一个簇，该簇称为“错误簇”。LabVIEW 中的“错误簇”用于传递错误信息。“错误簇”的位置和放置到前面板上如图 3.67 所示，包含以下一些元素：

- 状态——布尔值，错误产生时报告 TRUE。
- 代码——32 位有符号整数，以数值方式识别错误。
- 源——用于识别错误发生位置的字符串。

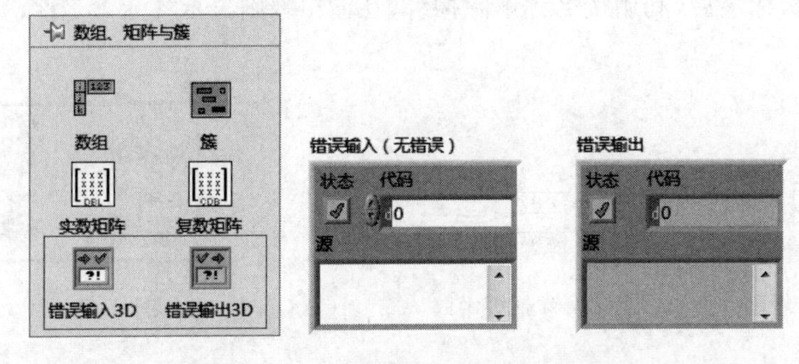

图 3.67　错误簇控件位置和错误簇控件

很多 LabVIEW 自带的函数都带有“错误簇”输入和“错误簇”输出接线端，在函数执行前检查“错误簇”输入是否有错误，如果已经发生了错误，就不进行任何操作，直接把“错误簇”输入进来的参数复制给“错误簇”输出参数作为输出。如果没有错误，则正常执行函数本身运算。

例 3.8　子 VI 添加“错误簇输入”和“错误簇输出”函数。

本例将第 2 章的例 2.1，制作子 VI 时，添加“错误输入”和“错误输出”簇后，前面板和程序框图如图 3.68 所示。

编辑其连线板，将“错误簇输入”和“错误簇输出”添加到接线模板里，则当其作为子函数进行调用时，就与调用带有错误处理的 LabVIEW 标准函数相似了，再调用该子 VI 后，打开帮助信息，其接线端如图 3.69 所示。

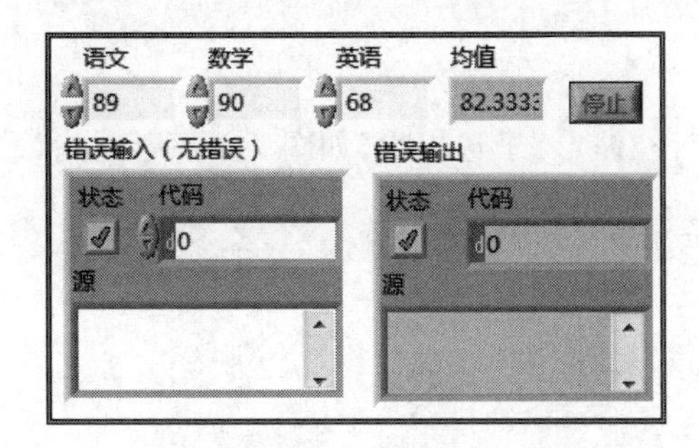

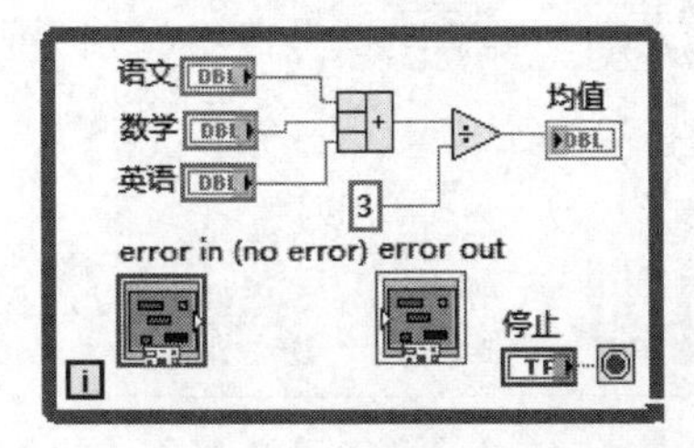

图 3.68 例 3.8 的前面板和程序框图

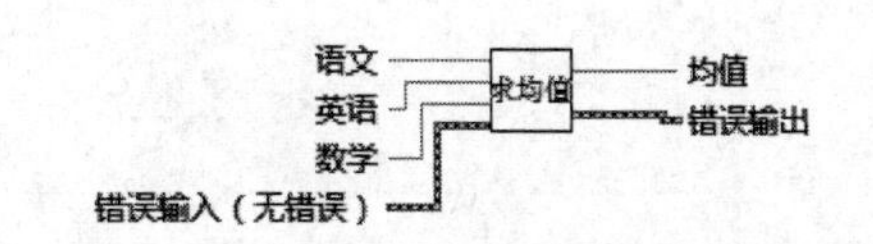

图 3.69 加错误簇函数后的子 VI 接线显示

3.7 波形数据

3.7.1 波形控件

波形数据类似于簇，但它的数据成员和类型是固定的，即包括数据的起始时刻 t0，波形数据点之间的时间间隔 dt，波形的数据 Y 和属性。处理波形数据，要用专门的波形数据函数。在前面板中，波形数据子选板在"控件"→"新式"→ I/O 中，如图 3.70 所示。

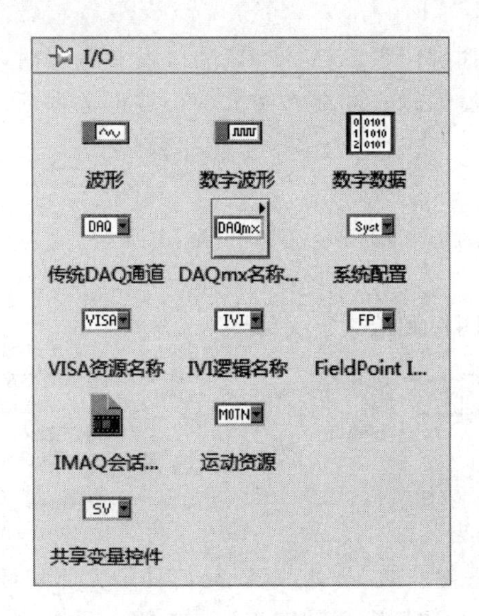

图 3.70 I/O 子选板

3.7.2 波形函数

程序框图中波形数据函数在“函数”→“编程”→“波形”子选板中，如图 3.71 所示。

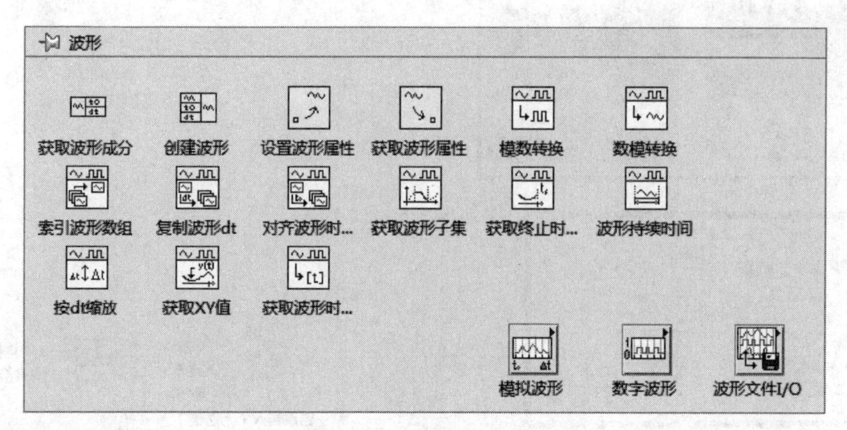

图 3.71 “波形”子选板

主要模块介绍如下：

1. 获取波形成分

该函数用于获取波形数据的 4 个参数(t0,dt,Y,属性)的值，获取波形成分的函数和端口定义如图 3.72 所示。

2. 创建波形

创建波形的节点图标和端口定义如图 3.73 所示。

图 3.72 获取波形成分函数　　图 3.73 创建波形函数

该函数类似于按名称捆绑函数。当“波形”端口没有数据时，该函数根据连接的波形成员创建一个新波形。如果波形输入端口连接了一个波形数据，该函数就根据连接的波形成员修改已有的波形。

3. 设置波形属性

设置波形属性的节点图标和端口定义如图 3.74 所示。

4. 获取波形属性

获取波形属性的节点图标和端口定义如图 3.75 所示。

图 3.74 设置波形属性函数　　图 3.75 获取波形属性函数

例 3.9 演示通过归一化波形 VI 修改波形，使其最大值和最小值分别为 1 和－1。

VI 将生成归一化波形。比例因子的值表示与波形相乘的因子，偏移量的值表示波形的移位数量。

具体步骤如下：

(1) 新建 VI,在程序框图利用 for 循环,将随机数乘以 100 循环 20 次作为波形输出。

(2) 添加创建波形函数,将其端口的三要素都显示出来,并在时间函数处连接“显示系统时间”,将 for 循环输出接至 Y 端,时间间隔 dt 连接数值常量 0.2。

(3) 添加两个设置波形属性,将创建波形函数的输出端接至这两个函数的“波形”输入端口,并分别在函数的“名称”输入端口创建常量,分别编辑内容为 Channel name 和 Channel Unit。

(4) 在“函数”→“字符串”子选板中,添加“连接字符串”和“格式化写入字符串”函数。

(5) 在前面板添加字符串输入控件和数值输入控件,分别修改它们的标签为 Channel name 和 Channel #,将该字符串输入控件连接到“连接字符串”的第一个输入端,添加字符串常量“CH:”连接至“连接字符串”的第二个输入端,接着将数值输入控件接到“格式化写入字符串”的输入端,并连接输出端至“连接字符串”的最下边一个输入端,连接字符串的输出端接到“设置波形属性”的“默认值(空变体)”端口。

(6) 在前面板添加字符串输入控件,编辑其标签为 Channel Unit,将其接至第二个“设置波形属性”的“默认值(空变体)”端口。

(7) 在第二个“设置波形属性”的输出端创建显示控件,其标签为“波形”;接着在前面板添加波形图表,将生成的波形送到波形图表内进行显示。

运行程序之前,为前面板的输入控件进行赋值,程序运行结果和程序框图如图 3.76 和图 3.77 所示,在前面板的波形显示控件,右击“显示项”,选中“属性”选项,则设置的属性内容会显示出来。

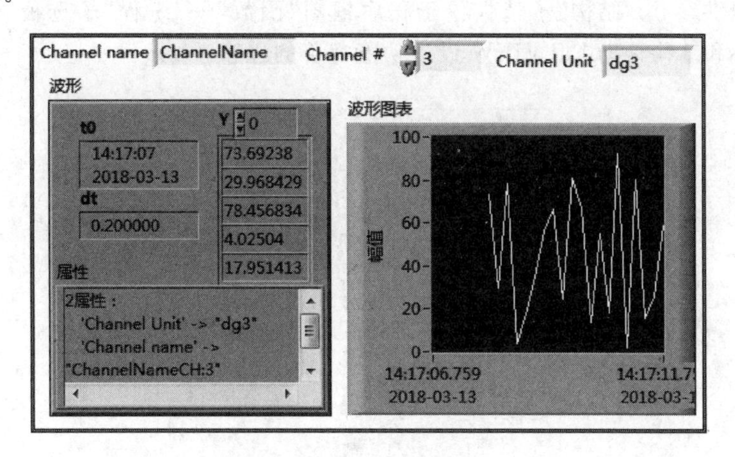

图 3.76 例 3.9 的前面板

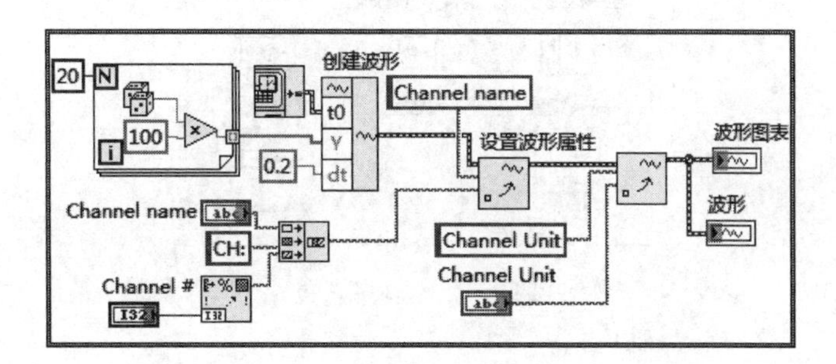

图 3.77 例 3.9 的程序框图

第4章

程序流程和结构

本章学习目标

- 熟练掌握 while、for 循环的使用方法
- 掌握条件结构、顺序结构以及事件结构的使用方法
- 了解公式节点、局部变量和全局变量的使用方法

本章先介绍各结构的基础知识,再介绍如何使用这些结构进行编程,每个结构基本都给出相应的例程供参考,“结构”子选板位于程序框图“函数”→“编程”子选板下,如图 4.1 所示。这些循环和结构帮助 LabVIEW 设计功能完善的程序。

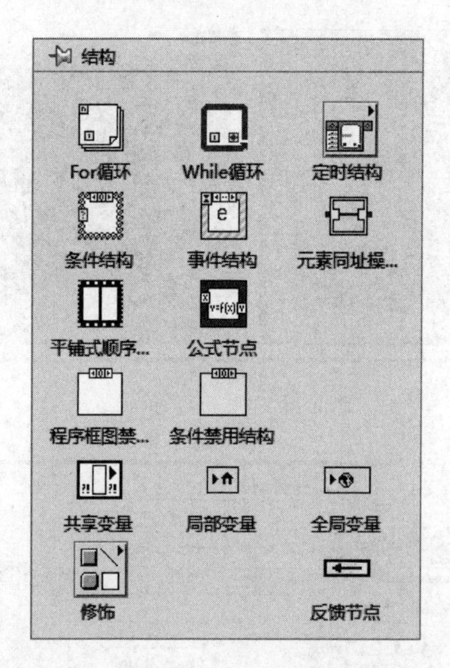

图 4.1　结构子选板

4.1　循环结构

4.1.1　for 循环

for 循环位于“函数”选板→“编程”→“结构”的子选板中，for 循环以小图标出现，用户在将其放入程序框图上时，根据需要调整大小和定位位置。

for 循环有两个端口：“总线端子”和“计数端子”。“总线端子”指定循环总次数，次数须为 32 位有符号整数，如果输入其他类型，则四舍五入后再表示循环执行的总数；“计数端子”显示当前的循环已经执行的次数减一，如图 4.2 所示。

例 4.1　利用 for 循环产生 100 对随机数，判定每次输入随机数的最大值和最小值，并在前面板显示循环次数。

解析：判断最大值最小值可以使用最大值和最小值函数，该函数在“函数选板”→“比较”→“最大值和最小值函数”。为了方便看清数值的更新过程，添加时间延迟函数，该函数在“函数”→“编程”→“定时”→“时间延迟”，使每次运行间隔一秒。

例 4.1 的前面板和后面板如图 4.3 所示。

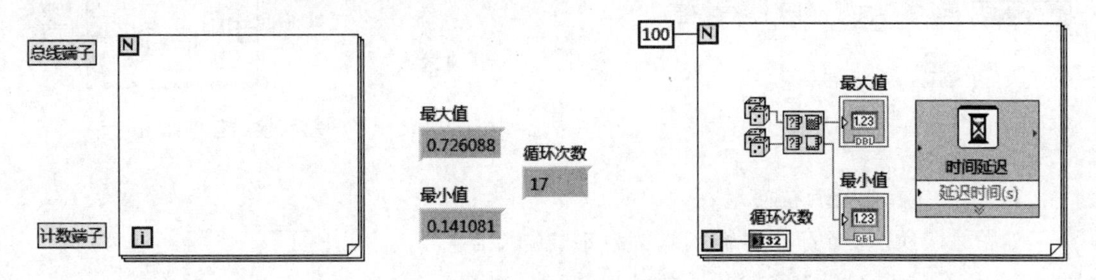

图 4.2　for 循环　　　　图 4.3　例 4.1 的前面板和程序框图

右击 for 循环可以添加“条件接线端”，当“条件接线端”连接布尔常量“假”时，“循环总数”接线端接入任意数值，运行程序，“循环计数”端的输出结果比循环总数少 1 时，循环停止。如果“条件接线端”连接布尔常量“真”时，则程序一次不运行，如图 4.4 所示。

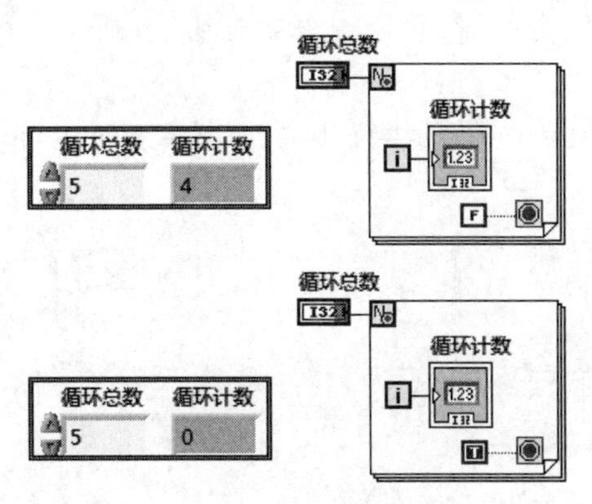

图 4.4　for 添加“条件接线端”

4.1.2 移位寄存器

移位寄存器是 LabVIEW 的循环结构中的一个附加对象，也是一个非常重要的方面，其功能是把当前循环完成时的某个数据传递给下一个循环开始。移位寄存器的添加可以通过鼠标放置在循环结构的左边框或右边框上，然后右击，在出现的快捷菜单上选择“添加移位寄存器”来完成。在 for 循环中添加移位寄存器的结果如图 4.5 所示。

右端子在每次完成一次循环后存储数据，移位寄存器将上次循环的存储数据在下一次开始时移动到左端子上，移位寄存器可以存储任何类型数据，但连接在同一个寄存器端子上的数据必须为同一种类型，移位寄存器的类型与第一个连接到其端子之一的对象数据类型相同。

在使用移位寄存器时应该注意初始值问题，如果不给移位寄存器指定明确的初值，则左端子将保留上一次运行结果，当多次调用包含循环结构的子 VI 时会出现这种情况。

例 4.2 利用 for 循环和移位寄存器计算 N 个数据的平方和。

计算 N 个数据的平方和的前面板和程序框图如图 4.6 所示。

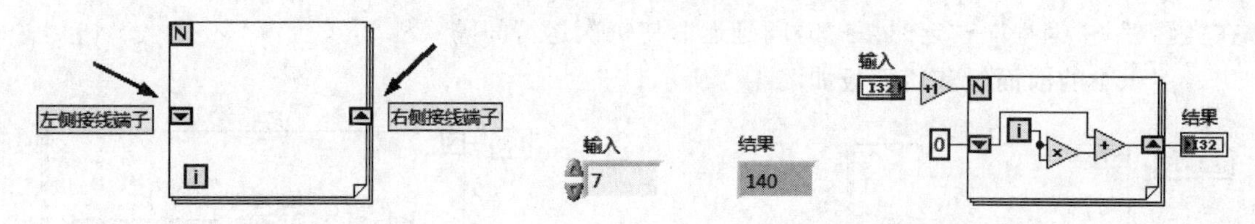

图 4.5 for 循环中添加移位寄存器　　图 4.6 例 4.2 的前面板和程序框图

1. 移位寄存器的初值问题

如图 4.7 所示，当寄存器输入端为 0 时，输出结果为 3；当寄存器输入端为空时，VI 第 2 次执行后，输出结果为 6，再执行一次则结果为 9，依此类推，自动保留上一次运行的结果。

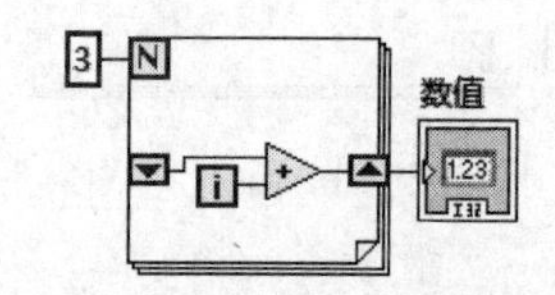

图 4.7 for 循环寄存器无输入情况

2. 计数端子接线问题

for 循环的计数端子不接输入，其左侧如果接入一空数组，则 for 循环一次也不执行，输出为空数组。如果添加移位寄存器，移位寄存器有初值，则运行程序输出结果为寄存器初值，如图 4.8 所示。

当数组赋值后，有几个值 for 循环运行几次，如图 4.9 所示，for 循环运行三次的输出结果为－1。

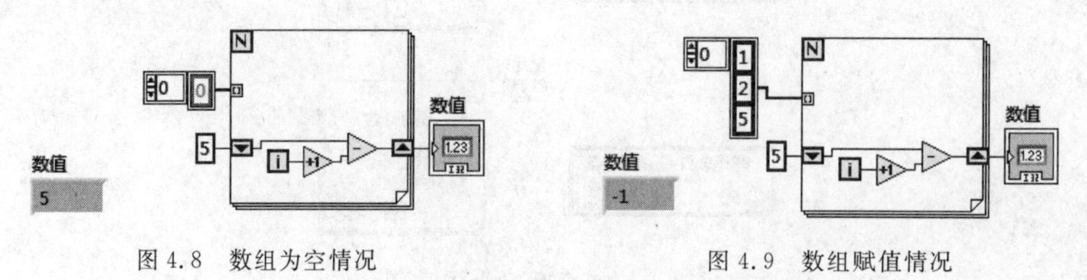

图 4.8 数组为空情况　　图 4.9 数组赋值情况

3. 添加多个寄存器输入端问题

寄存器并不总是成对出现的，在 for 循环添加移位寄存器后，用鼠标在左侧寄存器端子出现蓝框后向下拖曳，可以添加多个移位寄存器输入端子，或者右键选择“添加元素”，而右侧寄存器端子保持不变。当左侧添加多个寄存器输入端子后，会将输入数值依次向下传递，而右侧输出端的值也会由上而下依次传给输入端子。如图 4.10 所示，for 循环的输入为一维数组，寄存器有 3 个输入端子，利用创建数组函数，将每次运行的寄存器端子的值记录在移位寄存器数组里，而输出数组的值为输入数组和第三个移位寄存器输出值之和，读者自行分析和体会每循环一次程序的显示的值。

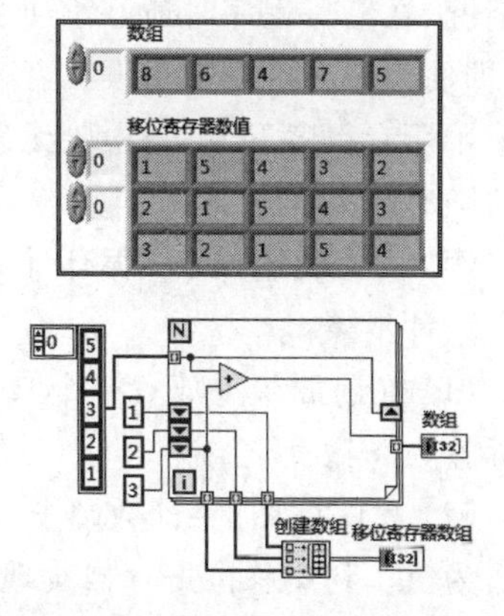

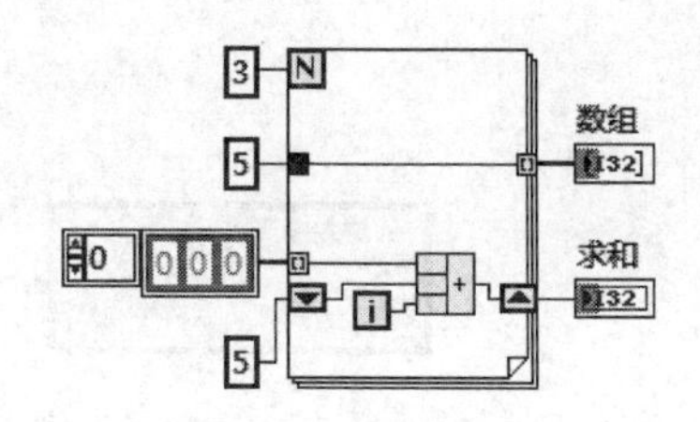

图 4.10 多个移位寄存器输入端子

读者自行练习图 4.11 和图 4.12 的输出结果。

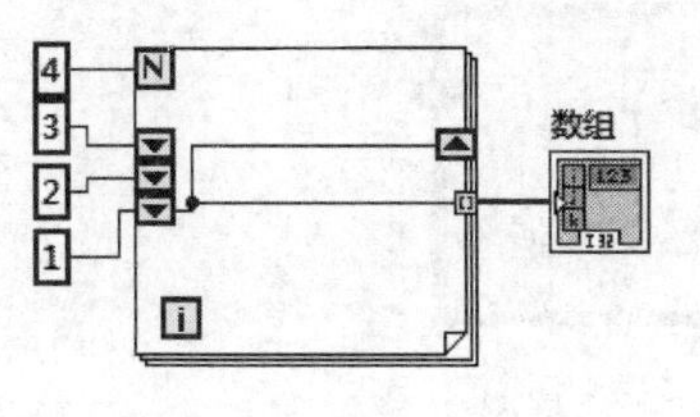

图 4.11 多输入寄存器

图 4.12 空数组输入

4.1.3 while 循环

同 for 循环类似，while 循环也需要自行拖动来调整大小和定位适当位置。while 循环的循环次数由循环条件决定，当满足条件才退出循环。所以当用户不知道循环次数的时候，就会选择使用此循环。

while 循环重复执行代码段直到条件接线端接收到某一特定的布尔值为止。while 循环有两个端子：“循环计数”端子和“循环条件”端子，如图 4.13 所示。循环条件端子的右键快捷菜单有很多功能，可以创建与其相连接的输入控件以及改变条件为真(T)时停止和条件为真(T)时继续。

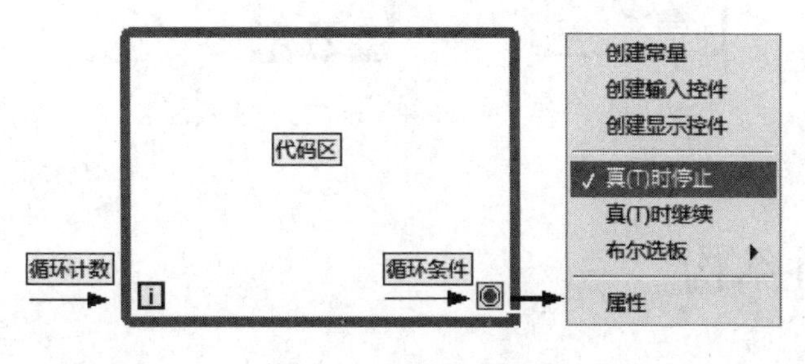

图 4.13 while 循环

while 循环是执行后再检查条件端子，而 for 循环是执行前就检查是否符合条件，所以 while 循环至少执行一次。while 循环这种循环方式容易出现死循环，当将一个真或者假常量连接到条件接线端口，或出现一个恒为真的条件，那么循环将永远执行下去。为了避免这种情况，在编写程序时最好添加一个布尔变量，与控制条件相“与”后再连接到条件端口。这样，即使程序出现逻辑错误或者死循环，可以通过这个布尔控件来强行结束程序的运行，等完成了所有程序开发，经检验无误后，再将布尔按钮去除。当然，也可以通过前面板的停止按钮随时结束程序。

例 4.3　利用 while 循环计算 N!。

设计步骤：

(1) 在前面板上放置一个“数值输入控件”，修改标签为 N；再放置“数值显示控件”，修改标签为 N!。

(2) 程序框图的“计数端子”连接“加 1”，在 while 循环添加“移位寄存器”，初始化寄存器值为“1”，利用移位寄存器实现阶乘运算。

(3) 完成连线，并运行程序。

分别设置不同 N 值，获得相应结果，前面板运算结果及程序框图如图 4.14 所示。

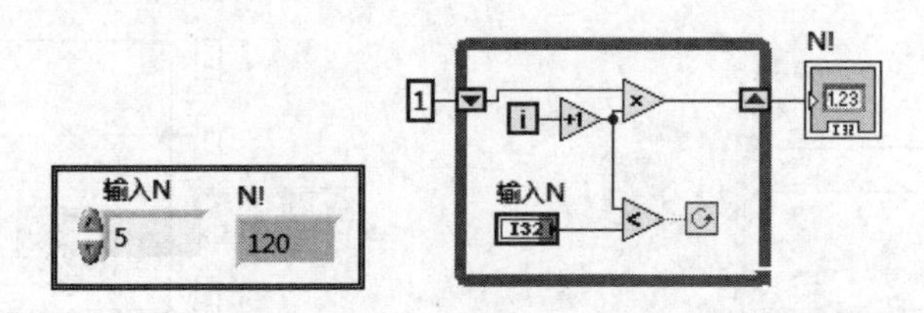

图 4.14　例 4.3 前面板和程序框图

默认的通道是启用索引，for 循环根据 N 值运行几次，while 循环一定要运行一次。

例 4.4　for 循环和 while 循环运行次数的区别。

验证图 4.15 程序的结果：for 输入数组为空，程序不执行“加 1”操作，直接输出移位寄存器的结果，而 while 循环会“加 1”输出。

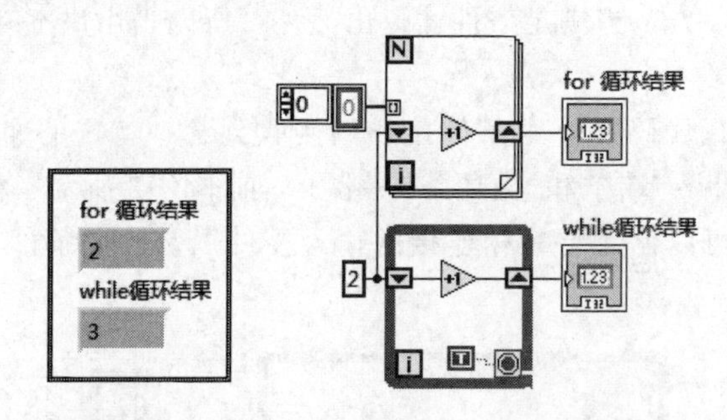

图 4.15　例 4.4 for 和 while 运行次数区别

4.2　条件结构

LabVIEW 的条件结构类似于传统语言的 if...Then...else 语句。条件结构如图 4.16 所示。

条件结构本身包含两个或更多的分支，每一个分支都包含一段程序代码，多个分支叠在一起，执行哪一段程序由“选择器端口”决定。分支列表处默认为布尔类型，可以是整数类

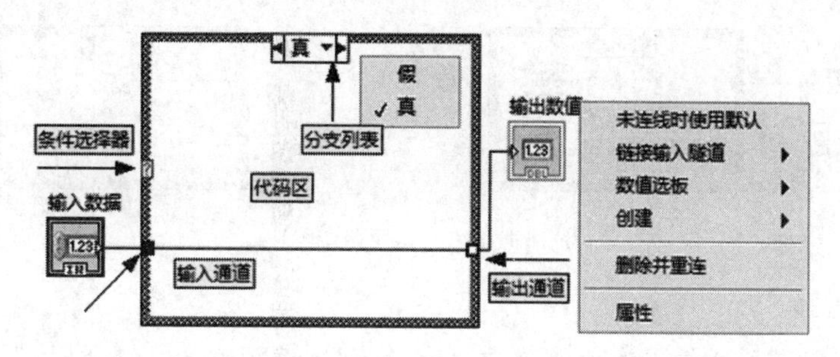

图 4.16　条件结构

型、字符串类型或者枚举类型。将这些类型接到条件选择器端，分支列表会进行相应类型的变化。条件结构右键快捷菜单具有添加和删除分支等操作，条件结构执行前一定要有一个默认分支选项，且不能有没有代码的多余分支。

当有数据输入到条件结构内，在条件结构的左端会产生数据的输入通道；当有数据从条件结构内传递出去，在条件结构的右端会产生数据的输出通道。当条件结构的一个分支产生输出通道后，其他所有分支都会出现白色小方框的输出通道，必须对每个输出通道赋值，或者右击白色小方框，选择“未连线时使用默认”，将白色小方框变为实心的小方框，程序才不会出错。

例 4.5　求一个整数的平方根，如果输入的整数不是正数，则发出警告。

设计步骤为：

(1) 新建 VI，在前面板放置一个“数值输入控件”和一个“数值显示控件”，分别编辑标签为“输入”和“开平方”。

(2) 在程序框图上放置“条件结构”，并调整合适大小。

(3) 在“比较”子面板中选取“大于 0”函数，连接至条件结构的“条件选择器”，如果数字大于或等于 0，则进入真分支，否则进入假分支。

(4) 在数值选板中选取“开平方”函数，放在条件结构的假子代码中。

(5) 在条件结构的假子代码框的输出通道上选取“创建”→“常数”，任意创建一常数“−999”，表示当数值为负数的时候输出−999，每个分支的条件结构输出端子如果未连接输出，可以右击选择“未接线时使用默认”，否则程序会报错。

(6) 在按钮与对话框子选板中选择“单按钮对话框”，编辑输入端字符串为“被开方数小于零”“确定”，当数值小于零时弹出对话框，单击“确定”按钮后程序继续；开平方输出结果为−999；完成连线，并运行程序。

运行结果和程序框图分别如图 4.17 和图 4.18 所示。

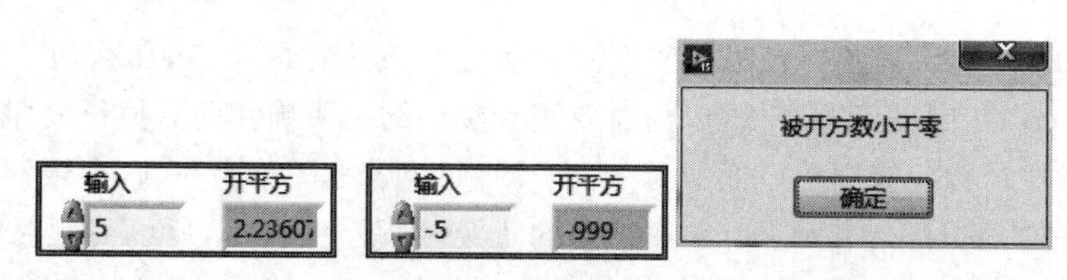

图 4.17　例 4.5 输入正数和负数前面板显示结果

例 4.6　按照三科成绩的平均值，利用条件结构将成绩分成五个等级，即 90～100 为 A 等级；80～89 为 B 等级；70～79 为 C 等级；60～69 为 D 等级；0～59 为 E 等级。

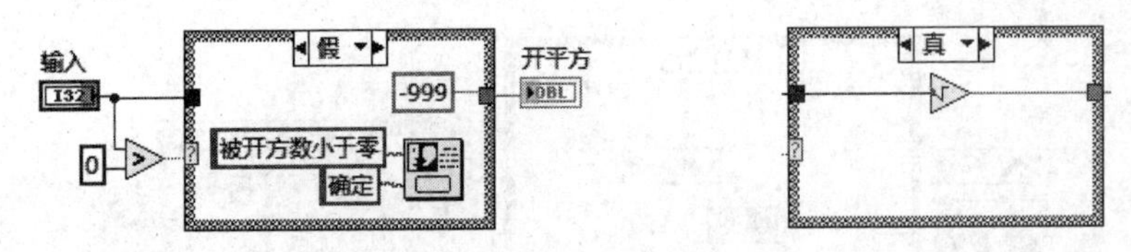

图 4.18 例 4.5 程序框图

设计步骤为：

(1) 编写好求三科成绩平均值的函数之后，在程序框图添加“条件结构”，拖曳至合适大小，将平均值的结果接到条件结构的条件端子上。

(2) “条件结构”的分支列表处由原来默认的布尔“真”“假”变为数值的“0”和“1”。因为要分五种情况，所以要单击“条件结构”右键快捷菜单的“在后面添加分支”选项，一共添加3个分支；按照题干要求修改分支处的值，依次在各分支内对应添加字符串常量A、B、C、D和E。

(3) 在前面板添加“字符串显示控件”，修改标签为“等级”，再将上一步的字符串常量接至等级字符串的输入端，完成编程，程序框图如图4.19所示。

程序运行之前，前面板输入对应的成绩，则程序运行后显示平均分和对应等级，前面板如图4.20所示。

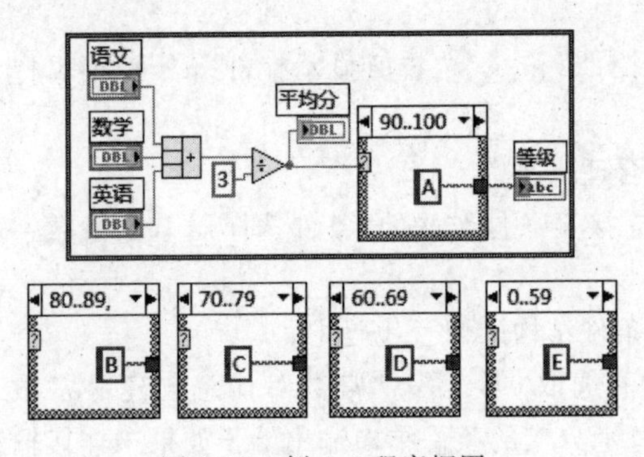

图 4.19 例 4.6 程序框图

图 4.20 例 4.6 前面板

4.3 平铺式顺序结构

当LabVIEW程序框图中有两个节点同时满足节点执行的条件，那么两节点会同时执行，若想两个节点按照先后顺序执行，则需要用到顺序结构明确其前后执行顺序。

平铺式顺序结构放置到程序框图为一个子图，每个子框图称为一帧，在帧的边框上右击可以建立下一帧，如图4.21所示。顺序结构的每个帧都平铺显示，所以编程时不需要添加局部变量，不需要借助局部变量在帧间传递数据。

例 4.7 计算for循环执行循环1024次产生随机波形图标的程序，需要多长时间。

(1) 新建VI，前面板放置“波形图表”，用于显示随机数，放置一个“数值显示控件”，用于显示所运行时间。

（2）在程序框图中放置“顺序结构”，并添加 2 帧，第一帧和第三帧分别放置“时间计数器”，它位于“函数”→“编程”→“定时”子选板内，在第三帧中放置“减号”。

（3）在第二帧放置“for 循环”，并设定循环次数 1024，在 for 循环内，放置随机数，并连接到波形图表上。

连接完成，运行程序，前面板和程序框图如图 4.22 和图 4.23 所示。

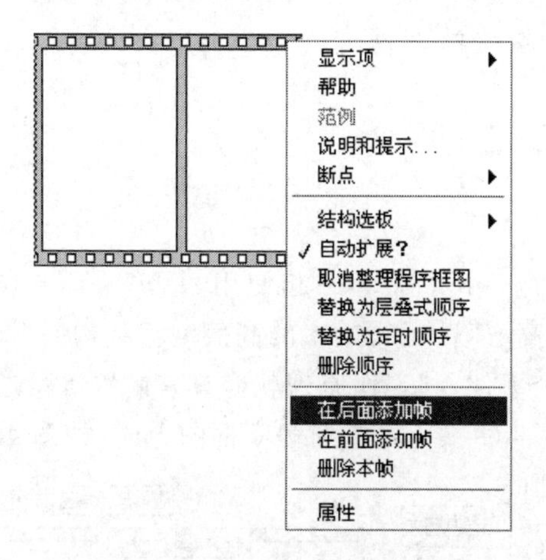

图 4.21　平铺式顺序结构增加帧

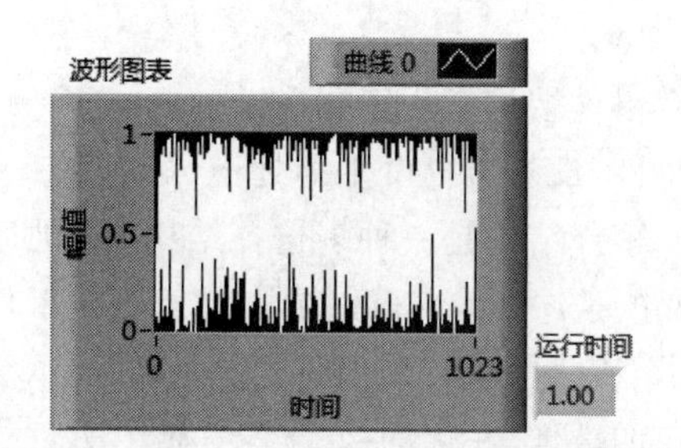

图 4.22　例 4.7 的前面板

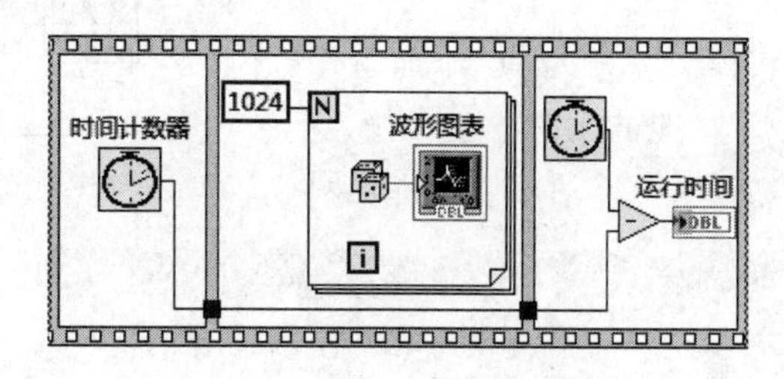

图 4.23　例 4.7 的程序框图

右击平铺式顺序结构，可以转换为层叠式顺序结构，功能上完全相同，只是显示形式不同。“层叠式顺序结构”的表现形式和条件结构相似，都是在框图的同一位置层叠多个子框图，每个框图都有自己的序号，按照序号执行程序。“层叠式顺序结构”中利用局部变量在帧间传递数据。

例 4.8　利用层叠式顺序结果传递数值。

（1）新建 VI，在程序框图放置“层叠式顺序结构”，在帧边框右击添加 2 帧。

（2）第 0 帧放置数值常量 10，并把结果建立“局部变量”，用于将数据传递到下一帧。

（3）第 1 帧将“局部变量”连接到加号的一个输入端，另一端连接常量 8，结果连接至标签为“结果 1”的数值显示控件上。

（4）将第 2 帧的“局部变量”连接到乘号的一个输入端，乘号另一个输入端接常量 5；将结果连接至标签为“结果 2”的数值显示控件上。

运行程序，结果 1 和结果 2 分别显示为数值 18 和 50，前面板和程序框图如图 4.24 所示。

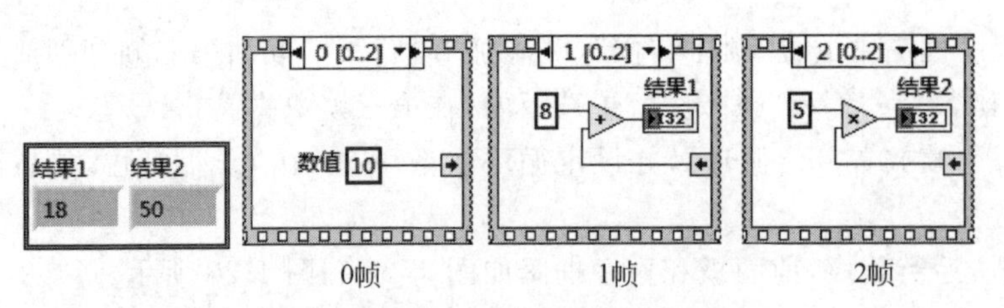

图 4.24　例 4.8 的前面板和程序框图

4.4　事件结构

事件结构常用于响应前面板控件操作；通常与 while 循环一起使用，每次循环响应一个事件，没有事件发生则处于休眠状态，是一种提高 CPU 运行效率的高效编程结构。

事件结构是一种多选择结构，能同时响应多个事件，其工作原理就像具有内置等待通知函数的条件结构。事件结构由若干个事件组成，将事件端子放置到程序框图上时，如图 4.25 所示，该结构上方的事件选择标签显示当前分支所对应的事件，左侧的数据节点显示事件的类型以及时间等。超时接线端子如果不连接，则表示时间永不超时。

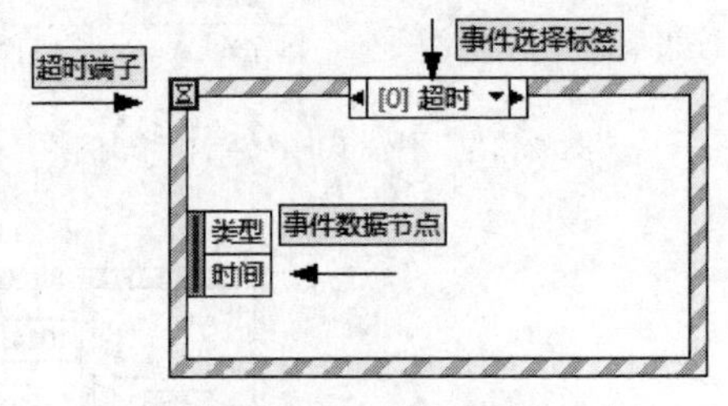

图 4.25　事件结构

在事件结构的右键快捷菜单中选择“添加事件分支”或者“编辑本分支所处理的事件”，这时候会弹出“编辑事件”对话框，如图 4.26 所示。事件说明

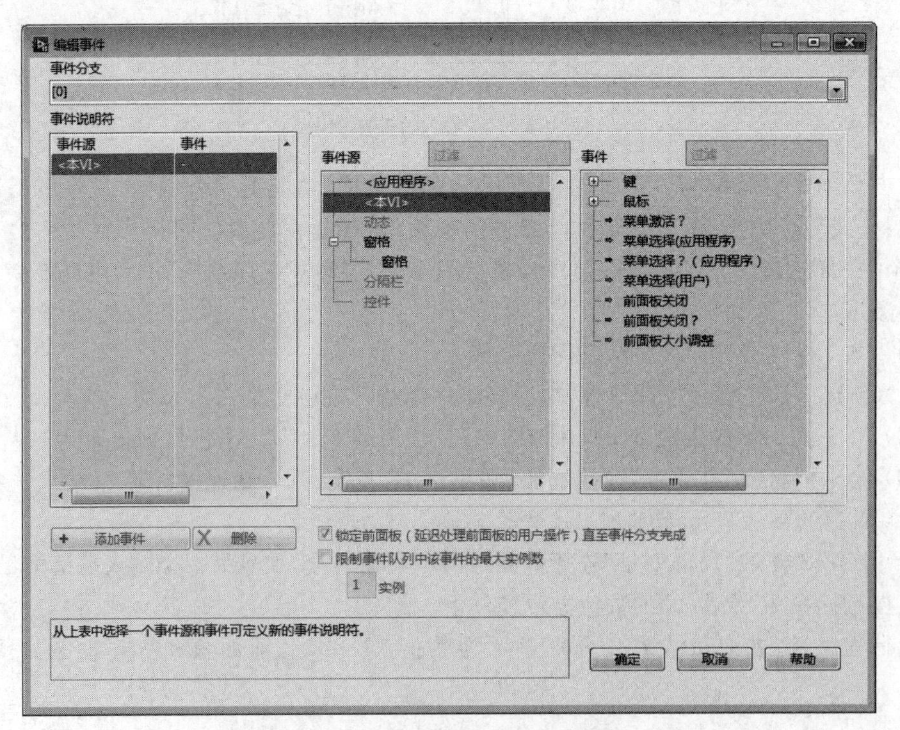

图 4.26　事件结构的编辑事件对话框

符的每一行都是配置好的一个事件，左边列出事件源，右边列出该事件源所产生事件的名称，事件一共分为 6 大类事件，有基于应用程序的，本 VI，窗格，分隔栏、动态以及控件的事件。针对不同的事件源，用户可以选择不同的事件与其对应，比如针对“本 VI”事件源，可以选择“关闭前面板”以及“前面板大小调整”这样的事件；针对控件（此类事件要在前面板上先放置控件），相对应的事件包括“值改变”以及基于键盘和鼠标的事件。

按照事件的发出时间，将事件结构分为通知型事件和过滤型事件。通知型是在 LabVIEW 处理完用户操作之后发出的。该事件是带有绿色箭头的事件。过滤型事件是在 LabVIEW 处理该事件之前发出的，并等待相应的事件框架执行完成后再处理该用户操作的事件，该事件是带有红色箭头，且事件的结尾带有“?”的事件。

例 4.9　密码登录程序，即简单地依靠事件结构限制用户登录的权限。

解析：设计步骤如下：

(1) 新建一个 VI，在前面板上依据路径“字符串”找到“字符串输入控件”，修改其标签为“请输入密码”，右击“字符串”输入控件，修改其显示模式为“密码显示”。

(2) 在前面板放置一个“登录”按钮，定义按钮的机械动作为“释放时触发”。

(3) 在程序框图中放置一个 while 循环结构，当密码错误时无限循环，不能登录。

(4) 在 while 循环结构内部放置一个事件结构，超时端口默认为无限等待状态。右击“事件选择标签”，在弹出菜单中执行“添加事件”命令，在事件源列表中选择“登录”按钮，选择触发事件为“鼠标释放”。

(5) 单击“确定”按钮回到程序框图窗口，在事件结构的“事件选择标签”中选择“登录”代码框，添加“不等于?”比较函数，用它来比较用户输入密码和设定的登录密码，如果不相等，返回真，否则返回假。

(6) 在 while 循环结构内部放置一个条件结构，它的选择端口与比较函数的输出相连，在真分支放置一个“单对话框”按钮，位于“时间与对话框”子模板下，将提示信息和确定信息分别改为“密码错误”和“重新输入”。在假分支加一个假布尔常量，用来结束循环。

运行程序，前面板输入密码，然后单击“登录”按钮，密码正确则结束程序，当用户输入的密码有错误时会弹出提示框，要求重新输入，直到用户密码正确才能登录。前面板如图 4.27 所示，程序框图如图 4.28 所示。

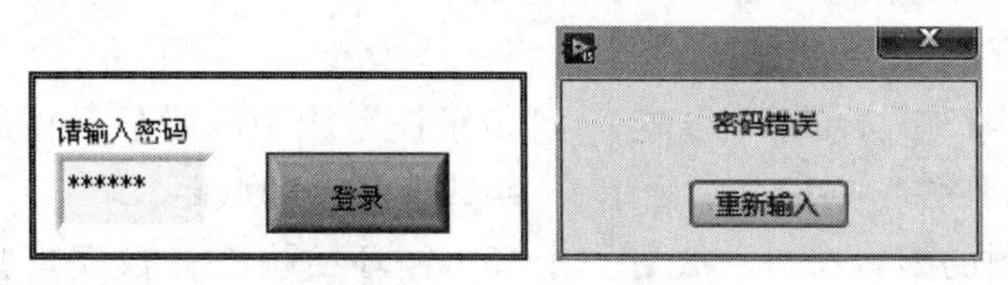

图 4.27　例 4.9 的前面板图

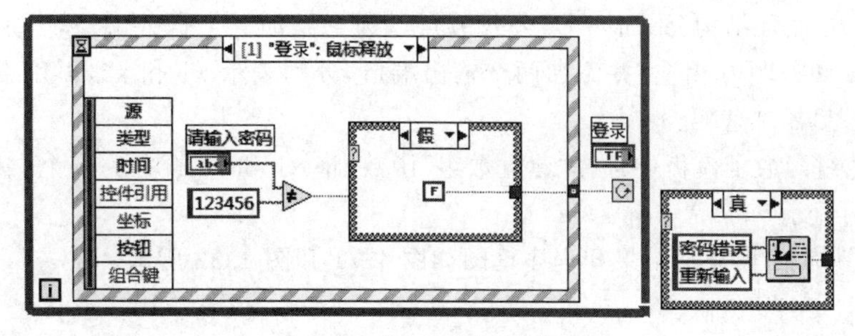

图 4.28　例 4.9 的程序框图

4.5 公式节点

由于一些复杂的算法完全依赖图形代码实现会过于烦琐，为此 LabVIEW 中采用“公式节点”以文本编程方式实现程序逻辑，它的文本语言结构类似于 C 语言，还可以添加注释，每个语句以分号结束。

“公式节点”位于程序框图的“结构”子模板内，类似于其他结构，本身是一个大小可调整的矩形框，需要输入“输入\输出变量”时可在边框上右击，在弹出菜单中选择添加“输入\输出”，并输入变量名，如图 4.29 所示。

例 4.10 有一函数，当 x＜0 时 y 为－1；当 x＝0，y 为 0；当 x＞0 时 y 为 1；编写程序，输入一个 x 值，输出 y 值，前面板和程序框图如图 4.30 所示。

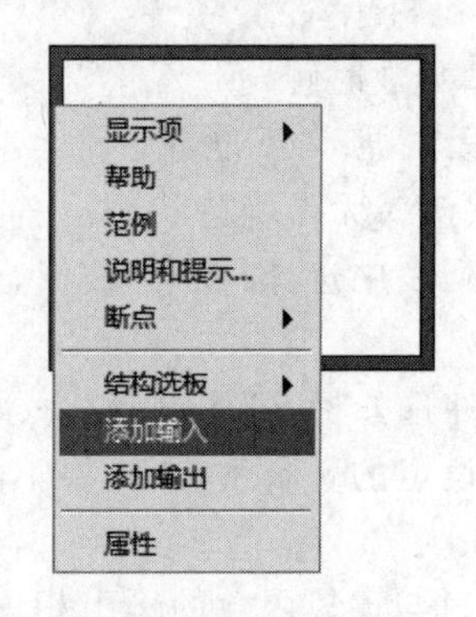

图 4.29 添加输入菜单

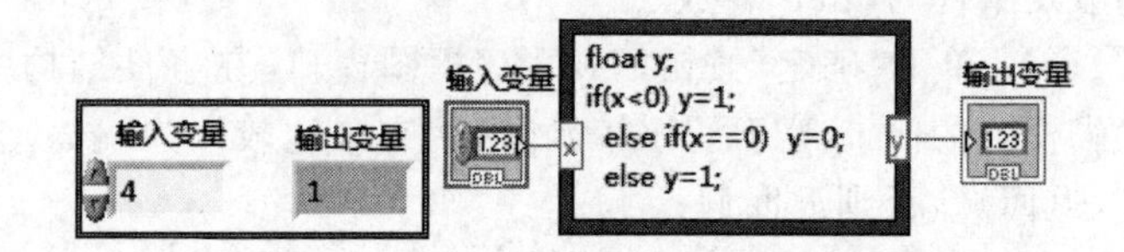

图 4.30 例 4.10 的前面板和程序框图

例 4.11 利用公式节点进行编程，实现输出 x1 和 x2，并在同一图表中显示。

x1＝t** 3－10* t＋1

x2＝a* t＋b

其中：t 共取 10 个点，范围是 0～9。

解析：设计步骤如下：

(1) 新建一个 VI，在前面板上设置一个“波形图”，用于同时显示输出的两个波形，同时放置两个“数值输入控件”，它们分别表示 x2 函数的斜率和截距。

(2) 在程序框图的编辑窗口上放置一个“for 循环结构”，计数端口为 10，计算自变量 t 分别等于 0～9。

(3) 在“for 循环结构”添加一个“公式节点”，为它添加三个输入端口，分别与循环计数端子 i，斜率 a 和截距 b 相连，并添加两个输出端口，分别表示 x1 和 x2，再用文本标签工具在“公式节点”里添加代码。

(4) 在数组函数子模板中选择“建立数组”函数，将 x1 和 x2 合并为一个二维数组，并在波形图中同时显示。

运行程序，前面板显示结果和程序框图如图 4.31 和图 4.32 所示。

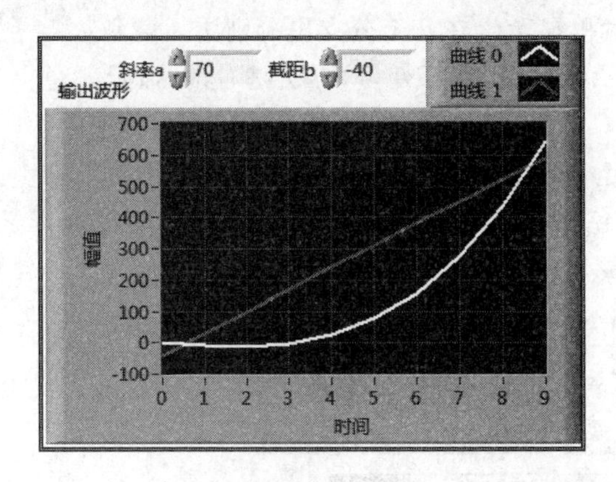

图 4.31　例 4.11 的前面板

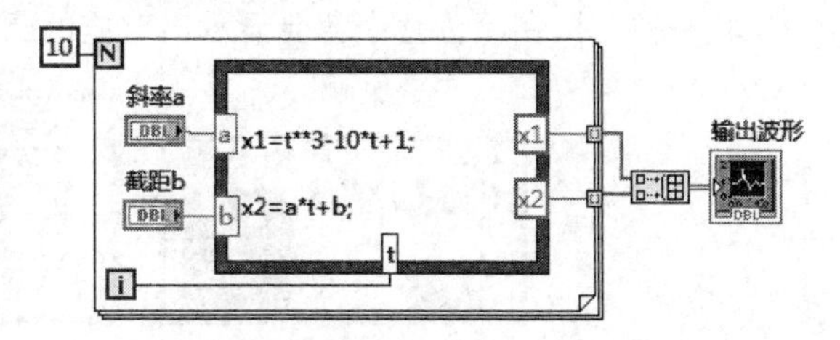

图 4.32　例 4.11 的程序框图

4.6　局部变量和全局变量

4.6.1　局部变量

建立局部变量主要有两种方法，一种是“函数选板”→“编程”→“结构”→“局部变量”，然后为它指定控件对象；另一种方法是右击任意“控件对象”，在弹出的快捷菜单中选择“局部变量”，如图 4.33 所示。

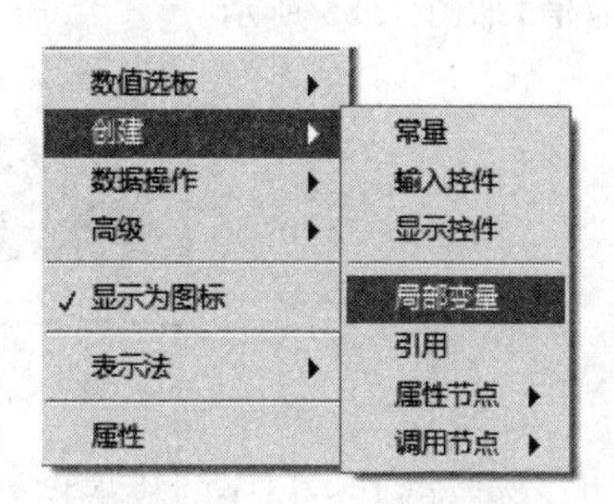

图 4.33　创建局部变量

使用局部变量可以在一个程序的多个位置实现对前面板控件的访问，也可以在无法连线的框图区域之间传递数据，每一个局部变量都是对某一个前面板控件数据的引用，可以为一个输入量或输出量建立任意多的局部变量，从它们中的任何一个都可以读取控件中的数据，向这些局部变量中的任何一个写入数据，都将改变控件本身和其他局部变量。

例 4.12　利用 while 循环设置颜料盒的颜色，程序通过“检验”按钮开关来判断“颜色设置”，并把检验的结果用一个颜色盒显示出来。

解析：设计步骤为：

(1) 新建一个 VI，打开前面板，在“控件”→“新式”→“下拉列表和枚举”中选取枚举控件，标签改成“颜色设置”，并编辑条目“红色”“黄色”“绿色”三种颜色。

(2) 在数值控件子模板中选取颜料盒，放置到前面板，标签改为“显示颜料盒”，属性改为“读取”。

(3) 在程序框图中放置 while 循环，将条件端子改为“真(T)时停止”，并在“条件端子”接线处创建一个“停止”按钮，在前面板中将其改为“校验”。

(4) 添加条件结构，将枚举类型连接到条件结构的条件端子。在条件结构的选择器快捷键中执行“为每个值添加分支”命令，添加所有的分支结构。

(5) 在“图形与声音”子模板中选“图片函数”子选板的“RGB to Color.vi”函数，它的功能是根据 R、G、B 的值组合生成颜色值，在颜料盒里显示。在几个分支里分别添加该函数。

(6) 在"绿色"和"黄色"分支结构中添加"显示颜色盒"局部变量，方法是右击"显示颜色盒"端子执行"创建"→"局部变量"命令。

(7) 按图 4.34 右侧程序框图完成连线，并运行程序，当选定要显示的颜色值后，单击"校验按钮"时，在颜色盒中就会显示出对应的颜色，如图 4.34 左侧前面板所示。

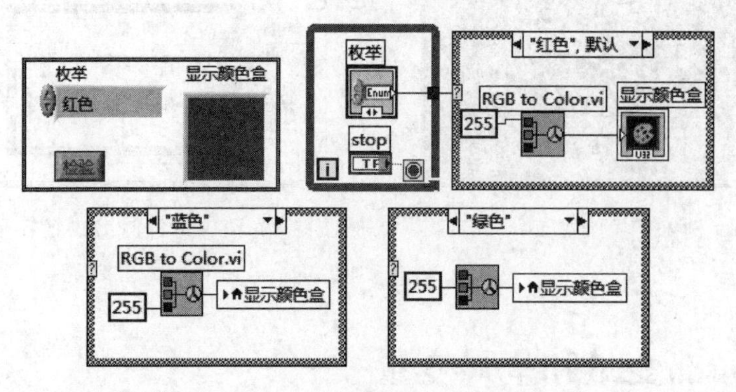

图 4.34　例 4.12 的前面板和程序框图

扩展：如果要添加新的一种颜色，则采用"Color to RGB. vi"函数，计算出 R、G、B 的对应值，如图 4.35 所示。

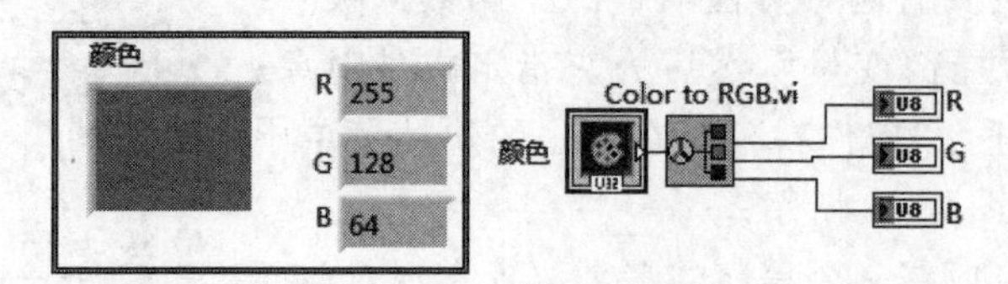

图 4.35　例 4.12 的扩展前面板和程序框图

然后在上一程序的枚举控件单击右键添加项"橙色"，在条件结构添加一分支，分支里将相应的 RGB 赋上对应的数值。橙色颜色结果的程序框图如图 4.36 所示。

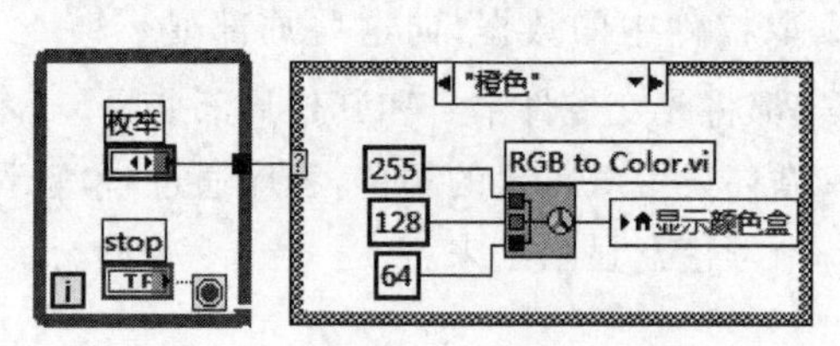

图 4.36　橙色颜色的程序框图

4.6.2　全局变量

全局变量的建立常用的方法是：新建 VI，在程序框图上按"函数"→"编程"→"结构"子选板，选择"全局变量"：

(1) 单击"全局变量"生成一个小图标，双击该图标，弹出框图，如图 4.37 所示。

(2) 在该前面板上，添加一字符串输入控件，更改标签为"姓名"，保存该 VI，命名为"姓名. vi"，关闭该 VI，在全局变量处左击，会出现姓名选项，鼠标左键选择姓名后，全局变量图标变为。

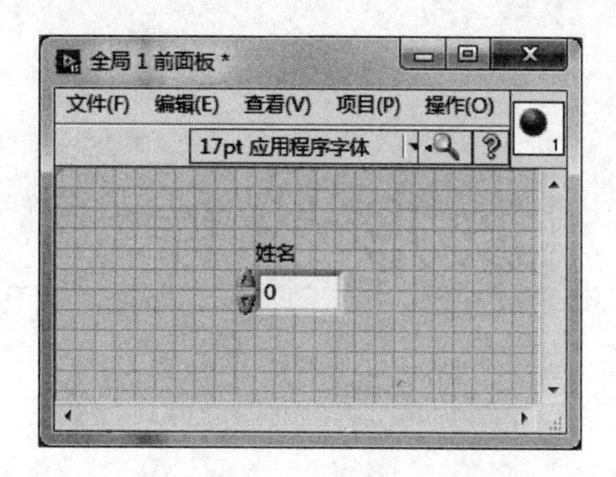

图 4.37　全局变量对话框

(3) 同样方法添加 ▸●学号 全局变量，注意“学号.vi”全局变量前面板添加的是数值类型的输入控件，且其精度为 I32。

例 4.13　编写姓名和年龄作为全局变量进行显示的程序，如图 4.38 所示。

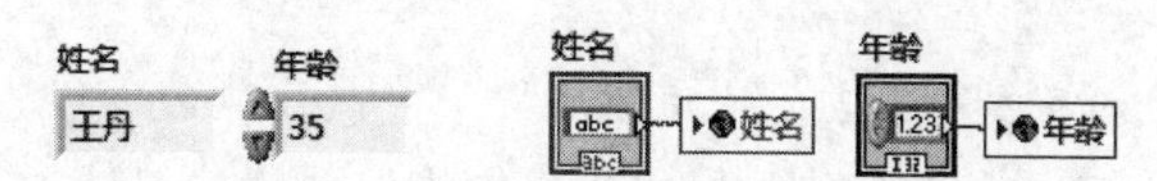

图 4.38　例 4.12 的前面板和程序框图

例 4.14　将例 4.13 程序中的“姓名”和“年龄”传递到另一个“个人信息”程序里，并通过“连接字符串”函数连接在一起，本例题还用到了“数值至十进制数字符串转换”，它位于“函数”→“编程”→“字符串”→“数值/字符串转换”子选板，程序框图如图 4.39 所示。

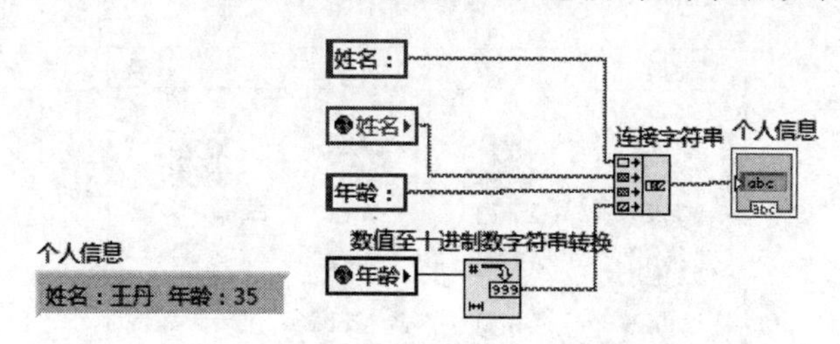

图 4.39　例 4.14 的前面板和程序框图

例 4.13 和例 4.14 体现了全局变量可以同时在运行的几个 VI 之间传递数据的功能，在第一个 VI 里向全局变量写入数据，在第二个 VI 里从全局变量读取写好的数据。必须先运行写入数据程序，再运行读取数据，才能显示传递的结果，通过全局变量在不同的 VI 之间进行数据交换。使用全局变量必须特别小心，因为它对所有的 LabVIEW 程序都是通用的，稍有不慎就有可能相互干扰，用户必须清楚地知道全局变量的读写位置。

第5章

波形控件

本章学习目标

- 熟练掌握波形图和波形图表的使用方法
- 了解 XY 图、强度图和数字波形图的使用方法
- 熟练掌握三维图形的使用方法

波形显示控件是程序设计中前面板常用对象之一,其子选板位于"控件"→"新式"→"图形"中,如图 5.1 所示。本章先介绍波形图表和波形图的相关知识,再介绍 XY 图、强度图和数字波形图的使用方法,最后介绍三维图形的表示方法。

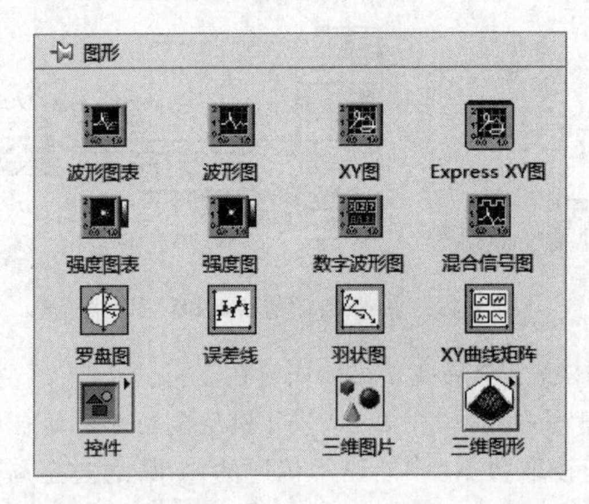

图 5.1 "图形"子选板

5.1 波形图表

波形图表作为显示控件使用,主要由波形显示区、横纵坐标以及图例构成。

波形图表可以保存旧数据,所保存数据的长度可以自行指定。新传给波形图表的数据被接续在旧数据之后,这样就可以在保存一部分旧数据显示的同时显示新数据。也可以把波形图表这种工作方式想象为先进先出的队列,新数据到来之后,会把同样长度的旧数据从队列中挤出去,这个长度默认为1024,用户也可以右击图表,从弹出的快捷菜单中选择"图标历史长度"设置大小。

5.1.1 波形图表的右键快捷菜单

1. 显示项

显示项是设置波形图表外观显示的,用于指明对象中哪些元素是可观的,如图5.2所示,它提供了一种选择显示标签、X滚动条、图形工具选板及标尺图例的方法。

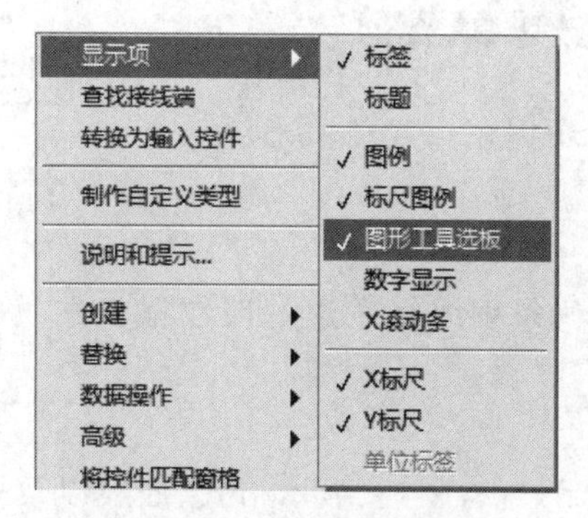

图5.2 波形图表显示项菜单

图5.3为除默认条件下的波形图表之外选择标尺图例和图形工具选板的显示样式。

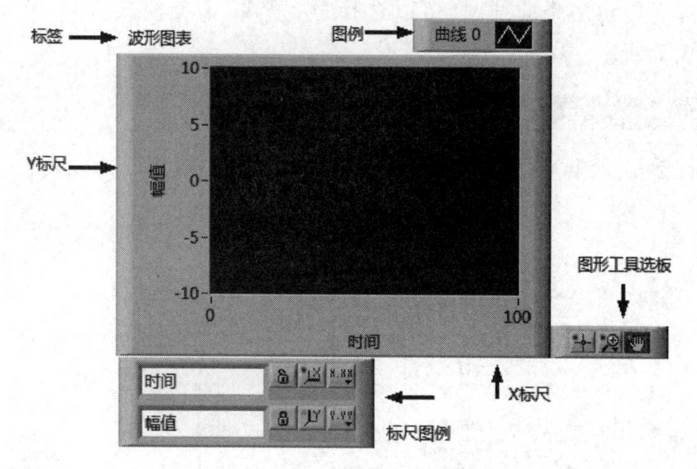

图5.3 显示标尺图例和图形工具选板的波形图表(X标尺,Y标尺)

在图例处,通过鼠标拖曳可以扩展出多条曲线,右击曲线,弹出如图5.4所示的对话框,可以设置曲线的样式、颜色以及宽度等属性,方便区分各个曲线。

2. 高级

在"高级"选项的子菜单中,选择刷新模式,可以切换波形图表在交互式数据显示中三种刷新模式:示波器图表、带状图表和扫描图表,如图5.5所示。

带状图表:从左到右连续滚动显示运行数据,类似于纸带表记录器。

示波器图表:当曲线到达绘图区域的右边界时,LabVIEW将擦除整条曲线并从左边界开始绘制新曲线,类似于示波器。

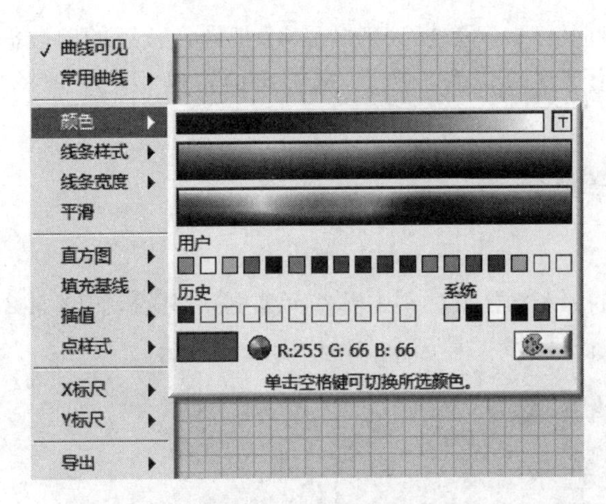

图 5.4 图例对话框

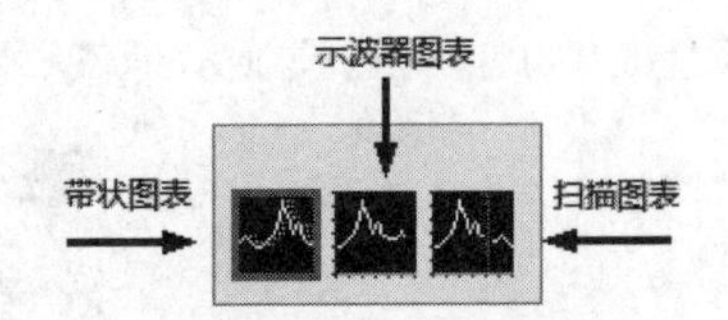

图 5.5 波形图表刷新模式

扫描图表：扫描图中有一条垂线将右边的旧数据和左边的新数据隔开，类似于心电图仪。

3. 属性

属性对话框如图 5.6 所示，包含外观、显示格式、曲线以及标尺等属性设置。用户可以根据需要单击需要设置的选项进行设置。

4. 分格显示和层叠显示设置

波形图表中，当显示多条曲线时，可以选择“层叠式”重叠模式，即分格显示曲线或层叠显示曲线，如图 5.7 所示。

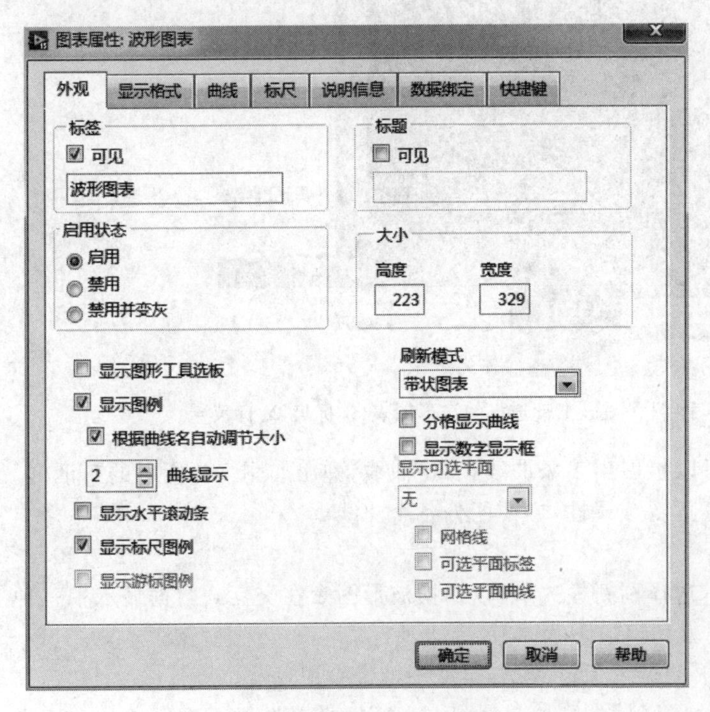

图 5.6 波形图表属性对话框

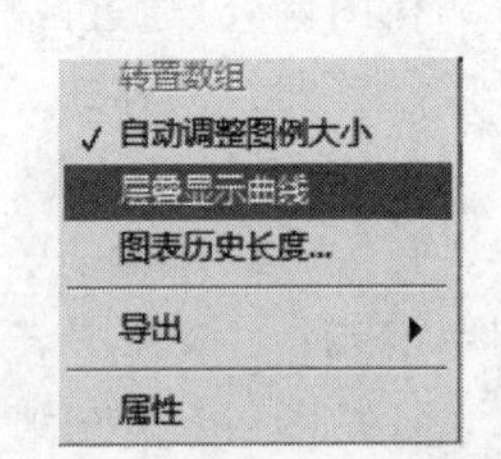

图 5.7 层叠式显示曲线

5.1.2 波形图表应用例题

例 5.1 利用波形图表输出随机数乘以 5 和 3 的结果。

该程序的前面板和程序框图如图 5.8 和图 5.9 所示，程序框图中用到了捆绑函数，在前面板分别采用层叠和分格形式进行显示。

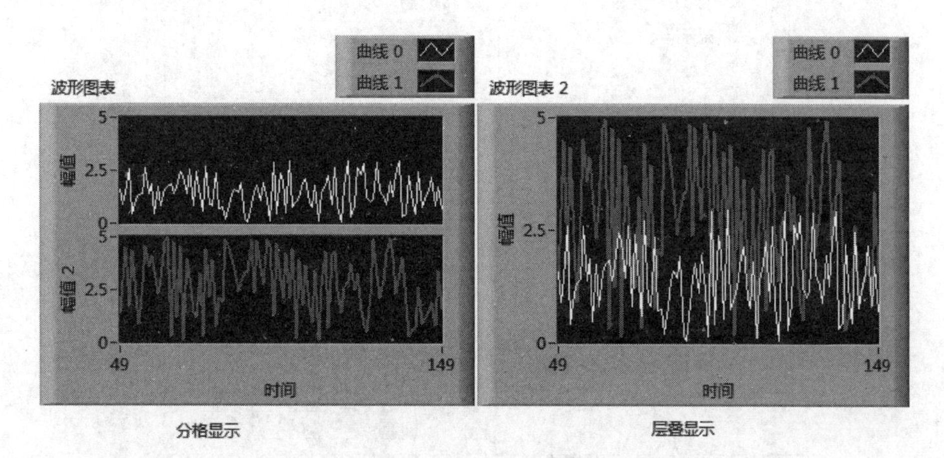

图 5.8 例 5.1 前面板

例 5.2 用波形图表同时显示正弦和余弦两个波形。

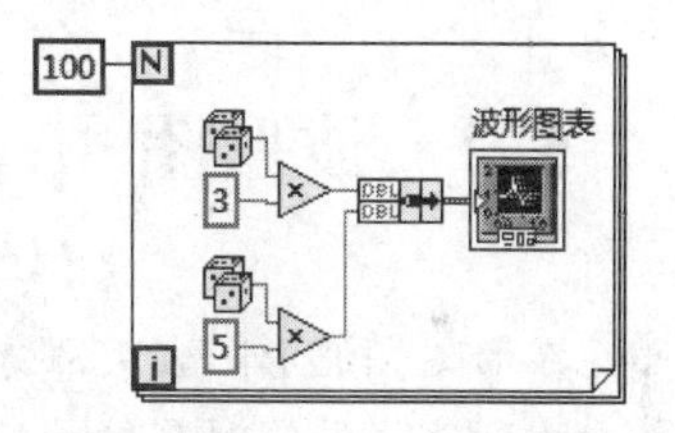

图 5.9 例 5.1 程序框图

程序框图用到了 2π，它位于“函数”→“数值”→“数学与科学常量”子选板中；用到的“正弦”和“余弦”函数在“函数”→“数学”→“初等与特殊函数”子选板中。前面板和程序框图如图 5.10 和图 5.11 所示。

在前面板的波形图表上，右击选择“属性”命令，在属性设置界面标尺属性内的“自动调整标尺”处设置最大值为 359 和最小值为 0，如图 5.12 所示，则每次运行数据长度为 360，一个周期，再运行一次程序，横坐标的数值就会变为起始 360，终止 719，再次运行再依次增加。

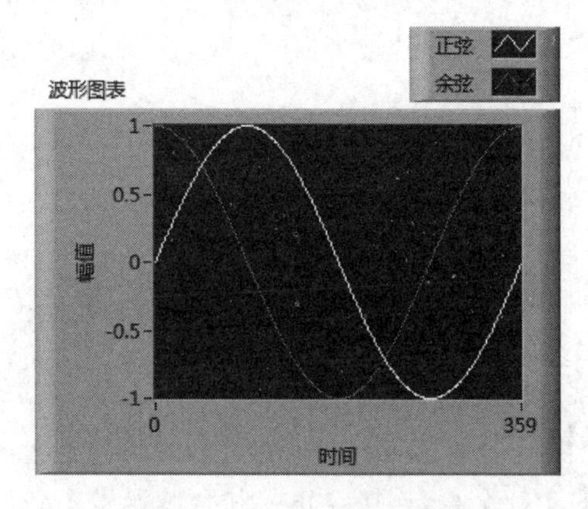

图 5.10 例 5.2 前面板图

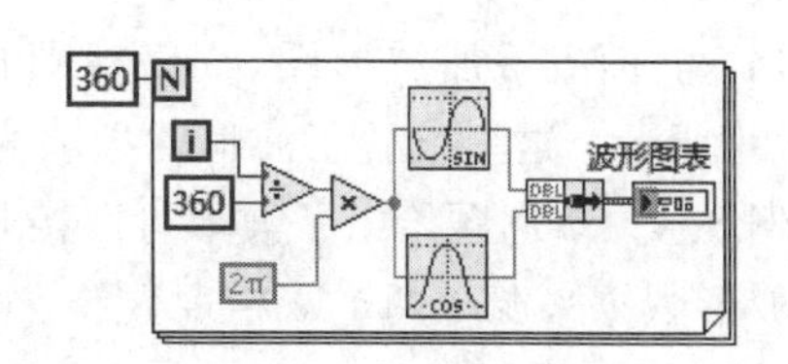

图 5.11 例 5.2 程序框图

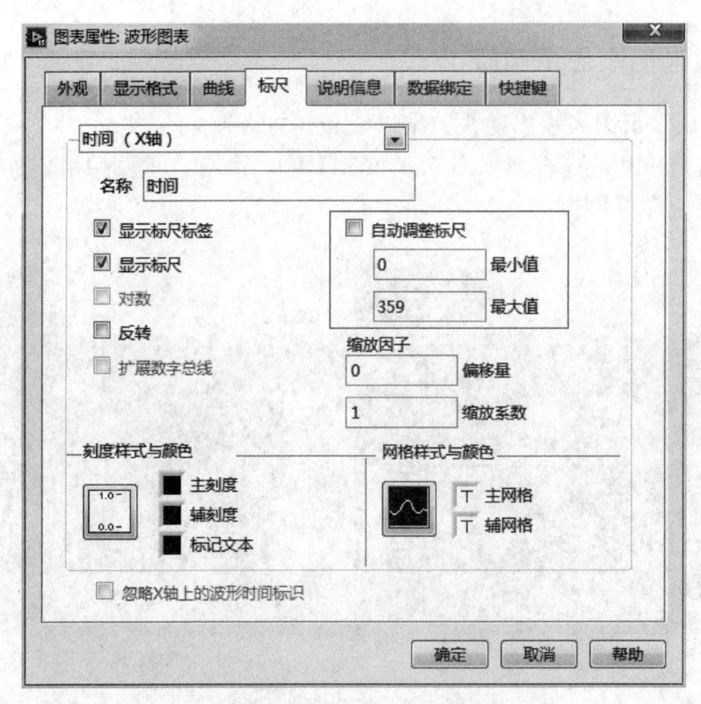

图 5.12　标尺设置对话框

5.2　波形图

波形图和波形图表大部分功能和显示样式都是一样的，也可以接收多种数据类型，从而最大程度地降低数据在显示为图形前进行类型转换的工作量。波形图显示波形是以成批数据一次刷新方式进行的，数据输入基本形式是数组、簇或波形数据，其显示默认状态下含有主网络和辅网络。

例 5.3　利用创建波形函数创建波形，在波形图中进行显示。

具体步骤为：

(1) 新建 VI，在程序框图中按目录“函数”→“编程”→“波形”子选板，找到“创建波形函数”，将其所包含的元素 Y、t0 以及 dt 显示出来。

(2) 添加 for 循环，输出接至创建波形的 Y 输入端，dt 接数值常量 10。

(3) 按目录“函数”→“编程”→“数值”→“转换”子选板，选择“转换为时间标识”函数，其连线如图 5.13 所示。

(4) 前面板添加波形图，程序框图接至创建波形的输出端口，运行程序，显示结果如图 5.14 所示。这里设置了波形图显示的图例，以凸显数值。

例 5.4　本例题给出了波形可以接收的所有数据格式。

波形数据来源于两个双精度数组，这两个数组的数据来自“打开索引功能”边框上的“输出通道”。在 for 循环中，对 0～2π 均匀分布的 100 个点，连接至正弦和余弦函数上，进行数据显示，给出了 7 种波形图可以接收的数据格式。图 5.15 和图 5.16 分别为例 5.4 的程序框图和前面板。

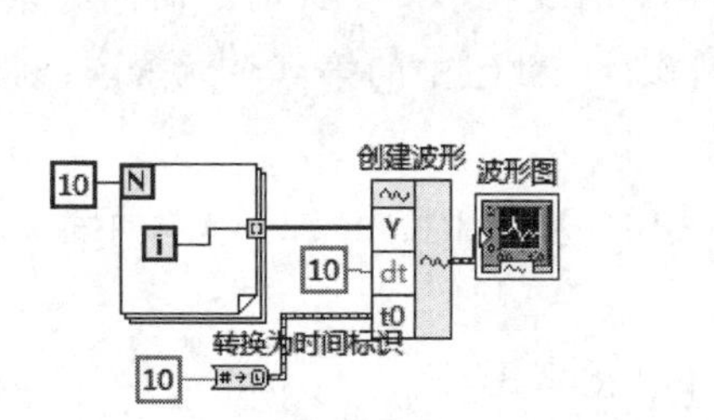

图 5.13 例 5.3 程序框图

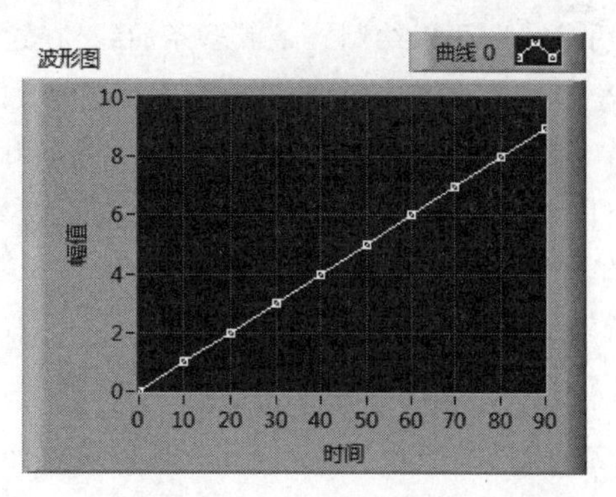

图 5.14 例 5.3 前面板

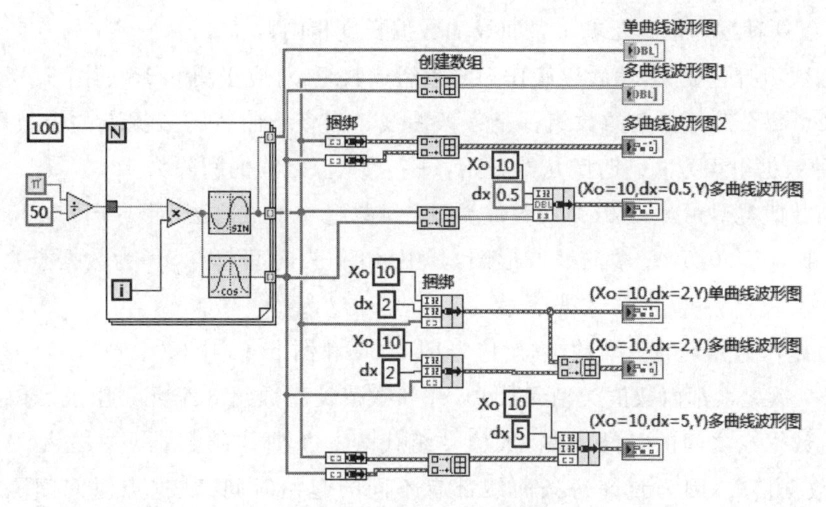

图 5.15 例 5.4 程序框图

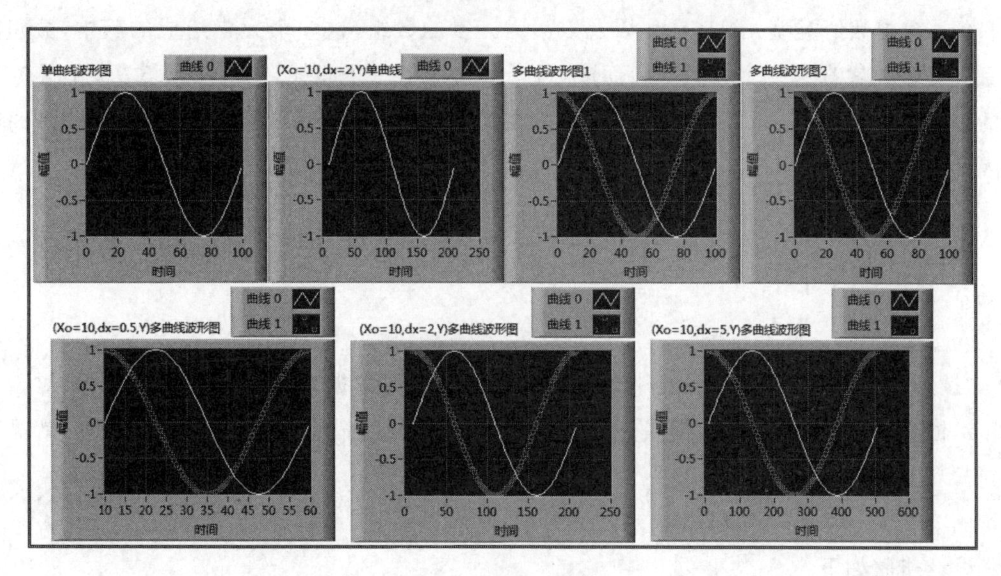

图 5.16 例 5.4 前面板

使用 Graph 可以绘制一条或多条曲线，在这两种情况下有着不同的数据组织格式。

当绘制一条曲线时，波形 Graph 可以接收如下两种数据格式：

(1) 一维数组，对应于图 5.15 和图 5.16 中的单曲线波形图。此时的时间默认为从 0 开始，而且数据点之间的时间间隔为 1s，即在时刻 0 对应数组中的第 0 个元素，时刻 1 对应于数组中的第 1 个元素等。

(2) 簇数据类型。对应于图 5.15 和图 5.16 中的(Xo=10，dx=2，Y)单曲线。簇中应包括时间起点、时间间隔和数值数组 3 个元素。

当绘制多条曲线时，波形 Graph 可以接收如下数据格式：

(1) 二维数组，对应于图 5.15 和图 5.16 中的多曲线波形图 1。每一行可解释为一条曲线数据，时间从 0 开始，每个数据点之间的间隔为 1s。因为二维数组本身要求每一行的长度相同，所以这种数据格式要求每条曲线的数据长度相同。

(2) 把数组打包成簇，然后以簇作为元素组成数组，对应于图 5.15 和图 5.16 中的多曲线波形图 2。每个簇里包含的数组都是一条曲线。当多条曲线的数据点的个数不同时，可以使用这种数据组织方式。时间从 0 开始，每个数据点之间的间隔为 1s。

(3) 由数值类型元素 t0、dt 以及数值类型二维数组 Y 组成的簇，对应于图 5.15 和图 5.16 中的(Xo=10，dx=0.5，Y)多曲线波形图，其中，t0 作为时间起点，dt 为数据点之间的时间间隔，Y 的每一行为一条曲线数据。

(4) 由簇作为元素的一维数组，对应于图 5.15 和图 5.16 中(Xo=10，dx=2，Y)Multi Plot 1。每个簇元素都由数值类型元素 t0，dt 和数值类型数组 3 个元素组成。t0 作为时间起点，dt 为数据点之间的时间间隔，数值数组代表一条曲线的数据点。这是最通用的一种多曲线数据格式，因为允许每条曲线都有不同的起始时间、数据点时间间隔和数据点长度。

(5) 在由数值类型元素 t0、dt 以及以簇为元素的数组，这 3 个元素组成的簇中，数组元素每一个簇元素都由一个数组打包而成，每个数组都是一条曲线，对应于图 5.15 和图 5.16 中的(Xo=10，dx=5，Y)多曲线波形图。所有曲线共用最外层簇提供的起始时间 t0 和时间间隔 dt 参数。

5.3 XY 图

“波形图表”和“波形图”只能用于显示一维数组中的数据或是一系列单点数据，对于需要显示横坐标、纵坐标对的数据，它们就无能为力了。要想描绘 X 和 Y 的函数关系，就需要用到“XY 图形”。

例 5.5 应用 XY 图描述同心圆。

设计步骤如下：

(1) 新建一个 VI，在前面板上放置一个 XY 图，使曲线图注显示两条曲线标识。

(2) 在程序框图窗口放置一个 for 循环结构，给计数端口赋值 360，按照路径"数值"→"数学"→"初等与三角函数"→"三角函数"子选板的"正弦与余弦"函数，分别求出一个周期 0～2π 数据的正弦值和余弦值，选择"捆绑"函数，将每次循环产生的一对正弦值和余弦值组成一个簇，循环结束后将这 360 个簇组成一个簇数组。

(3) 因为 XY 图的显示机制决定了它的输入必须是簇，所以添加两个创建簇数组函数，最后再用"建立数组"函数组成一个簇数组，创建数组函数选择"连接输入"。

完成连线，并运行程序，前面板和程序框图如图 5.17 和图 5.18 所示。

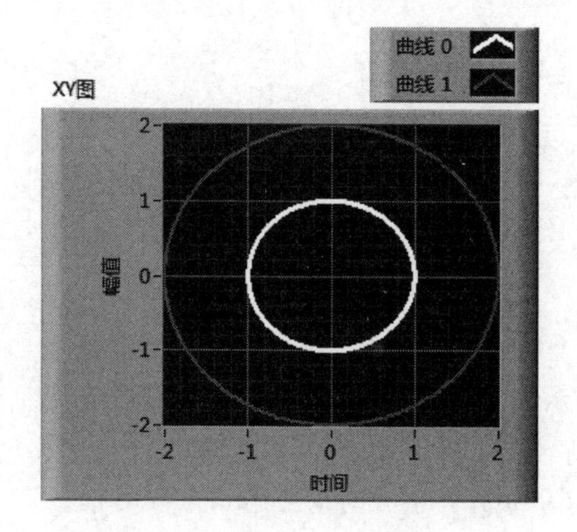

图 5.17　例 5.5 的前面板

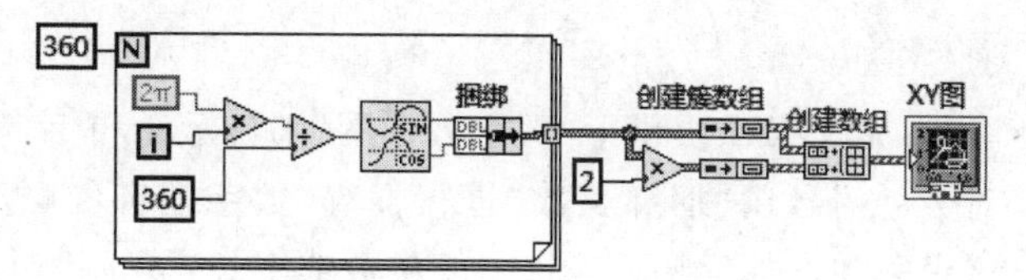

图 5.18　例 5.5 的程序框图

5.4　强度图

"强度图形"控件提供了一种在二维平面上表现三维数据的方法。例如可以用屏幕色彩的亮度反映一个二维数组元素值的大小。强度图可以分为"强度趋势图"和"强度波形图"。它们的大部分组件和功能都是相同的。

例 5.6　通过实例来说明使用强度波形图显示数组元素大小。

设计步骤如下：

(1) 新建一个 VI，在前面板上放置一个"强度图"，将它的 X 轴和 Y 轴的"刻度"标签分别改为"行"和"列"。

(2) 另外在前面板上放置一个数值型的"二维数组"控件，右击任一数组成员，在快捷菜单的"显示类型"命令项中将数据类型改为 I8 型，用操作工具向二维数组中输入 4 行 3 列的数据，切换到程序框图编辑窗口，将"二维数组"与"强度图"相连。

运行程序，前面板和程序框图如图 5.19 所示。

当改变二维数组内的元素值时，其对应的强度波形图中的颜色值也跟着发生相应变化。

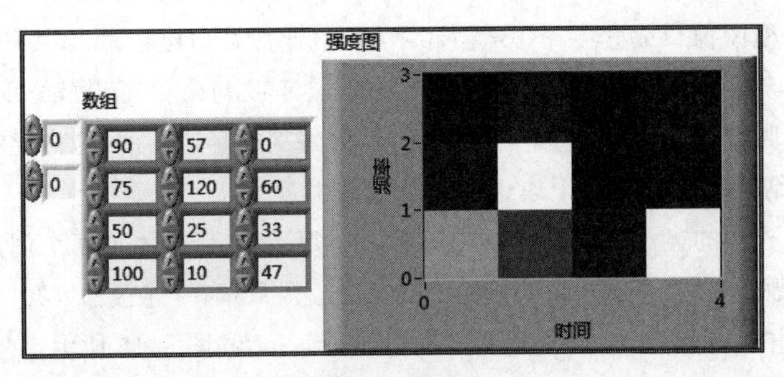

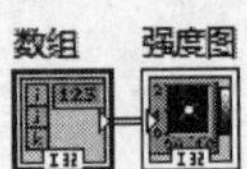

图 5.19 例 5.6 的前面板和程序框图

5.5 数字波形图

LabVIEW 提供了“数字波形图”来显示 0 和 1 表示的数字信号。显示数字信号首先要对数字信号用“捆绑函数”进行捆绑，数字捆绑的顺序 Xo，Delta X，输入数据和采样点数。这里采样点数反映了二进制的位数或字长，等于 1 时为 8bit，等于 2 时为 16bit，依次类推。

例 5.7 用数字波形图显示二进制的数组，1 为高电平，0 为低电平。

设计步骤：

(1) 新建一个 VI，在前面板上放置一个“数字波形图”。

(2) 在前面板放置一个数值型的“一维数组”，数据类型设为 I8 型，在“格式与设置”对话框中选择“二进制显示”，选择一个数组元素，在工具栏上的“字体”设置下拉菜单中选择“右对齐”，将二进制数字设为右对齐显示。

(3) 切换到程序框图，在“簇函数”子模板选择“打包”函数，分别在“打包”函数的输入端口添加为 Xo=0，Delta X=1，输入数组和采样点数=1，将输出簇送给数字波形显示。

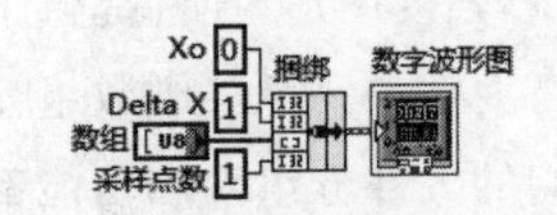

图 5.20 例 5.7 的程序框图

程序框图如图 5.20 所示。

运行程序，显示运行结果如图 5.21 所示。

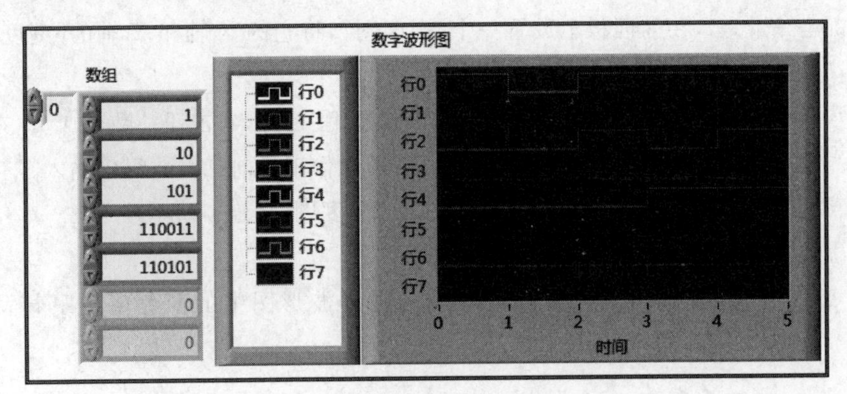

图 5.21 例 5.7 的前面板

从程序运行结果图中可以看出，横坐标 X 轴表示数据的序号，序号从 0～5，纵坐标 Y 轴从上到下表示数字信号从最低位到最高位的电平变化，例如对序号为 3 的二进制数 101（十进制 5），用数字波形图表示就是 00000101，行 7 代表最高位，行 0 代表最低位。

5.6　三维图形

在实际工程应用中，“三维图形”通常是一种最直观的数据显示方法，它可以很清楚地绘制出空间轨迹，给出 X、Y 和 Z 三个方向的依赖关系。例如在非平稳随机信号分析中，通常采用时域分析方法，这时就可以用三维图形来描述，X 轴表示时间，Y 轴表示频率，Z 轴表示时域频谱。

LabVIEW 中包含的三维图形如图 5.22 所示。

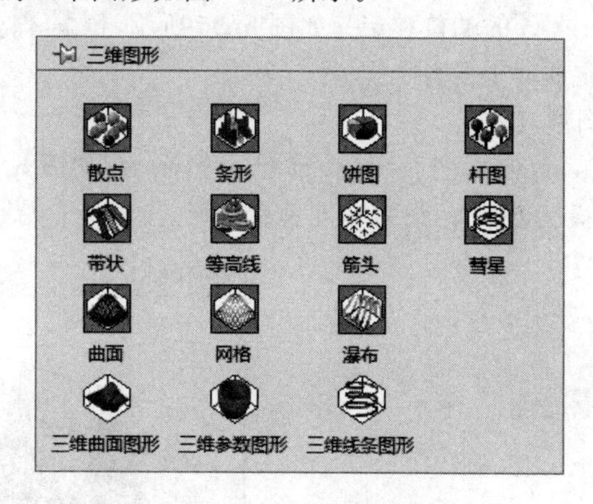

图 5.22　三维图形子选板

主要模块介绍如下：

1. 三维曲面图形

前面板放置一个三维曲面图形时，程序框图将同时显示两个图标，如图 5.23 所示，分别为 creat_plot_surface. vi 和 3D Graph，前一个用来三维作图，后一个用来显示图形。

creat_plot_surface. vi 的端口和定义如图 5.24 所示，该端口依据 x、y 和 z 点绘制曲面，该 VI 有两个一维数组(x,y)和一个二维数组(z)，指定图上的各个点。

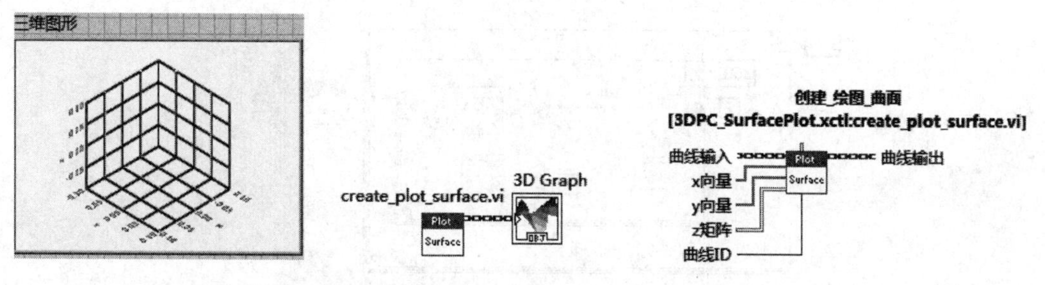

图 5.23　三维曲面图形　　　　图 5.24　creat_plot_surface. vi 的端口

2. 三维参数图形

前面板放置一个三维参数图形时，程序框图将同时显示两个图标，如图 5.25 所示，类似三维曲面图形。

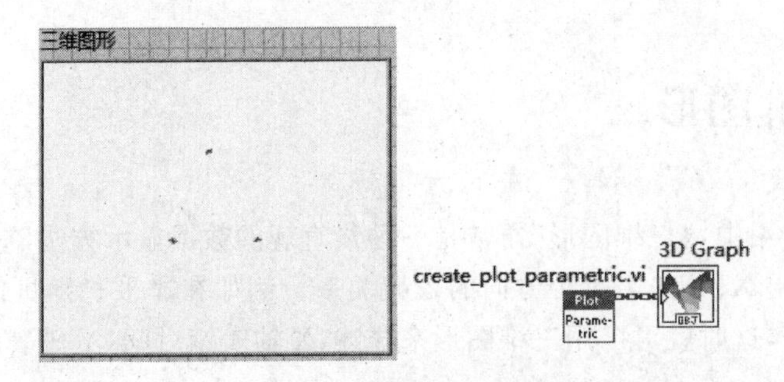

图 5.25 三维参数图形

creat_plot_parametric.vi 的端口和定义如图 5.26 所示，依据 x、y 和 z 点绘制曲面。该 VI 有三个二维数组，指定曲面上的各个点。

例 5.8 三维曲面图形例程。

本例显示 z=sin(x)cos(y)的曲面图，前面板和程序框图如图 5.27 和图 5.28 所示，可以用鼠标任意拖动前面板三维图形，以多角度观察图形。

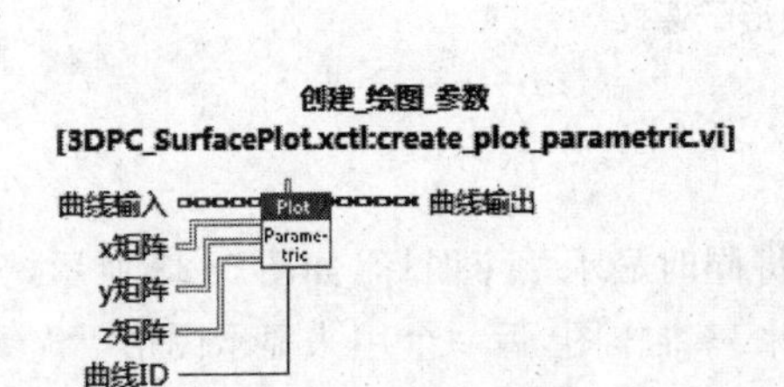

图 5.26 creat_plot_parametric.vi 的端口

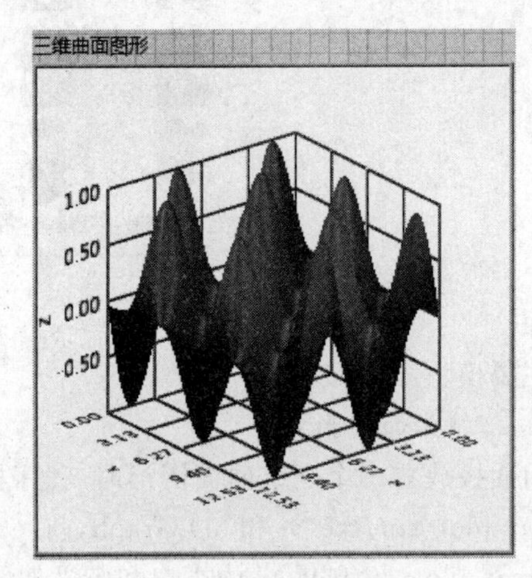

图 5.27 例 5.8 前面板

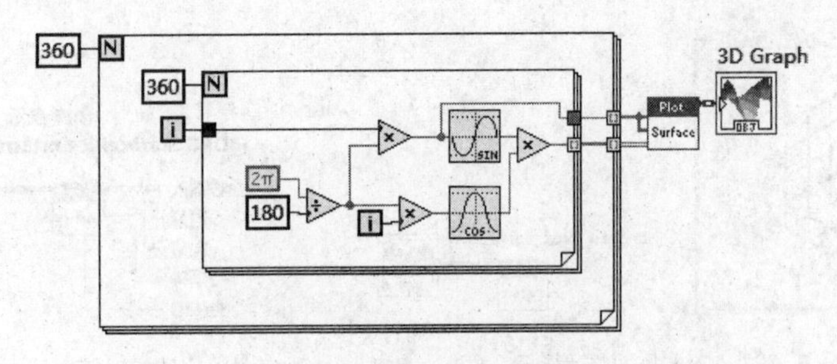

图 5.28 例 5.8 程序框图

这里，z 变量为二维数组，但 x 和 y 为一维数组，因此第一个 for 循环输出端要选择“最终值”，而非“索引”。

例 5.9　使用三维参数图形来绘制空心球体。

空心球体的参数方程为：

$$\begin{cases} x = (2+\cos\alpha)\cos\beta \\ y = (2+\cos\alpha)\sin\beta \\ z = \sin\alpha \end{cases} \tag{5-1}$$

程序框图和前面板分别如图 5.29 和图 5.30 所示。

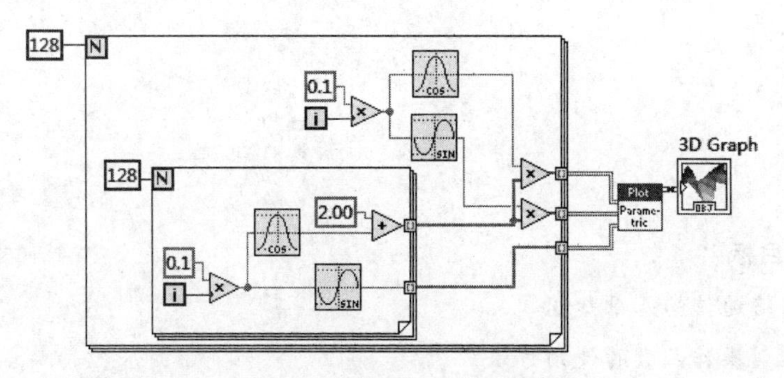

图 5.29　例 5.9 程序框图

前面板的三维图形，右击都有一项三维图形属性设定，对话框如图 5.31 所示，可以对三维图形做进一步设置。

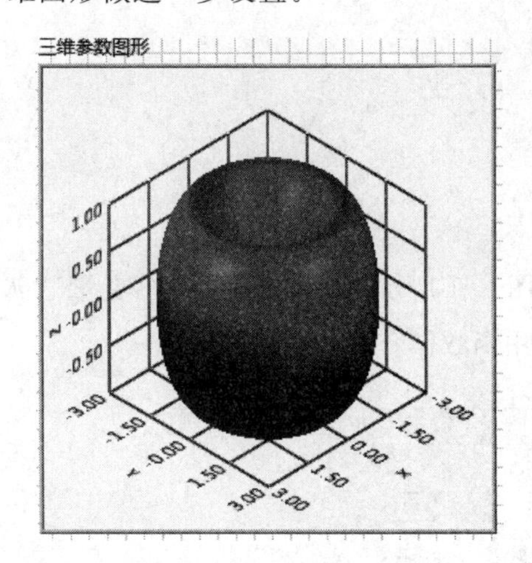

图 5.30　例 5.9 的前面板

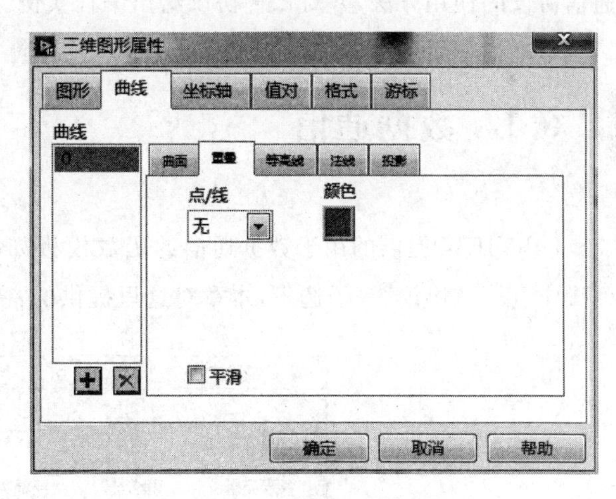

图 5.31　“三维图形属性”对话框

第6章

网络与通信

本章学习目标

- 了解网络通信的基础知识
- 掌握队列操作函数的使用方法
- 熟练掌握 LabVIEW 中 TCP/IP、DataSocket 网络协议的使用方法

本章先介绍数据通信的基础知识，再介绍 LabVIEW 中 TCP/IP、DataSocket 以及 UDP 通信协议的使用方法，并对每种协议给出编程实例。

6.1 数据通信

LabVIEW 提供的用于数据通信的函数模板如图 6.1 所示。这里包括"共享变量""队列操作"以及"协议"等子选板，本章对这里提供的常用函数作介绍。

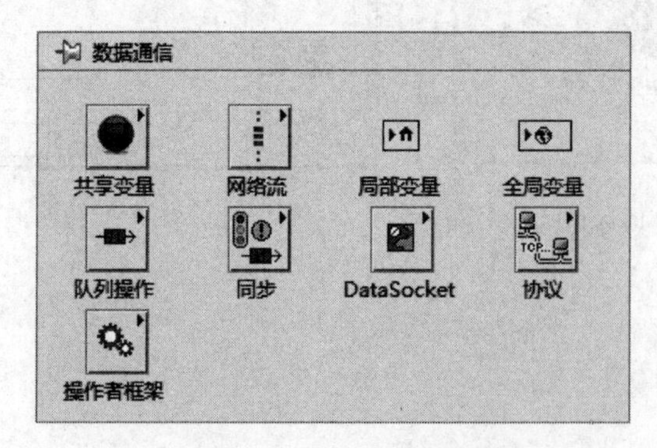

图 6.1 "数据通信"子选板

6.2　队列操作函数编程

6.2.1　队列操作函数

队列操作函数的子选板如图6.2所示。

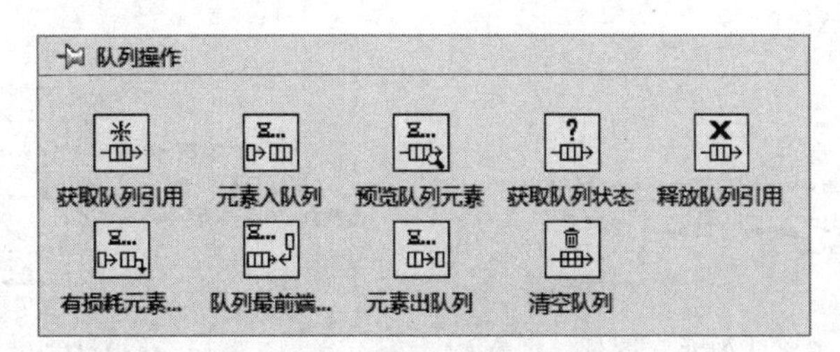

图6.2　队列操作函数子选板

1. 获取队列引用

返回队列的引用。获取队列引用的图标及端口定义如图6.3所示。

队列最大值是队列要保持的元素的最大数量。默认值为－1,表示队列的元素数量没有限制。

名称：包含要获取或创建的队列的名称。默认值为空字符串,用于创建无名称的通知器。

元素数据类型：需要队列包含的数据类型。该输入端可以连线任意数据类型。

如未找到是否创建?：指定名称队列不存在时,是否创建新的队列。如果值为TRUE(默认值),指定名称的队列不存在时,函数可创建新的队列。

队列输出：对已有队列或函数创建的新队列的引用。

新建?：创建新的队列时,值为TRUE。

2. 元素入队列

在队列后端添加元素。元素入队列的图标及端口定义如图6.4所示。

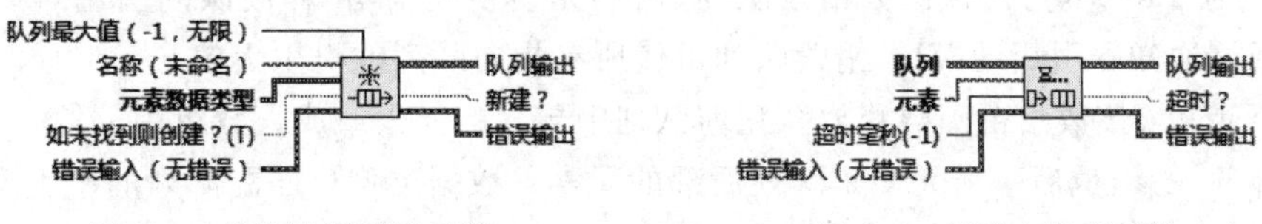

图6.3　获取队列引用函数　　　　图6.4　元素入队列函数

队列：是队列引用。通过获取队列引用函数获取队列引用。

元素：是添加至队列末尾的元素。数据类型可匹配队列的子类型。

超时毫秒：指定队列满时,函数等待队列可用的时间,以毫秒为单位。默认值为－1,永不超时。

队列输出：是对未改动队列的引用。

超时?：如函数超时之前,队列中的空位未转为可用状态,超时?返回TRUE。如函数遇到错误,超时?也返回TRUE。

3. 预览队列元素

返回队列前端的元素且不删除该元素。预览队列元素的图标及端口定义如图 6.5 所示。

元素是队列前部的元素。数据类型可匹配队列的子类型。其他端口同前。

4. 获取队列状态

返回队列的当前状态信息(例如,当前队列中的元素个数)。获取队列状态的图标及端口定义如图 6.6 所示。

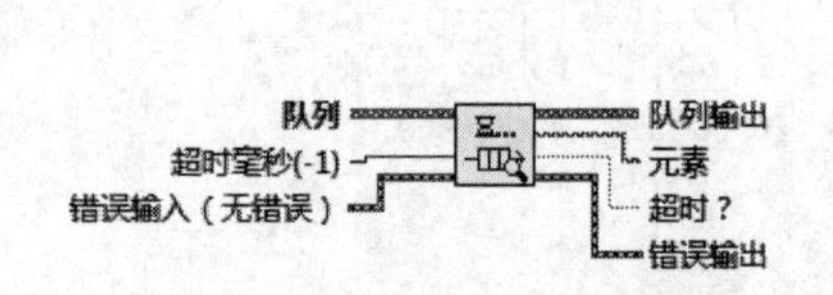

图 6.5 预览队列元素图标

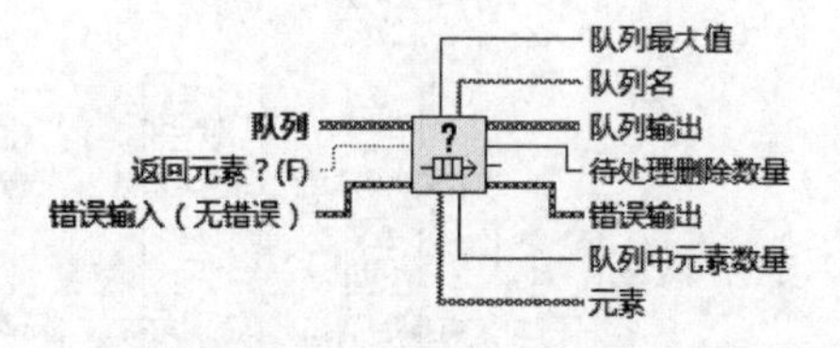

图 6.6 获取队列状态函数

返回元素?:表明是否返回队列中的元素。如值为 FALSE(默认值),函数不返回队列中的元素。

队列最大值:队列能包含的元素数量的最大值。如队列最大值为-1,队列可包含任意数量的元素。

待处理删除数量:"元素出队列"或"预览队列元素"函数当前等待从队列中删除的元素。

队列中元素数量:返回当前队列中元素的数目。

元素:返回但并不删除当前队列中的所有元素。如返回元素? 的值为 FALSE,数组为空。数据类型可匹配队列的子类型。

5. 释放队列引用

释放队列引用的图标及端口定义如图 6.7 所示。

强制销毁?(F):表明是否需要销毁队列。如值为 FALSE(默认)并且需要销毁队列,可调用"释放队列引用"函数,调用次数与获取引用的次数相等,或停止使用队列引用的所有 VI。如值为 TRUE,可由该函数销毁队列,用户无须多次调用"释放队列引用"函数或停止所有使用该通知器引用的 VI。销毁队列可使所有指向队列的引用无效。

剩余元素:该数组由函数释放队列前队列中包含的元素组成。数组中的第一个元素是队列前部的元素,最后一个元素是队列后部的元素。数据类型可匹配队列的子类型。

6. 有损耗元素入列

在队列中添加元素。如队列已满,函数可通过删除队列前端的元素使新元素入队。不同于元素入队列函数,该函数可立即执行元素入队操作。有损耗元素入列的图标及端口定义如图 6.8 所示。

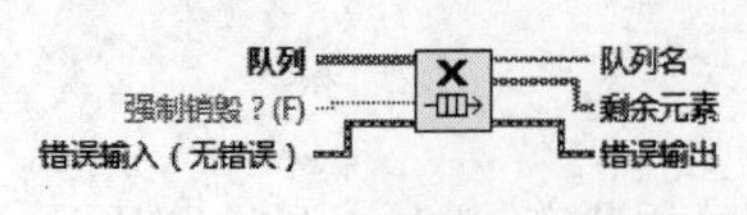

图 6.7 释放队列引用

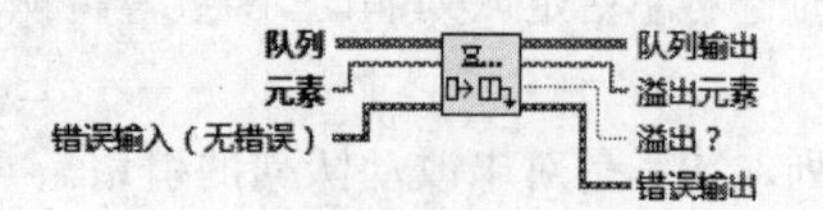

图 6.8 有损耗元素入列函数

溢出元素：队列已满时 LabVIEW 从队列前端删除的元素。

溢出?：如队列已满且 LabVIEW 通过删除元素获得该空闲位置，则值为 TRUE。如队列存在空闲位置且元素已插入队列，则溢出？的值为 FALSE。

7. 清空队列

删除队列中的所有元素并通过数组返回元素，清空队列图标及端口定义如图 6.9 所示。

剩余元素：该数组包含从队列中删除的元素。数组中的第一个元素是队列前部的元素，最后一个元素是队列后部的元素。

8. 元素出队列

删除队列前端的一个元素并返回该元素。如队列为空，则函数在超时前等待超时毫秒。如等待期间队列中出现剩余元素，函数可清除该元素且超时？为 FALSE。元素出队列图标及端口定义如图 6.10 所示。

图 6.9　清空队列的函数　　　　图 6.10　元素队列函数

6.2.2　队列函数应用

例 6.1　数值类型数据入队列和出队列。

(1) 程序框图依次添加“获取队列引用”以及“元素入队列”和“元素出队列”函数，将数值常量“0”接至获取队列引用的数据类型端口，确定该队列的类型为数值型。

(2) 添加两个 while 循环，一个用于元素入队列，将循环计数端子 i 进行“加 1”运算，运算结果进入队列，并在其结构中添加“等待函数”，设置等待时间为 100ms；另一个循环用于出队列，添加“等待函数”，设置等待时间为 200ms。

程序框图和前面板如图 6.11 所示。运行程序，因为队列为先进先出模式，但是当出队列时间间隔比入队列长时，则出队列的元素个数就会少于入队列的元素个数。

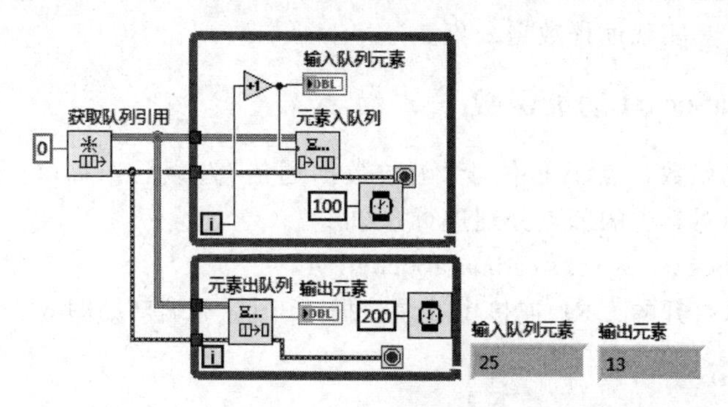

图 6.11　例 6.1 程序框图

例 6.2　字符串出入队列。

将一常量字符串"abcdefgh"，每次截取长度 2，利用 for 循环进行入队列操作，再利用另外一个 for 循环结构进行出队列操作，请读者自行练习程序，观察输出元素的数值变化，改变 for 循环的次数，再分析程序的运行结果，程序框图如图 6.12 所示。

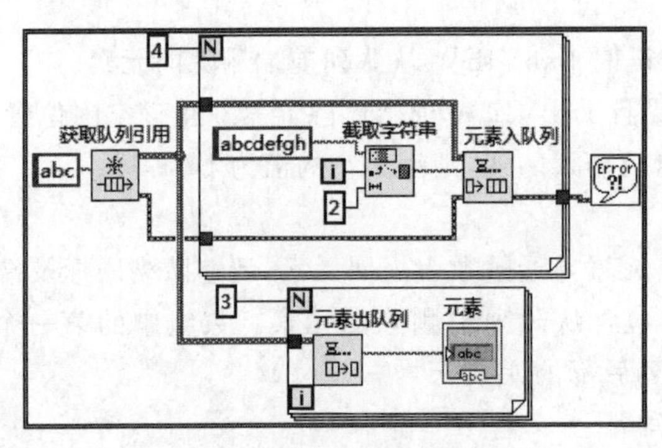

图 6.12 例 6.2 程序框图

6.3 DataSocket 编程

6.3.1 DataSocket 通信

DataSocket 是 NI 公司提供的一种新的实时数据传输技术，可用于一个计算机内或网络中多个应用程序之间的数据交换，是专门面向测量和自动化工程的网络实时高速数据交换的编程技术。DataSocket 克服了传统 TCP/IP 传输协议需要较为复杂的底层编程、传输速率较慢(特别是对动态数据)等缺点，大大简化了实时数据传输问题，它提供了一种易用、高效、可编程的软件接口，能够很方便地实现网络上多台计算机之间的实时数据交换。

使用 DataSocket 技术实现远程数据采集时，需要在安装有 DAQ 设备的服务器上也运行应用程序，然后将某些需要的数据通过网络发布传输到客户机，这实际上是通过数据共享而非真正意义上的 DAQ 设备共享来实现远程数据采集，这样做的好处之一就是，可以多客户机同时访问服务器。

DataSocket 包括 DataSocket Server Manager、DataSocket Server 和 DataSocket 几个工具软件，以及 DSTP(DataSocket Transfer Protocol，DataSocket 传输协议)、URL(Uniform Resource Locator，通用资源定位符)和文件格式等技术规范。在 LabVIEW 中，用户可以很方便地使用这些工具实现远程数据采集。

6.3.2 DataSocket 功能函数

DataSocket 的函数节点(VI)位于"函数数据通信"选板→"DataSocket"子选板中，如图 6.13 所示，下面对其中的节点分别进行介绍。

1. 读取 DataSocket 函数(ReadDataSocket. vi)

该节点用于从打开的 URL 连接中读取数据，其图标与端口如图 6.14 所示。

图 6.13 DataSocket 子选板

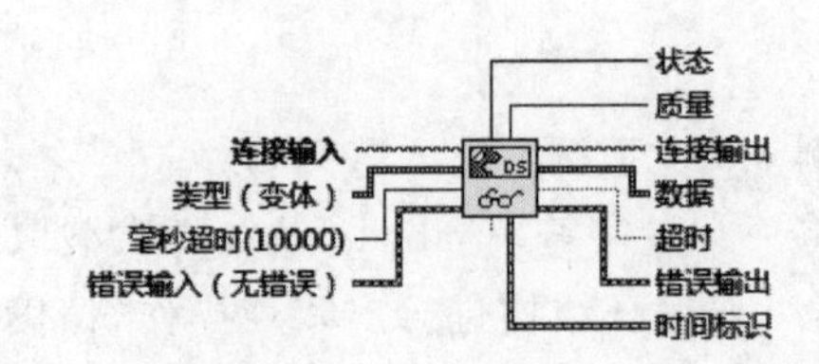

图 6.14 读取 DataSocket 函数

连接输入：指定读取数据的资源，可以是 URL 字符串，也可以是 DataSocket 连接标识。

类型(变体)：指定读取数据的类型，并且设置输出端口的数据类型。

毫秒超时(10000)：规定了函数等待操作结束的时间。默认为 0ms，说明函数将不等待操作结束。如果毫秒输入端口输入为－1，函数将一直等待直到操作完成。

状态：报告来自 PSP 服务器或 FieldPoint 控制器的警报或错误。如第 31 位是 1，则状态表明发生错误；否则，状态是状态代码。

质量：从共享变量或 NI 发布-订阅协议(NI-PSP)数据项读取的数据的数据质量。质量的值可用于调试 VI。

连接输出：指定数据连接的数据源。

数据(data)输出端口：从打开的连接中读取的数据。若读取超时，则返回上一次读取的值，如果超时之前未读取任何数据或设置的数据类型不符，则返回零、空等相似的值。

超时：如函数等待更新值或初始值时超时，则值为 TRUE。

时间标识：返回共享变量和 NI-PSP 协议数据项的时间标识数据。

2. 写入 DataSocket 函数(Write DataSocket.vi)

该节点用于向打开的 URL 连接中写入数据，其图标与端口如图 6.15 所示。数据可以是单个或数组形式的字符串、逻辑(布尔)量和数值量等多种类型。

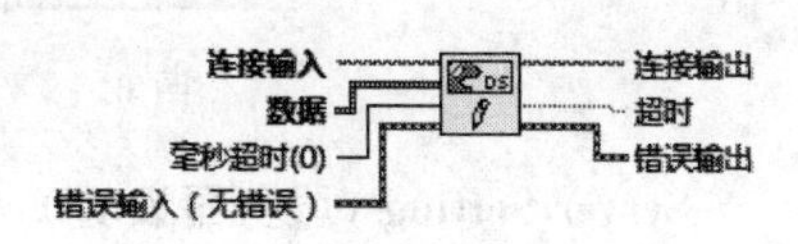

图 6.15 写入 DataSocket 函数

连接输入：标识了要写入的数据项。连接输入端口可以是一个描述 URL 或共享变量的字符串。

数据：向打开的连接中写入数据，该数据可以是任意格式或者 LabVIEW 数据类型。

3. 打开 DataSocket 函数(Open DataSocket.vi)

该节点用于打开一个 URL 数据连接，其图标与端口如图 6.16 所示。

URL 输入端口：设置数据连接网络地址，可以使用 PSP、DSTP、OPC、FTP、HTTP 和 FILE 等通信协议传输数据，具体用何种协议，取决于写入数据的类型及网络配置。

模式(mode)输入端口：指定连接的模式，共有读、写、读写、读缓冲器和读写缓冲器 5 种模式。

连接 ID(connection id)输出端口：数据连接的唯一标识。

4. 关闭 DataSocket 函数(Close DataSocket.vi)

该节点用于关闭打开的 URL 连接，其图标与端口如图 6.17 所示。

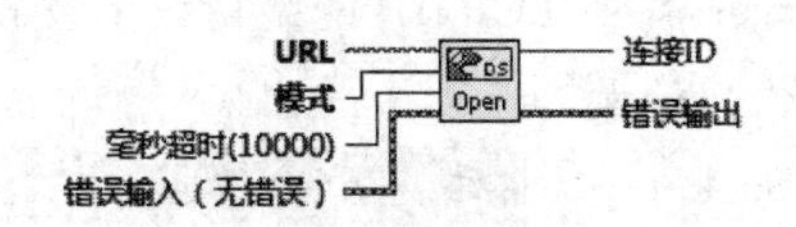

图 6.16 打开 DataSocket 函数

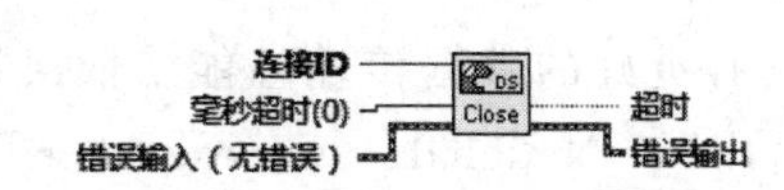

图 6.17 关闭 DataSocket 函数

6.3.3 DataSocket Server Manager

DataSocket Server Manager 是一个独立运行的程序，其主要功能是在本地计算机上设置 DataSocket Server 可连接的客户程序的最大数目和可以创建的数据项的最大数目，设置用户和用户组，以及设置用户访问和管理数据项的权限。数据项实际上是 DataSocket Server 上的数据文件，未经授权的用户不能在 DataSocket Server 上创建和读取数据项。依次选择“开始菜单”→“程序”→National Instruments→DataSocket→DataSocket Server Manager 选项，即可启动 DataSocket Server Manager，如图 6.18 所示。其主要参数如下：

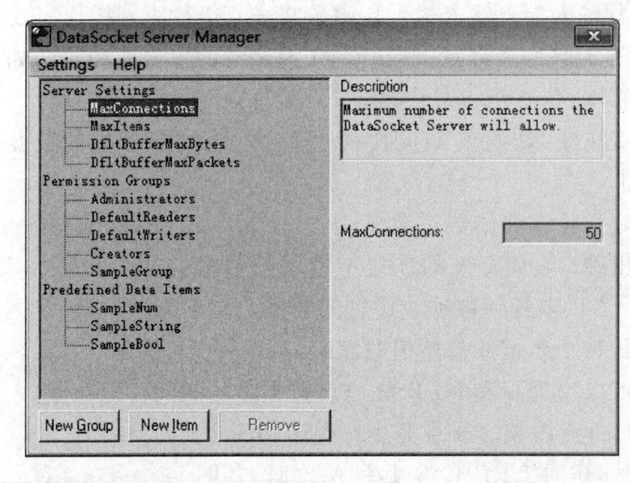

图 6.18 DataSocket Server Manager 对话框

Server Settings(服务器设置)：与服务器性能相关的设置。参数 MaxConnections 是指服务器最多可以连接的用户数，其默认值为 50。参数 MaxItems 用于设置服务器最大允许的数据项目的数量。

Permission Groups(许可组)：与安全相关的设置。Groups 是指用一个组名来代表一组计算机名(或 IP 地址)的集合。DataSocket Server 共有 4 个内建组：Administrations、DefaultReaders、DefaultWriters 和 Creators，分别代表了管理、读、写和创建数据项目的默认主机设置。Sample Group 为一个用户定义组。

Predefined Data Items(预定义的数据项目)：预定义了用户可以直接使用的数据项目，并可以设置每个数据项目的数据类型、默认值以及访问权限等属性。默认数据项目有 SampleNum、SampleString 和 SampleBool 3 个。

6.3.4 DataSocket Server

DataSocket Server 也是一个独立运行的程序，主要解决大部分网络通信方面的问题，负责用户程序之间的数据交换。DataSocket Server 需要 TCP/IP 网络协议的支持，但它比 TCP/IP 具有更好的数据传输性能。依次选择“开始菜单”→“程序”→National Instruments→DataSocket→DataSocket Server 选项，即可启动 DataSocket Server，如图 6.19 所示。

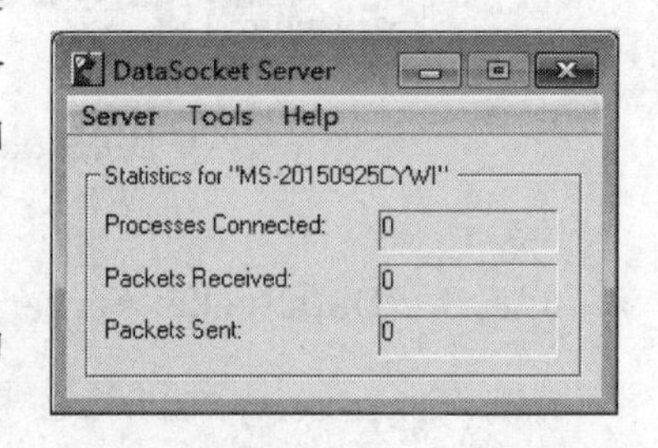

图 6.19 DataSocket Server 窗口

其主要参数为：

Processes Connected：连接到 DataSocket Server 的实际客户端数目。

Packets Received：传输过程中接收到的数据包的

数目。

Packet Sent：传输过程中发送的数据包的数目。

6.3.5 DataSocket 通信实现

DataSocket 函数库是用于实现 DataSocket 通信的，它包含读取、写入、打开和关闭等函数。DataSocket 技术可在 C/C++、Visual Basic 和 LabVIEW 等多种开发环境中应用，在不同的环境中 DataSocket 函数有不同的形式，在 C/C++ 中是函数，在 Visual Basic 中是 ActiveX 控件，在 LabVIEW 中则是 VI。

例 6.3 利用 DataSocket 发布数据。

需要 3 个要素：Publisher(发布器)、DS Server 和 Subscriber(订阅器)，其通信过程如图 6.20 所示。

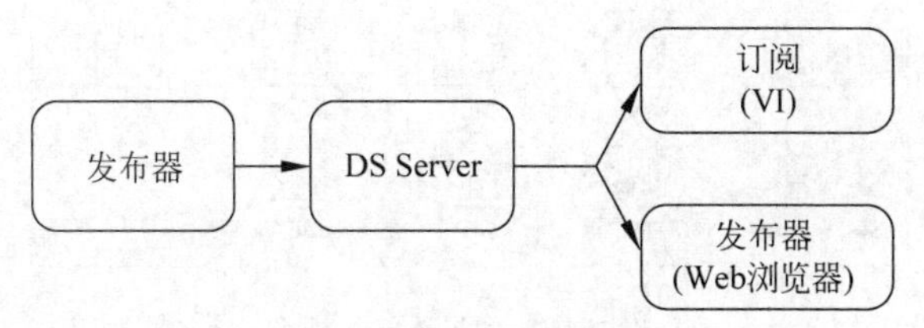

图 6.20 DataSocket 通信过程

服务器 VI 的前面板和程序框图如图 6.21 和图 6.22 所示。

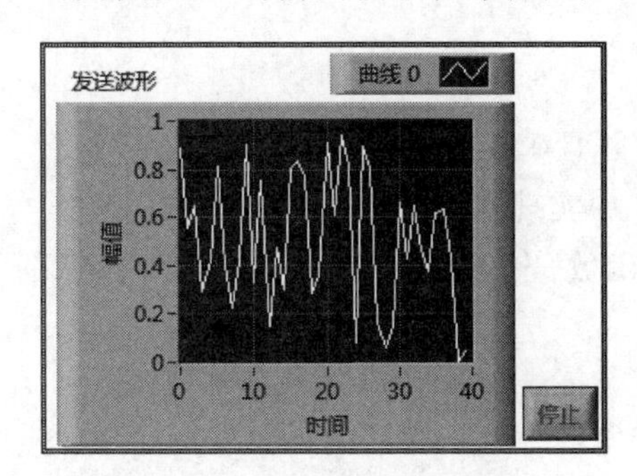

图 6.21 例 6.3 服务器的前面板

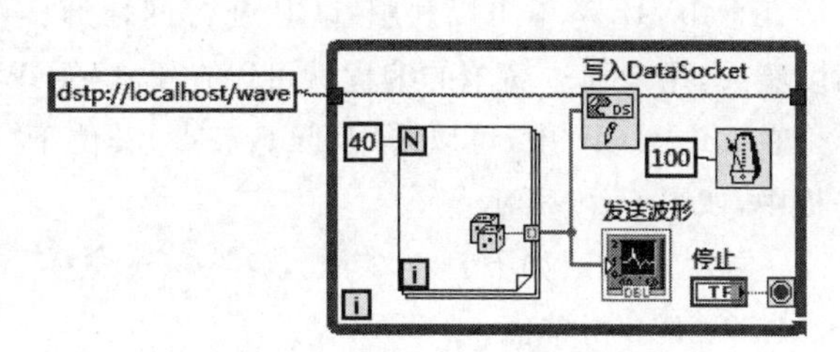

图 6.22 例 6.3 服务器的程序框图

客户机 VI 利用读取 DataSocket 节点将数据从 URL"dstp://local host/wave"指定的位置读出，并还原为原来的数据类型送到前面板窗口进行显示。

客户机 VI 的前面板和程序框图如图 6.23 和图 6.24 所示。

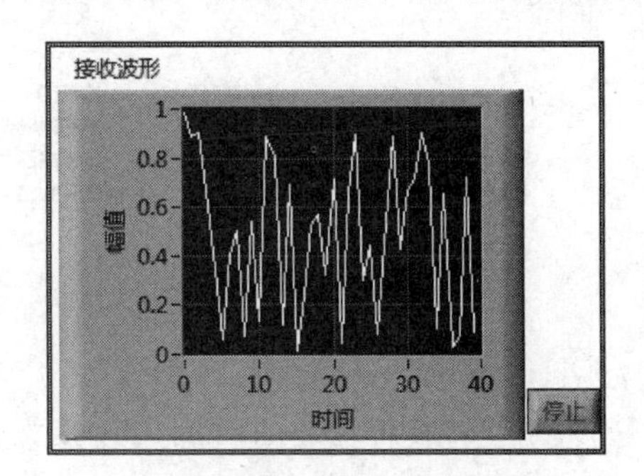

图 6.23 例 6.3 客户机的前面板

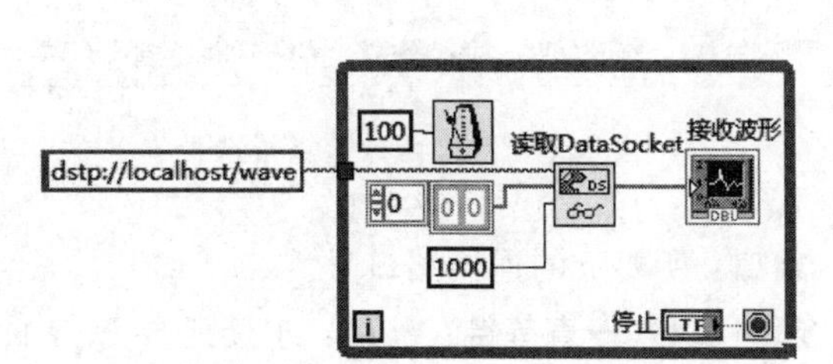

图 6.24 例 6.3 客户机的程序框图

在利用上述两个VI进行DataSocket通信之前，必须首先运行DataSocket Server。

例6.3中服务器和客户机都用同一台机器测试，因此IP地址写的是localhost。当然也可以使用本机的IP地址。本例中，服务器和客户机都是使用本机。

6.4 协议

打开"函数"→"数据通信"→"协议"子选板，如图6.25所示，这里主要是为网络通信提供的TCP、UDP、串口以及蓝牙协议的函数。

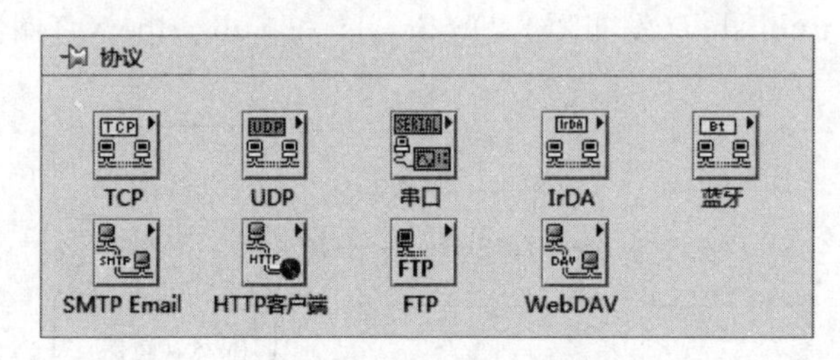

图6.25 协议子选板

本节以最为广泛的网络协议TCP/IP为例进行介绍。

6.4.1 TCP功能函数

在LabVIEW中可以利用TCP进行网络通信，并且LabVIEW对TCP的编程进行了高度集成，用户通过简单的编程就可以在LabVIEW中实现网络通信。

在LabVIEW中，可以采用TCP节点，其位于"函数"→"数据通信"→"协议"→TCP子选板中，如图6.26所示。

主要模块介绍如下：

1. TCP侦听节点

创建一个听者，并在指定的端口上等待TCP连接请求。该节点只能在作为服务器的计算机上使用。TCP侦听节点图标及端口定义如图6.27所示。

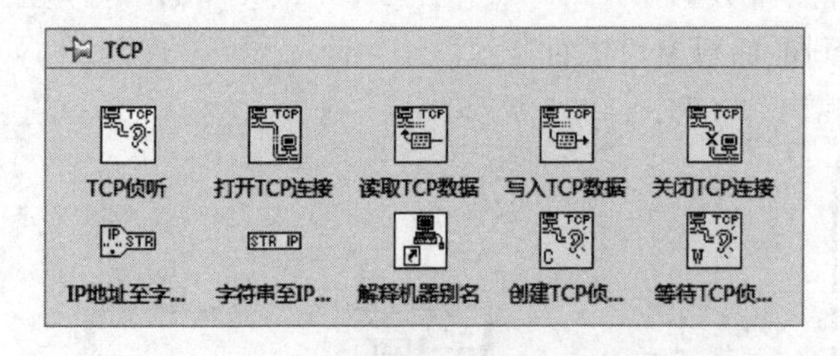

图6.26 TCP函数节点子选板

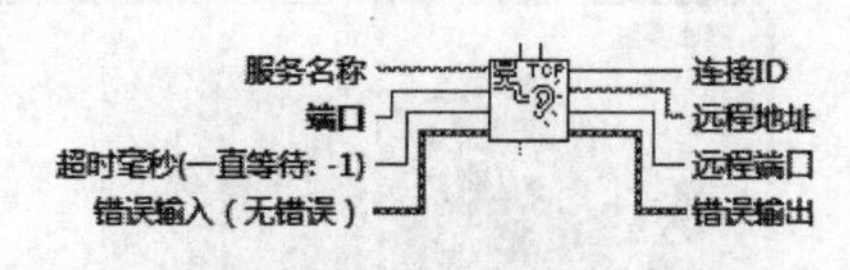

图6.27 TCP侦听节点

端口：所要听的连接端口号。

超时毫秒(一直等待：-1)：连接所要等待的毫秒数。如果在规定的时间内连接没有建立，该VI将结束并返回一个错误。默认值为-1，表明该VI将无限等待。

连接 ID：是唯一标识 TCP 连接的网络连接引用句柄。该连接句柄用于在以后的 VI 调用中引用连接。

远程地址：与 TCP 连接协同工作的远程计算机的地址。

远程端口：使用该端口连接的远程系统的端口号。

2. 打开 TCP 节点

用指定的计算机名称和远程端口来打开一个 TCP 连接。该节点只能在作为客户机的计算机上使用。打开 TCP 连接节点的节点图标及端口定义如图 6.28 所示。

远程端口或服务名：可接受数字或字符串输入，远程端口或服务名是要与其建立连接的端口或服务的名称。

超时毫秒(60000)：在函数完成并返回一个错误之前所等待的毫秒数。默认值是 60000ms。如果接－1 则表明函数将无限等待。

3. 读取 TCP 数据节点

从指定的 TCP 连接中读取数据。读取 TCP 数据节点的节点图标及端口定义如图 6.29 所示。

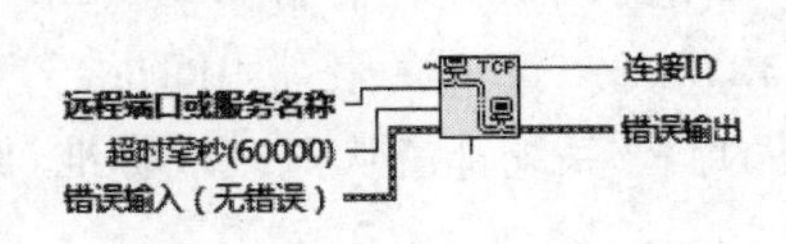

图 6.28　打开 TCP 连接节点

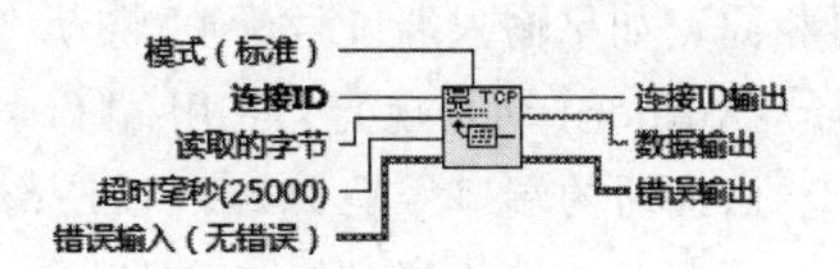

图 6.29　读取 TCP 数据节点

模式(标准)：标明了读取操作的行为特征。

标准模式(默认)：等待直到设定需要读取的字节全部读出或超时。返回读取的全部字节。如果读取的字节数少于所期望得到的字节数，将返回已经读取到的字节数并报告一个超时错误。

缓冲模式：等待直到设定需要读取的字节全部读出或超时。如果读取的字节数少于所期望得到的字节数，不返回任何字节并报告一个超时错误。

CRLF 模式：等待直到函数接收到 CR(carriage return)和 LF(line feed)或发生超时。返回所接收到的所有字节及 CR 和 LF。如果函数没有接收到 CR 和 LF，不返回任何字节并报告超时错误。

立即模式：只要接收到字节便返回。只有当函数接收不到任何字节时才会发生超时。返回已经读取的字节。如果函数没有接收到任何字节，将返回一个超时错误。

读取的字节：所要读取的字节数。

连接 ID 输出：与连接 ID 的内容相同。

数据输出：包含从 TCP 连接中读取的数据。

4. 写入 TCP 数据节点

通过数据输入端口将数据写入到指定的 TCP 连接中。写入 TCP 数据节点的节点图标及端口定义如图 6.30 所示。

数据输入：包含要写入指定连接的数据。数据操作的方式，请参见读取 TCP 数据节点部分的解释。

超时毫秒(25000)：函数在完成或返回超时错误之前将所有字节写入到指定的一段时

间，以毫秒为单位。默认为 25000ms。如果为－1，表示将无限等待。

写入的字节(bytes written)：VI 写入 TCP 连接的字节数。

5. 关闭 TCP 连接节点

关闭指定的 TCP 连接。关闭 TCP 连接的节点图标及端口定义如图 6.31 所示。

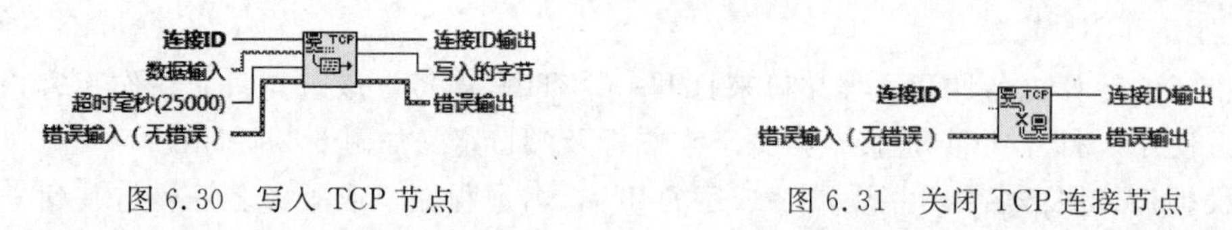

图 6.30 写入 TCP 节点

图 6.31 关闭 TCP 连接节点

6. 创建侦听器 TCP 节点

创建一个 TCP 网络连接侦听器。如果将 0 接入输入端口，将动态选择一个操作系统使用的可用的 TCP 端口。创建 TCP 侦听器节点的节点图及端口定义如图 6.32 所示。

侦听器 ID：能够唯一表示侦听器的网络连接标识。

端口(输出)：返回函数所使用的端口号。如果输入端口号不是 0，则输出端口号与输入端口号相同。如果输入端口号为 0，将动态选择一个可用的端口号。根据 ANA(Assigned Numbers Authority)的规定，可用端口号范围是 49152～65535。最常用的端口号是 0～1023，已注册的端口号是 1024～49151。并非所有的操作系统都遵从 IANA 标准，例如，Windows 返回 1024～5000 的动态端口号。

7. 等待 TCP 侦听器节点

在指定的端口上等待 TCP 连接请求。TCP 侦听 VI 节点就是创建 TCP 侦听器节点与本节点的综合使用。

等待 TCP 侦听器节点的节点图标及端口定义如图 6.33 所示。

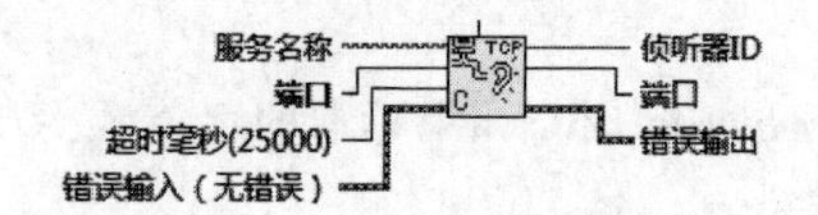

图 6.32 创建 TCP 侦听器节点

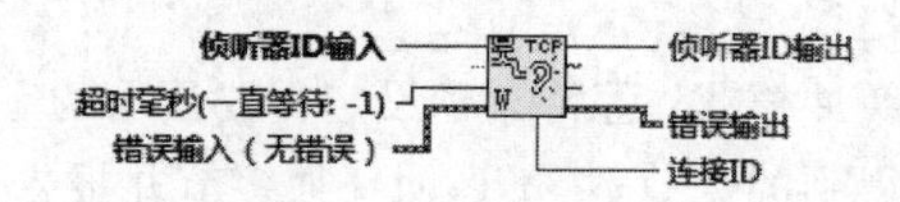

图 6.33 等待 TCP 侦听器节点

侦听器 ID 输入：一个能够唯一标明侦听器身份的网络连接标识。

侦听器 ID 输出：侦听器 ID 输入的一个副本。

连接 ID：TCP 连接唯一的网络连接标识号。

6.4.2 TCP/IP 通信的实现

例 6.4 采用服务器/客户机进行双机通信，通过局域网送至客户机进行显示。

双机通信流程如图 6.34 所示。

(1) 新建一个 VI，在程序框图中添加“TCP 侦听”模块，在其输入端的“TCP 端口号”添加输入控件，在程序建立通信前，首先指定网络端口，用于建立 TCP 侦听器，这是初始化的过程。

(2) 在程序框图内添加 while 循环，添加两个“写入 TCP 数据”模块：一个写入数据发送的是波形数组的长度，所以添加“字符串长度”函数，以及“强制数据类型”，接在“写入 TCP 数据”的数据输入端口；第二个发送波形数组的数据，波形数组为一个正弦信号和余

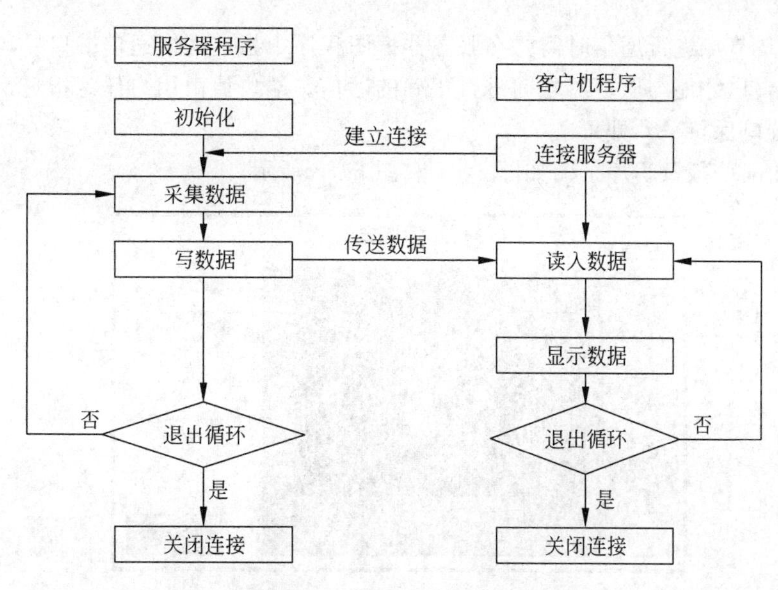

图 6.34 双机 TCP 通信流程

弦信号叠加的数据。前面板放置波形图用于显示发送数据的波形。

(3) 在程序框图的 while 循环外加入“关闭 TCP 连接”；具体服务器的前面板及程序框图如图 6.35 和图 6.36 所示。

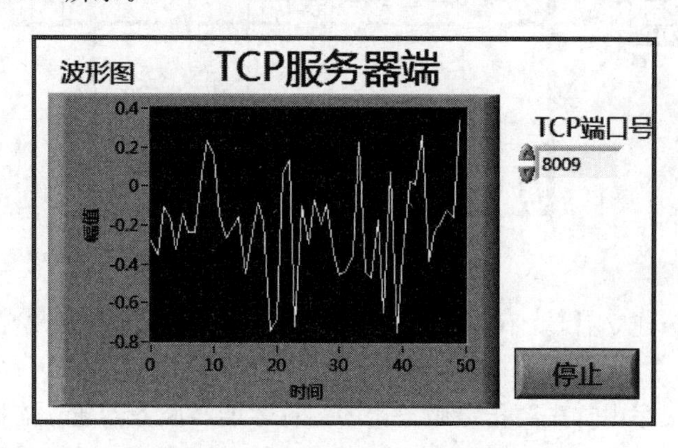

图 6.35 TCP 通信服务器程序前面板

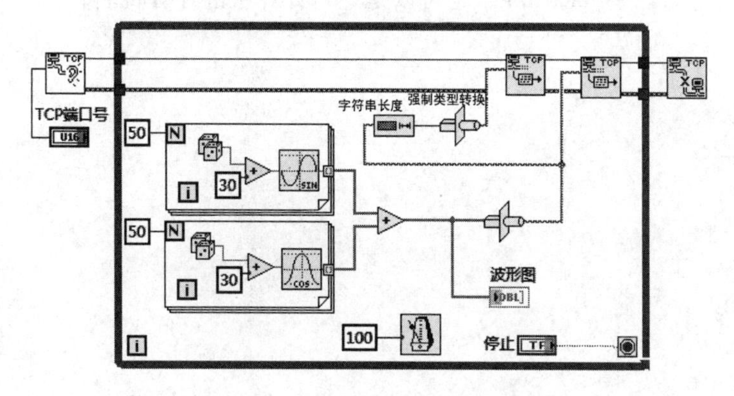

图 6.36 TCP 通信服务器程序框图

在用 TCP 节点进行通信时需要在服务器框图程序中指定网络通信端口号，客户机也要指定相同的端口，才能与服务器之间进行正确的通信。端口值由用户任意指定，只要服务器与客户机的端口保持一致即可。

客户机的前面板及程序框图如图 6.37 和图 6.38 所示。

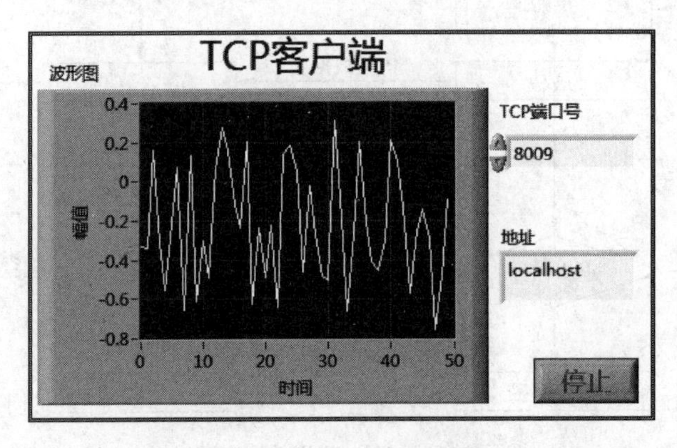

图 6.37 TCP 通信客户机程序前面板

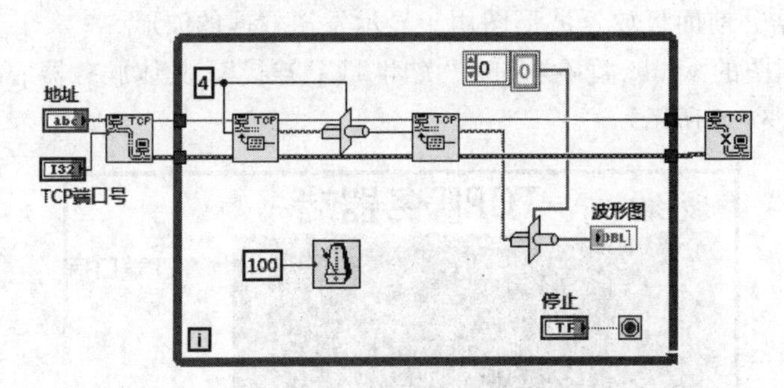

图 6.38 TCP 通信客户机程序框图

在一次通信连接建立后，就不能更改端口的值了。如果的确需要改变端口的值，则必须首先断开连接，才能重新设置端口值。

在客户机框图程序中首先要指定服务器的名称才能与服务器建立连接。服务器的名称是指计算机名。若服务器和客户机程序在同一台计算机上同时运行，客户机框图程序中输入的服务器的名称可以是 local host，也可以是这台计算机的计算机名。

下篇 应 用 篇

第7章

信号分析与处理

本章学习目标

- 了解信号分析与处理的基础知识
- 熟练掌握 LabVIEW 中信号处理模板中函数的使用方法

本章先介绍 LabVIEW 中信号处理的函数库，再介绍各函数库子模板的函数运用，并配以大量例程来说明典型模块的使用方法，最后综合运用这些函数，设计了带登录密码的信号发生器。

LabVIEW 提供了大量的信号分析和处理函数。这些函数节点包含在“函数”→“信号处理”子选板中，如图 7.1 所示。

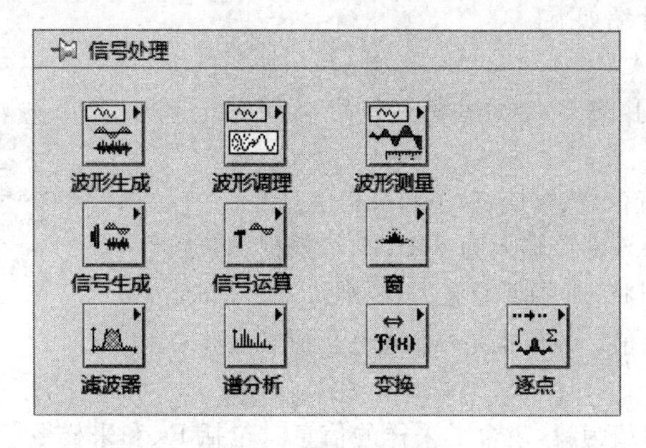

图 7.1　信号处理函数

对于任何测试来说，信号的生成非常重要。例如，当现实世界中的真实信号很难得到时，可以用仿真信号对其进行模拟，向数模转换器提供信号。

常用的测试信号包括正弦波、方波、三角波、锯齿波、各种噪声信号以及由多种正弦波合成的多频信号等。

7.1 波形生成

LabVIEW 提供了大量的波形生成节点，它们位于“函数”选板→“信号处理”→“波形生成”子选板中，如图 7.2 所示，包括正弦波、均匀白噪声以及仿真信号等。下面对这些波形生成函数节点的图标及其使用方法进行介绍。

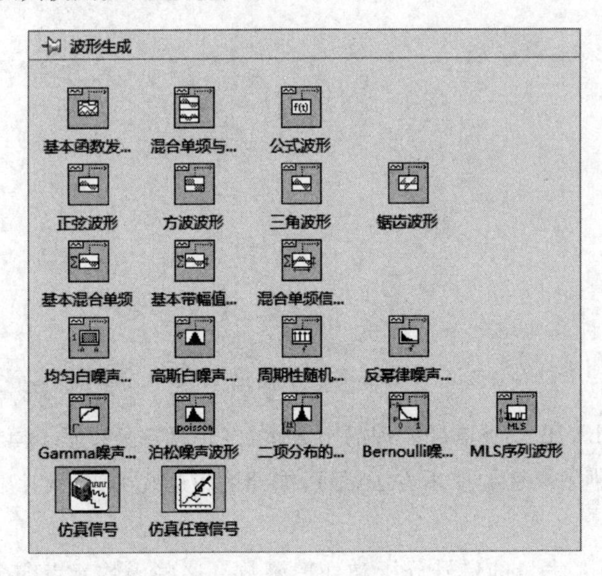

图 7.2 波形生成

主要模块功能介绍如下。

1. 均匀白噪声波形

均匀白噪声波形的节点图标和端口定义如图 7.3 所示。

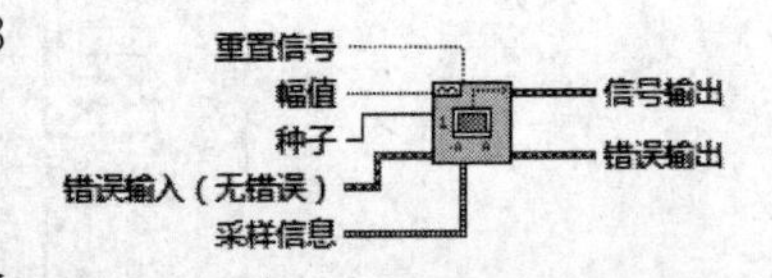

图 7.3 均匀白噪声节点和端口

输入主要有重置信号、幅值、种子和采样信息等。

重置信号：如果该端口输入为 TRUE，将根据相位输入信息重置相位，并且将时间标识重置为 0。默认为 FALSE。

幅值：波形的幅值。幅值也是峰值电压。默认为 1.0。

种子：默认为−1。

采样信息：输入值为簇，包含了采样的信息。包括 Fs 和采样数。Fs 是以每秒采样的点数表示的采样率，默认为 1000。采样数是指波形中所包含的采样点数，默认为 1000。

输出：信号输出连接波形图，显示均匀白噪声。

2. 基本带幅值混合单频

基本带幅值混合单频函数的节点图标及端口定义如图 7.4 所示。

幅值：合成波形的幅值，是合成信号中幅值绝对值的最大值。默认值为−1。将波形输出到模拟通道时，幅值的选择非常重要。如果硬件支持的最大幅值为 5V，那么应将幅值端口接 5。

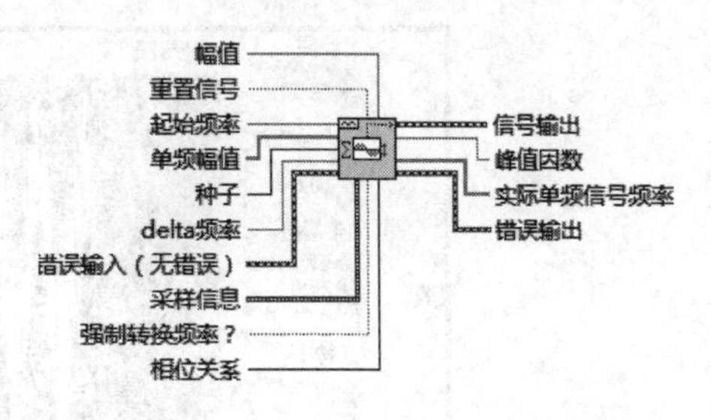

图 7.4　基本带幅值混合单频函数

重置信号：如果为 TRUE,将相位重置为相位输入端的相位值,并将时间标识重置为 0。默认为 FALSE。

单频幅值：设置波形的单频幅值。

起始频率：产生的单频的最小频率。该频率必须为采样频率和采样数之比的整数倍。默认值为 10。

种子：如果相位关系输入选择为线性,将忽略该输入值。

delta 频率：两个单频之间频率的间隔幅度。delta 频率必须是采样频率和采样数之比的整数倍。

采样信息：包含 Fs 和采样数,是一个簇数据类型。Fs 是以每秒采样点的点数表示的采样率,默认为 1000。采样数是指波形中所包含的采样点数,默认为 1000。

强制转换频率?：如果该输入为 TRUE,特定单频的频率将被强制为最相近的 Fs/n 的整数倍。

相位关系：所有正弦单频的相位分布方式。该分布影响整个波形峰值与平均值的比。

信号输出：产生的波形信号。

峰值因数：输出信号的峰值电压与平均值电压的比。

实际单频信号频率：如果强制频率转换为 TRUE,则输出强制转换频率后单频的频率。

功能：产生多个正弦信号的叠加波形,所产生的信号的频率谱在特定频率处是脉冲,而其他频率处是 0。根据频率和采样信息产生单频信号。单频信号的相位是随机的,它们的幅值相等。最后这些单频信号进行合成。

例 7.1　均匀白噪声的使用实例。

该实例中利用均匀白噪声函数,设置其幅值、采样信息等参数可调。本实例的前面板及程序框图如图 7.5 和图 7.6 所示。

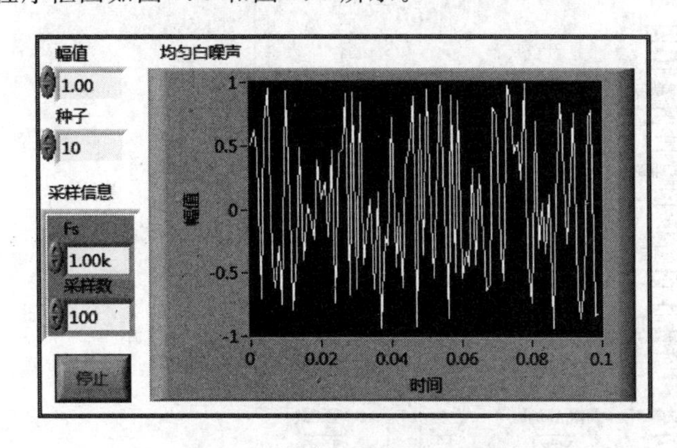

图 7.5　例 7.1 程序的前面板

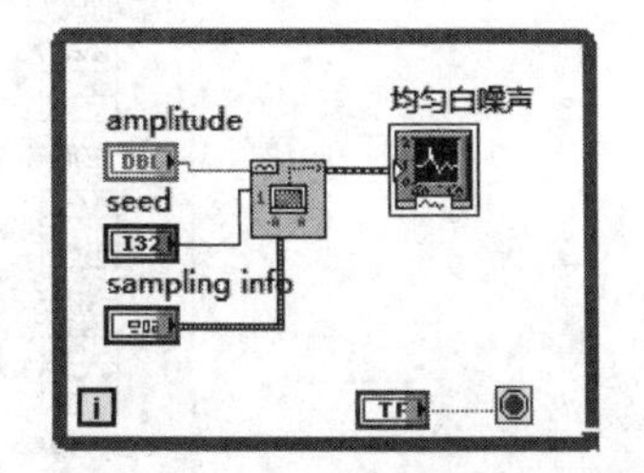

图 7.6　例 7.1 程序框图

例 7.2　基本带幅值混合单频应用实例。

该实例中利用基本带幅值混合单频函数,设置其幅值、采样信息以及起始频率等参数,输出对应的波形图以及峰值因数。本实例的前面板及程序框图如图 7.7 和图 7.8 所示。

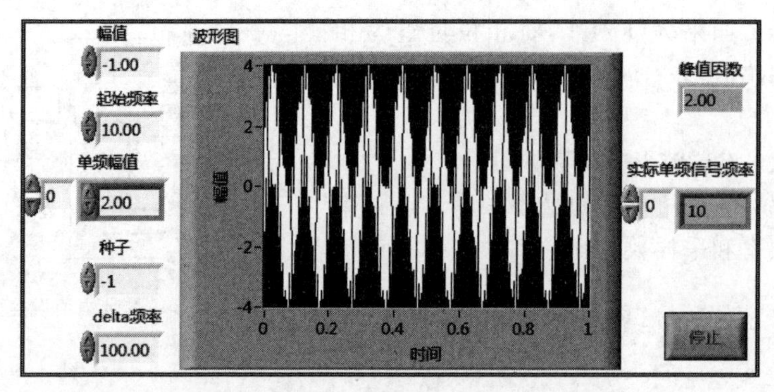

图 7.7　例 7.2 前面板

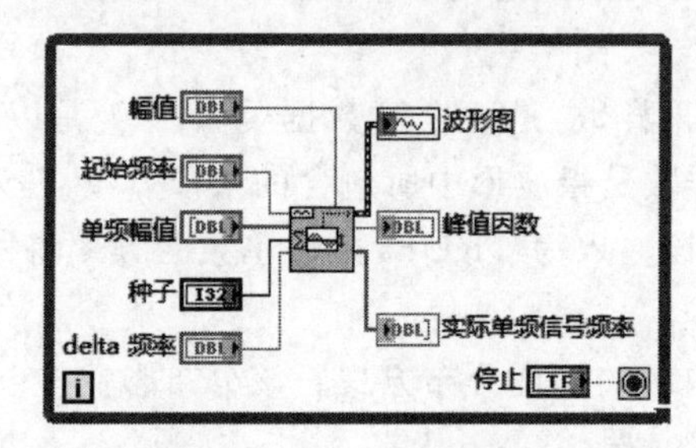

图 7.8　例 7.2 程序框图

7.2　信号生成

信号生成 VI 在“函数”选板→“信号处理”→“信号生成”子选板中，如图 7.9 所示。使用信号生成 VI 可以得到特定波形的一维数组。

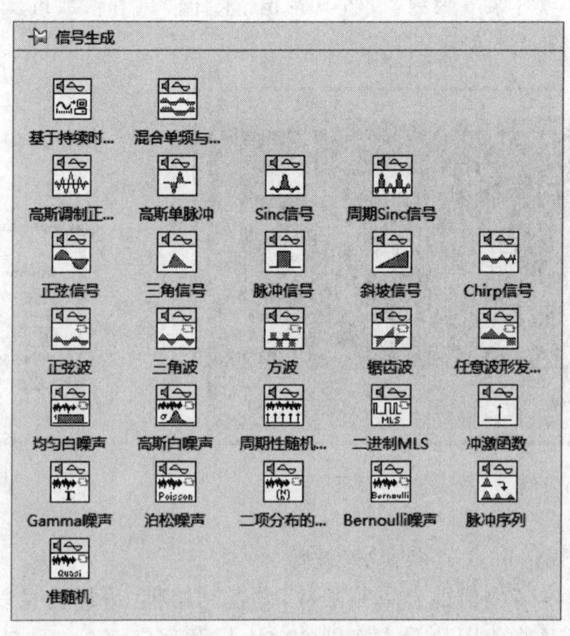

图 7.9　信号生成选板

主要函数介绍如下：

1. 基于持续时间的信号发生器

产生信号类型所决定的信号。基于持续时间的信号发生器 VI 的节点图标和端口定义如图 7.10 所示。信号频率的单位是 Hz(周期每秒)，持续时间单位是秒。

持续时间：以秒为单位的输出信号的持续时间，默认值为 1.0。

信号类型：产生信号的类型。包括 sine(正弦)信号、cosine(余弦)信号、triangle(三角)信号、square(方波)信号、saw tooth(锯齿波)信号、increasing ramp(上升斜坡)信号和 decreasing ramp(下降斜坡)信号。默认信号类型为 sine(正弦)信号。

采样点数：输出信号中采样点的数目。默认为 100。

频率：输出信号的频率，单位为 Hz。默认值为 10。代表了一秒内产生整周期波形的数目。

幅值：输出信号的幅值。默认值为 1.0。

直流偏移量：输出信号的直流偏移量。默认为 0。

相位输入：输出信号的初始相位，以度为单位。默认值为 0。

信号：产生的信号数组。

2. 高斯调制正弦波

高斯调制正弦波节点图标和端口定义如图 7.11 所示。

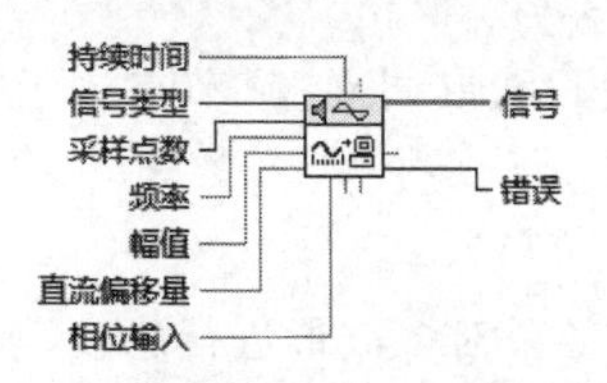

图 7.10 基于持续时间的信号发生器

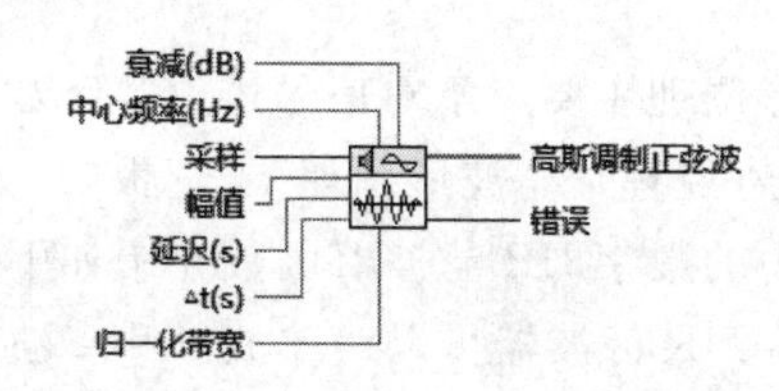

图 7.11 高斯调制正弦波函数

例 7.3 基于持续时间的信号发生器 VI 的使用。

本实例演示了基于持续时间的信号发生器 VI 的基本使用方法。可以对所产生的信号的类型进行选择，对特定波形的参数进行调节。波形数组送入波形图进行显示。该实例的前面板及程序框图如图 7.12 和图 7.13 所示。

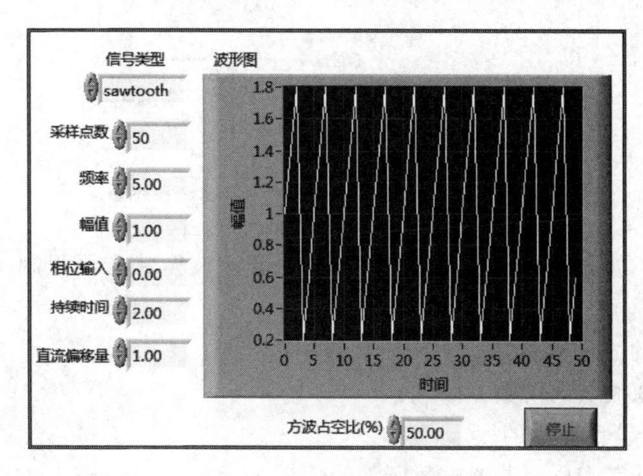

图 7.12 例 7.3 前面板

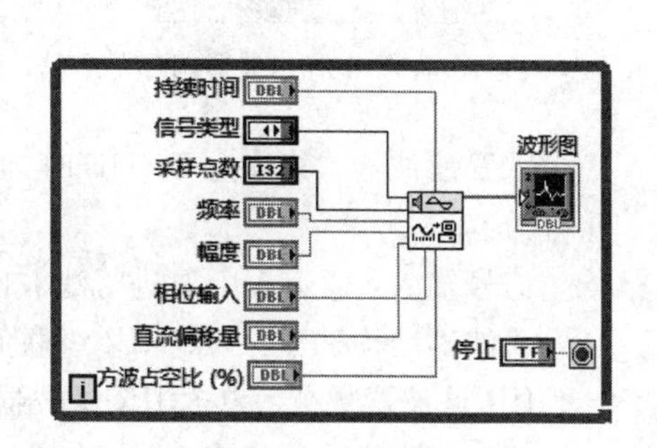

图 7.13 例 7.3 程序框图

例 7.4 高斯调制正弦波函数的使用。

对高频正弦波函数的输入端口，分别创建输入控件，并对这些输入控件进行赋值。该实例的前面板及程序框图如图 7.14 和图 7.15 所示。

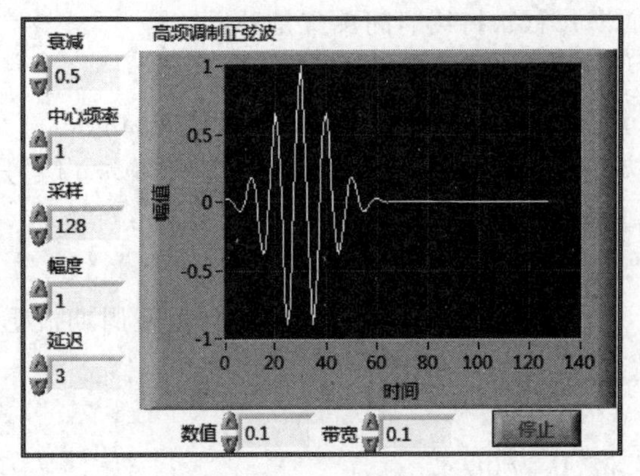

图 7.14 例 7.4 前面板

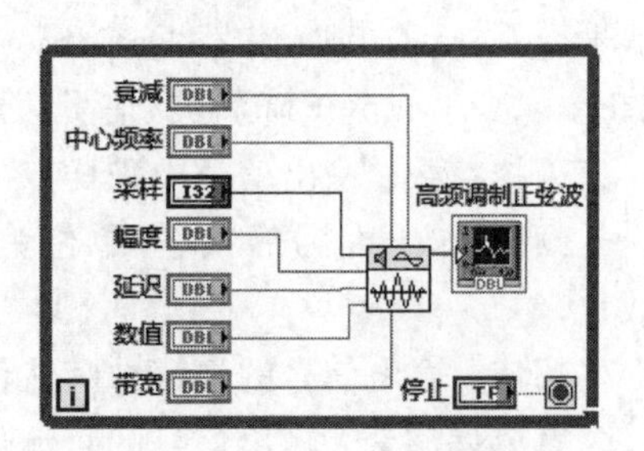

图 7.15 例 7.4 程序框图

7.3 波形调理

波形调理主要用于对信号进行数字滤波和加窗处理。波形调理 VI 节点位于“函数”选板→“信号处理”→“波形调理”子选板中，如图 7.16 所示。

其中的数字 IIR 滤波器函数介绍如下：

数字 IIR 滤波器可以对单波形和多波形进行滤波。如果对多波形进行滤波，则 VI 将对每一个波形进行相同的滤波。信号输入端和 IIR 滤波器规范输入端的数据类型决定了使用哪一个 VI 多态实例。数字 IIR 滤波器 VI 的节点图和端口定义如图 7.17 所示。

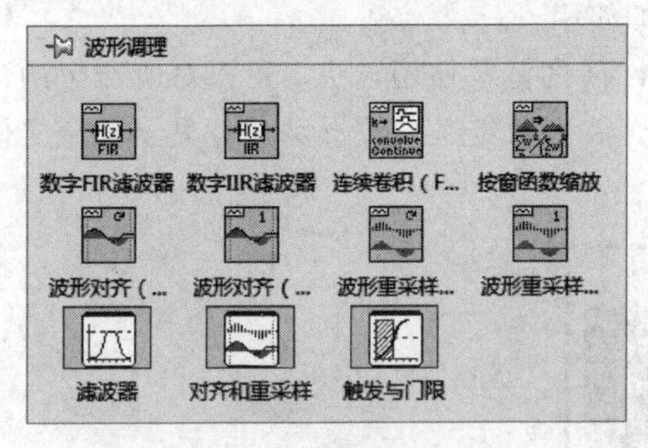

图 7.16 波形调理子选板

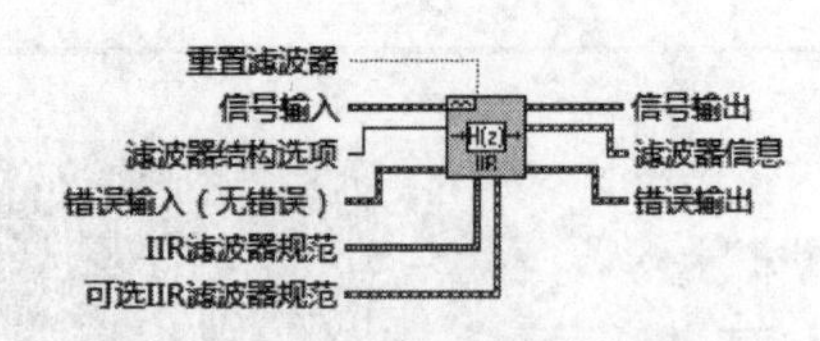

图 7.17 数字 IIR 滤波器函数

重置滤波器：其值为 TRUE 时，滤波器系数可强制重新设定，内部滤波器状态可强制重置为 0。

信号输入：通道 1 中要进行滤波的波形数据。

滤波器结构选项：指定 IIR 级联滤波器的阶数。

IIR 滤波器规范：包含 IIR 滤波器设计参数的簇。

可选 IIR 滤波器规范：该簇包含计算 IIR 滤波器阶数所需的信息。

信号输出：生成的波形。

滤波器信息：该簇包含滤波器的幅度和相位响应，可绘制成图形。

功能：对单个波形或多个波形中的信号进行滤波。如对多个波形进行滤波，VI 可为各个波形保留单独的滤波器状态。连线至信号输入和 IIR 滤波器规范输入端的数据类型可确定要使用的多态实例。

例 7.5　数字 IIR 滤波器的使用。

首先使用任意函数发生器和均匀白噪声，产生带噪声的信号。通过前面板上的输入控件，可以对正弦波形的幅值、频率进行调节，可以对白噪声幅值进行调节。该输出信号通过数字 IIR 滤波器 VI 进行滤波。通过 IIR 滤波器规范和可选 IIR 滤波器规范簇中包含的输入控件可以对滤波器的滤波参数进行调节。波形图中输出的是原信号和滤波后信号的混叠波形。本实例的运行结果及程序框图如图 7.18 和图 7.19 所示。

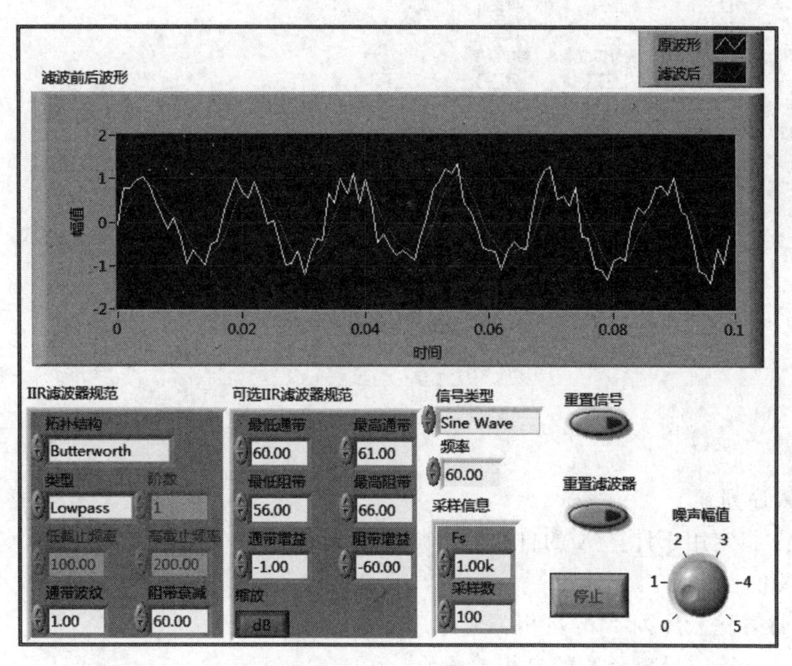

图 7.18　例 7.5 的前面板

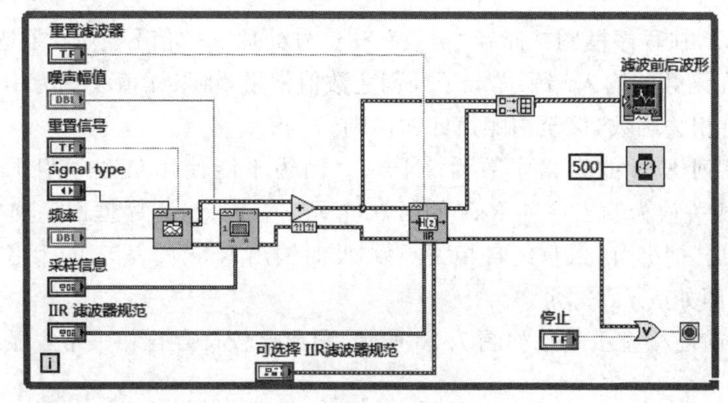

图 7.19　例 7.5 的程序框图

7.4 信号运算

信号运算选板中的模块主要对包括信号卷积、反卷积以及相关运算等函数。信号运算模板在“函数”→“信号处理”→“信号运算”子选板中，如图 7.20 所示。

其中的自相关函数的端口定义和节点如图 7.21 所示。

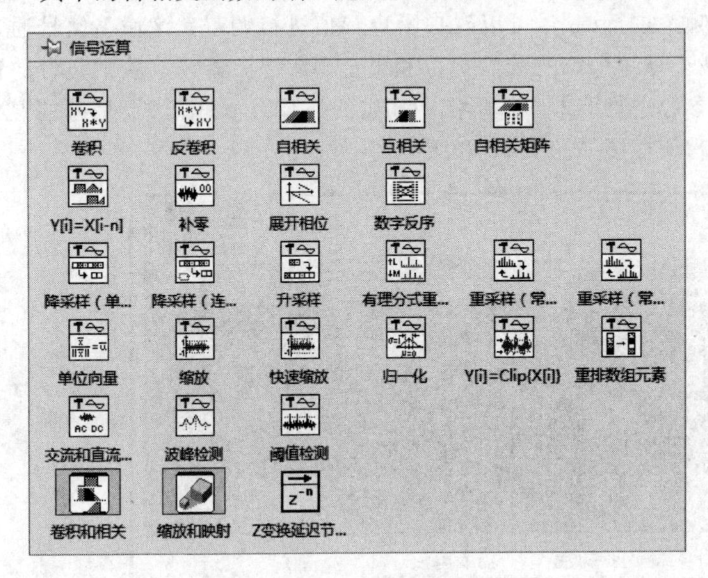

图 7.20 信号运算子选板

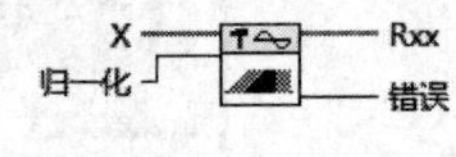

图 7.21 自相关函数

X：输入序列。

归一化：指定用于计算 X 的自相关的归一化方法。

Rxx：X 的自相关。

功能：计算输入序列 X 的自相关。

例 7.6 计算白噪声函数的自相关函数。

设计步骤如下：

(1) 新建 VI，在程序框图按路径“函数”→“信号处理”→“信号生成”子选板，找到“均匀白噪声”函数，在函数的输入端采样端子处创建数值常量，将采样值设置为 100。

(2) 添加自相关函数，接至白噪声的输出端。

(3) 输出序列 Rxx 的元素个数为 2N－1。因为不能使用负数索引 LabVIEW 数组，t=0 处对应的相关值为输出序列 Rxx 的第 N 个元素。因此，程序框图添加“减一”和“取负数”运算符；添加“捆绑”函数重组自相关函数，此时输出 Rxx 代表该 VI 移位 N 次索引后的相关值，程序框图如图 7.22 所示。

运行程序，前面板显示结果如图 7.23 所示，图形比较符合自相关常规显示样式，其最大值在坐标 0 处。

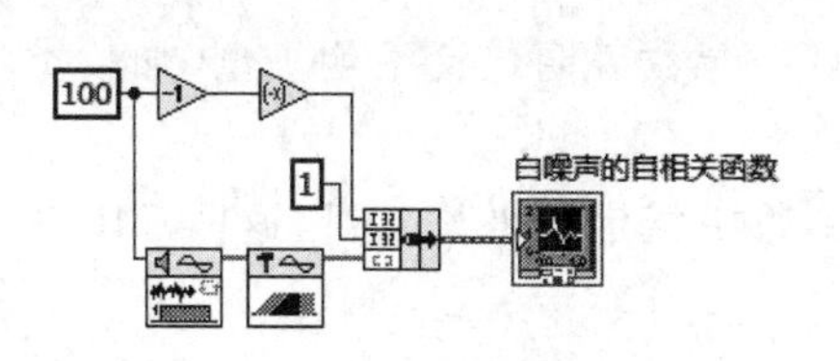

图 7.22　例 7.6 程序框图

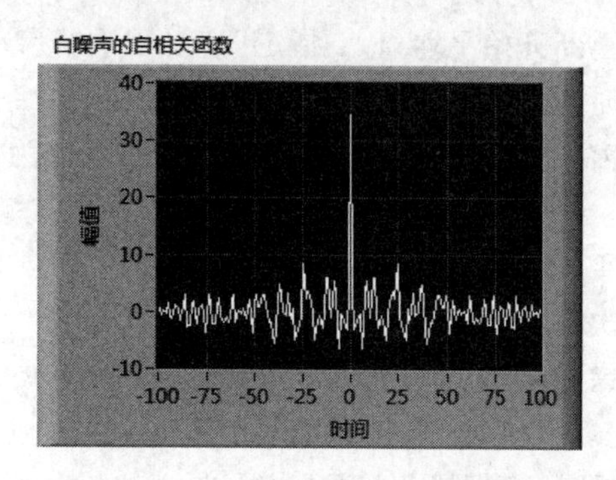

图 7.23　例 7.6 程序的前面板

7.5　波形测量

波形测量选板中的模块主要用来对信号进行脉冲测量、幅值和电平测量以及 FFT 频谱等测量。波形测量模板在“函数”选板→“信号处理”→“波形测量”子选板中，如图 7.24 所示。

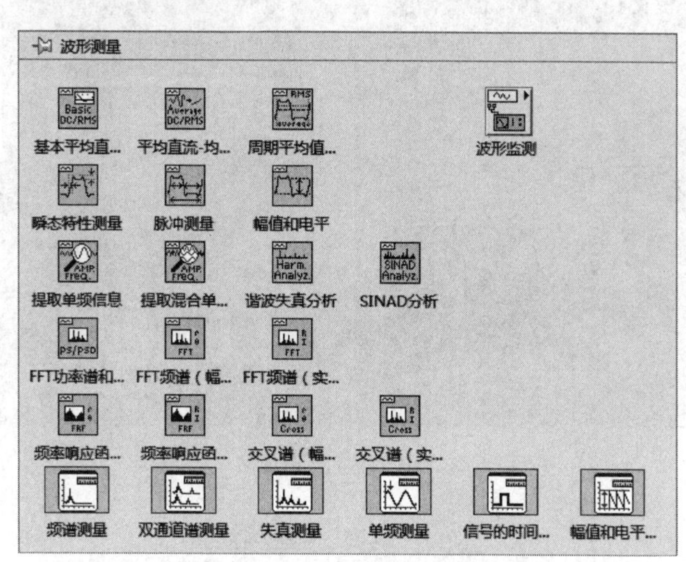

图 7.24　波形测量子选板

其中的 FFT 频谱(幅度-相位)的端口和定义如图 7.25 所示。

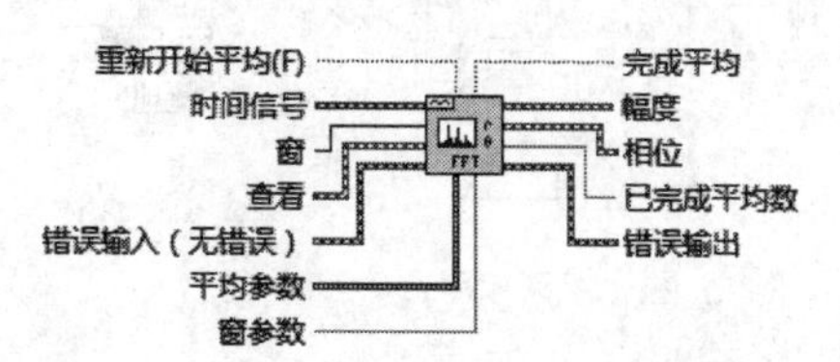

图 7.25　FFT 频谱(幅度-相位)的端口

重新开始平均(F)：指定 VI 是否重新启动所选平均过程。

时间信号：输入的时域波形。

窗：用于时间信号的时域窗。默认值为 Hanning，查看指定用于返回 VI 不同结果的方式。

平均参数：该簇用于定义如何进行平均值计算。参数说明包括平均类型、加权类型和平均次数。

完成平均：如已完成平均数大于或等于平均参数中指定的平均数目，返回 TRUE。否则，完成平均返回 FALSE。

幅度：返回平均 FFT 谱的幅度和频率范围。

相位：返回平均 FFT 谱的相位和频率范围。

已完成平均数：返回该时刻 VI 完成的平均的数目。

功能：计算时间信号的平均 FFT 频谱。该 VI 通过幅度和相位返回 FFT 值。

例 7.7 分别求白噪声信号以及正弦波的自相关函数和幅度谱。

前面板和成程序框图如图 7.26 和图 7.27 所示。

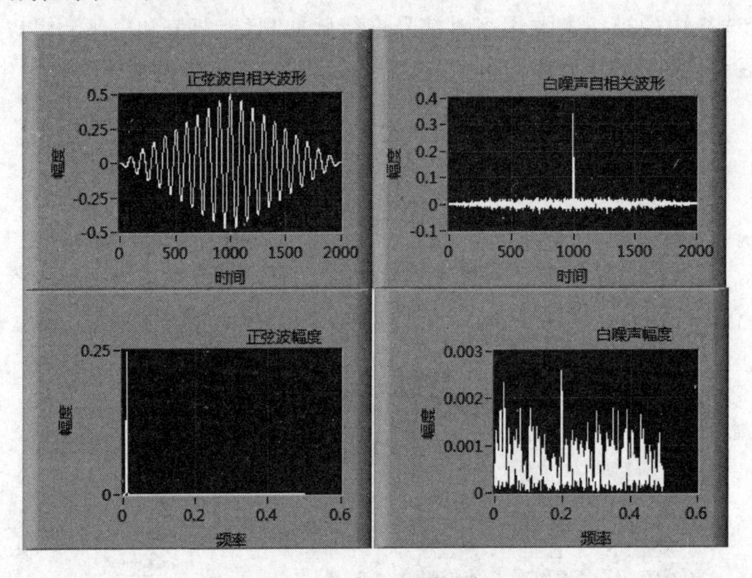

图 7.26 例 7.7 前面板

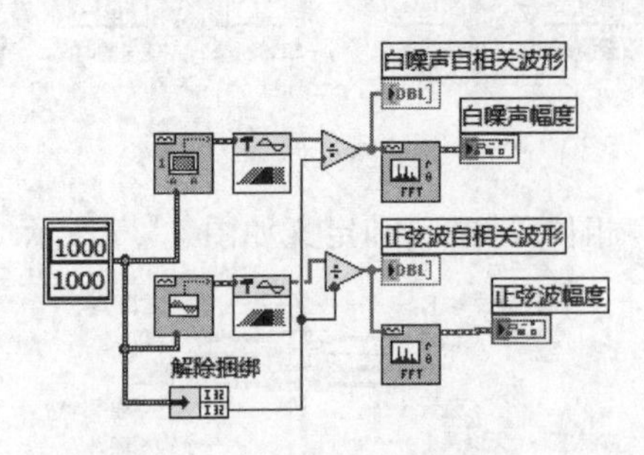

图 7.27 例 7.7 程序框图

信号处理子选板中的其他函数，如“逐点”“谱分析”以及“滤波器”等，不一一介绍，下面一节介绍一种用于信号处理的比较方便的一类函数——Express VI。

7.6　Express VI

Express VI是LabVIEW中一类特殊的函数，它将过去的基本函数面向应用做了进一步打包，为用户提供更加方便、简洁的编程途径。使用Express VI，初学者无须面对复杂的连线，即可快速入门。利用Express VI编写的程序，连线较少，框图简单，能很好地突出主脉络。

在程序框图板上，Express VI子选板如图7.28所示。

7.6.1　输入函数

输入模板如图7.29所示，其内包括“仿真信号”“读取测量文件”等控件，最常用的控件有“仿真信号”。

图7.28　Express VI子选板

图7.29　输入函数子模板

其中的仿真信号函数模块介绍如下：

(1) 把仿真信号放置在空的框图中，“配置仿真信号”的对话框会自动打开，如图7.30所示，该对话框允许用户交互式地配置来修改快速VI的属性，配置结果可以在结果预览中查看。

(2) 配置信号时，可以选择是否添加噪声信号，例如可以添加均匀白噪声、高斯噪声等不同噪声信号，在结果预览中会产生相应的变化。

(3) 按照用户的需求配置完信号后，单击“确定”按钮，该快速VI会把用户刚才选择的设置整合到VI中，在运行时会按照用户的设置进行操作。

(4) 在该VI的框图上，显示了“正弦信号加白噪声”字样，此处外接一个波形图，用于显示该配置信号。

(5) 按下“Ctrl＋H”键可以显示在线帮助窗口，如图7.31所示，给出了该快速VI的当前配置，所列参数包括输入输出参数以及错误簇等。

(6) 用户可以在对话框的配置端口对信号进行配置，直接连接到该快速VI端口的值相对于在配置对话框中选择的值来说具有优先性。例如，如果用户在仿真信号的幅值设置为1，同时框图中将幅值端口连接了一个10，则输出信号实际使用的幅值为10。

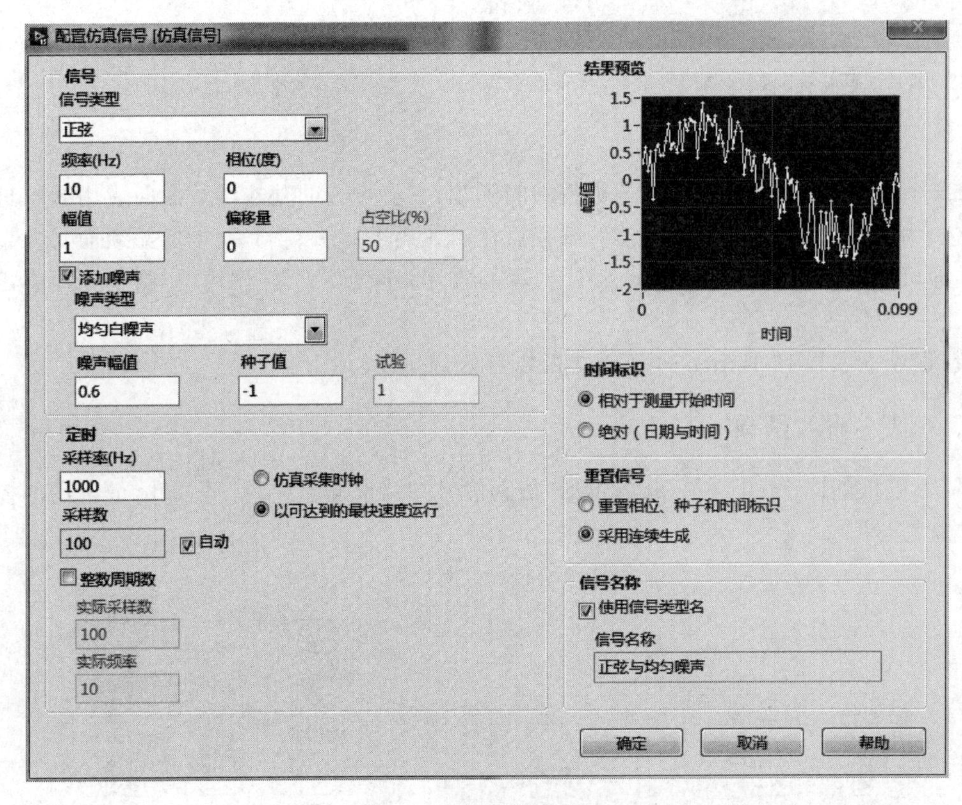

图 7.30　配置仿真信号

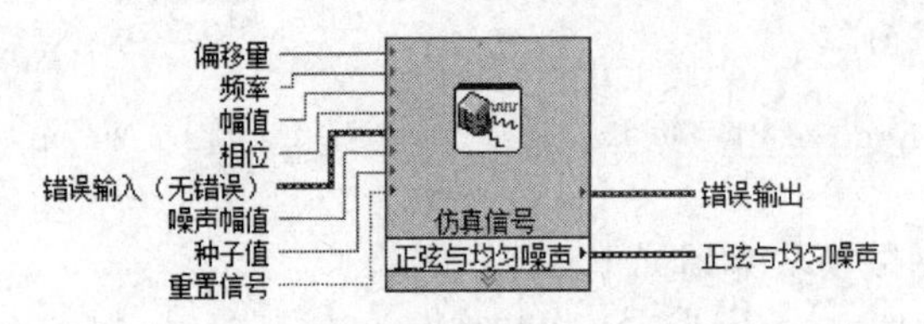

图 7.31　添加噪声信号的仿真波形

注意：通过配置窗口，可以实现不同的仿真信号，包括三角波、方波等，频率及幅值可以任意设置。

例 7.8　分别用仿真信号实现正弦波加均匀白噪声和锯齿波加高斯噪声。

新建 VI，在程序框图分别添加两个“仿真信号”，对它们进行不同的配置显示不同的结果，输出连接到波形图上，程序框图和前面板如图 7.32 和图 7.33 所示。

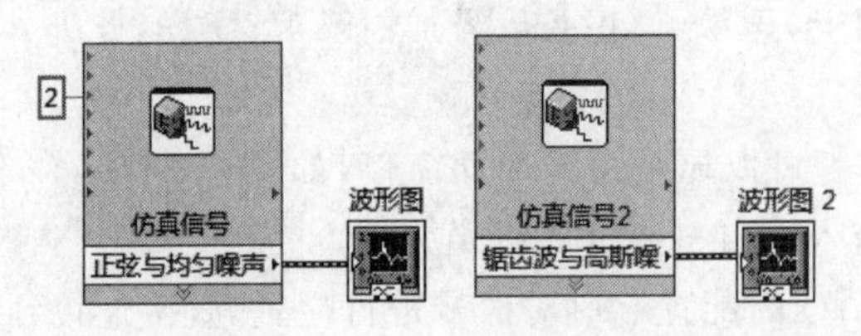

图 7.32　例 7.8 程序框图

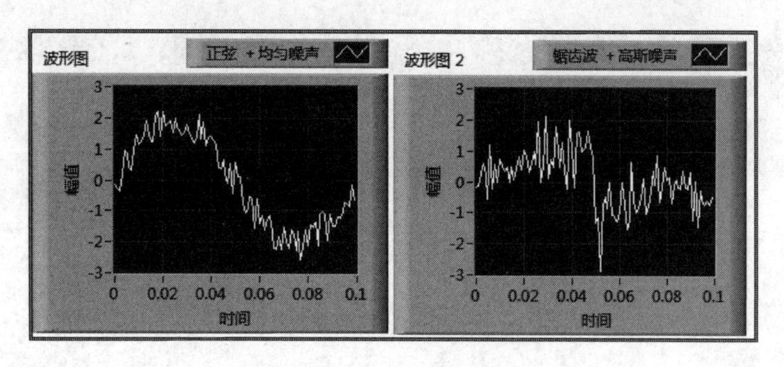

图 7.33　例 7.8 前面板

7.6.2　信号分析

在 Express VI 的信号分析函数中，包含频率测量、矢量测量、曲线拟合等函数，如图 7.34 所示。

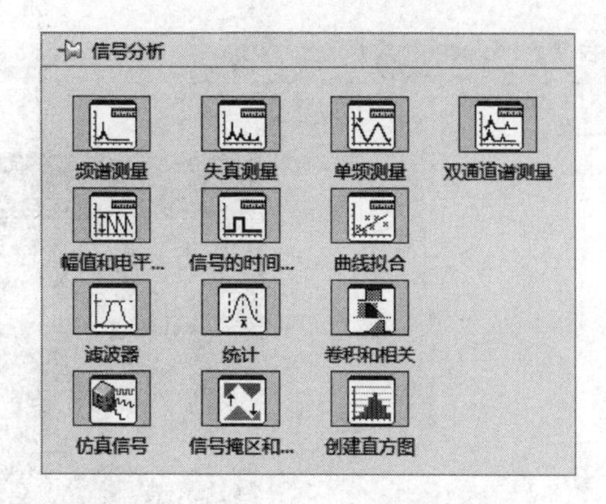

图 7.34　Express VI 的信号分析函数

例 7.9　信号掩区函数的使用。

本例对信号的幅值进行监测，当幅值超过设定的上下限，信号会标红，本例的上、下限分别设置为 1 和－1。

(1) 新建 VI，程序框图添加"仿真信号"，将"信号类型"设置为正弦波，其他配置默认。

(2) 选择"函数"选板中的 Express VI→"信号分析"→"信号掩区和边界测试"，将其放置在程序框图中，同时自动弹出配置对话框，如图 7.35 所示，分别对上限和下限进行配置。

选中"上限"，再选择"定义"，进入下一个配置界面，如图 7.36 所示。

再回到图 7.35 界面，选中"下限"，然后定义，将最大值、最小值设置为－1，配置完成显示如图 7.37 所示。

(3) 在"信号掩区与边界测试"函数的"测试的信号"输出端右击，创建"图形显示控件"；在"通过"输出端右击，创建显示控件。

(4) 选择"函数"选板的"编程"→"定时"函数，将其放置到程序框图中。

将程序框图置于 while 中，运行程序，其前面板和程序框图如图 7.38 所示。

运行程序前面板显示如图 7.39 所示，调整幅度值，信号显示结果会随之变化。

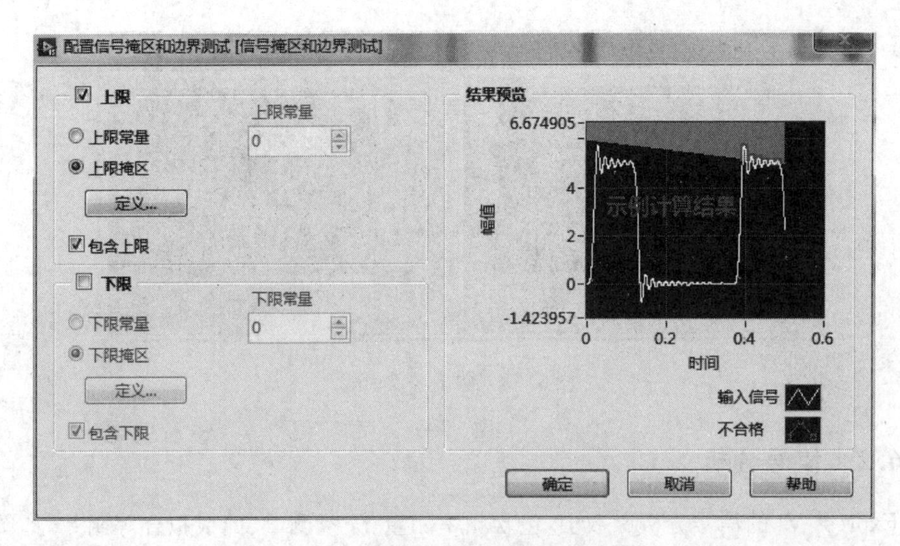

图 7.35　配置信号掩区和边界测试

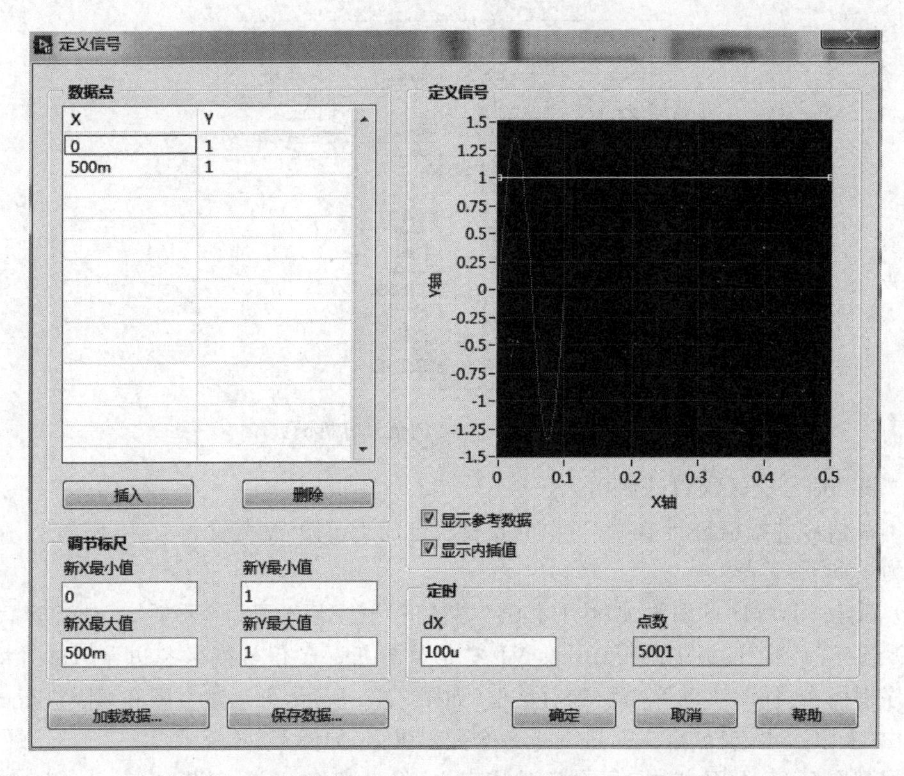

图 7.36　定义信号窗口

例 7.10　滤波器 Express 的使用。

通过仿真信号 VI 产生一个包含白噪声信号的正弦波信号波形，然后通过滤波器 VI 进行滤波。滤波器 VI 配置为带通滤波器，因为将高、低通截止频率分别作为输入函数，因此滤波器规范这里的高低通频率任意设置。本设计当正弦信号的频率在 8～12Hz 时，低通截止频率设置为 8Hz，高截止频率设置为 12Hz，如图 7.40 所示。

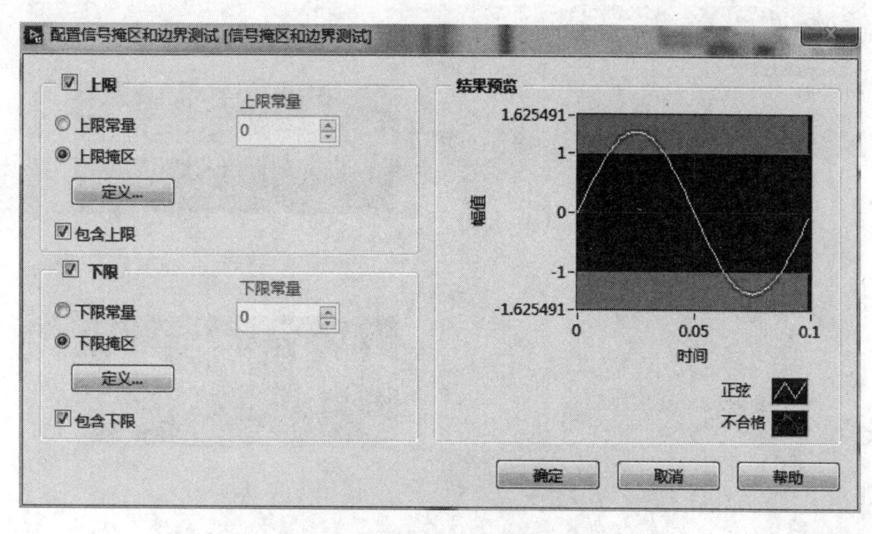

图 7.37　配置信号完成显示界面

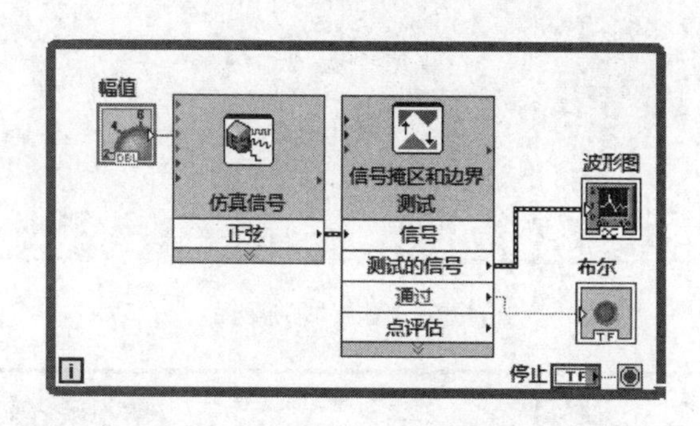

图 7.38　例 7.9 程序框图

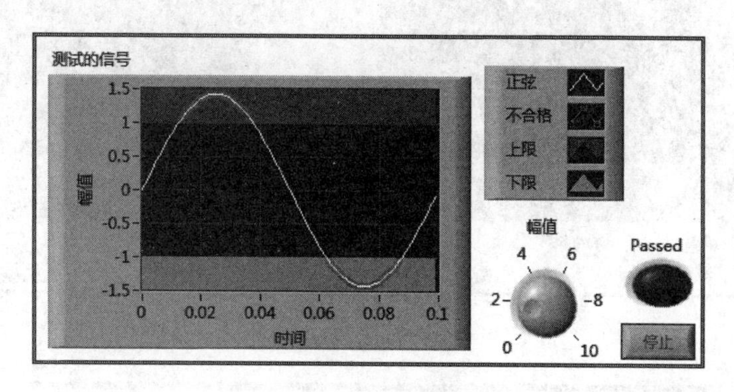

图 7.39　例 7.9 前面板

图 7.41 和图 7.42 所示是本实例的运行效果及程序框图，可以看到，能够达到很好的滤波效果。

7.6.3　信号操作模块

信号操作模块中，可以实现对信号的合并和拆分，以及采样压缩等，如图 7.43 所示。

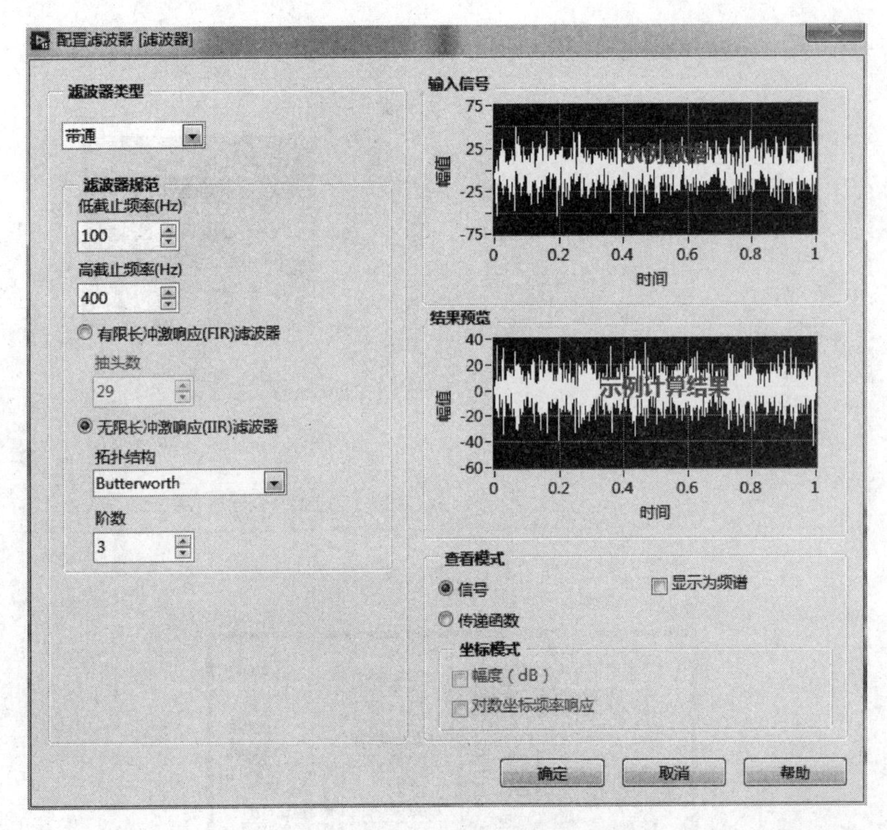

图 7.40　滤波器的配置

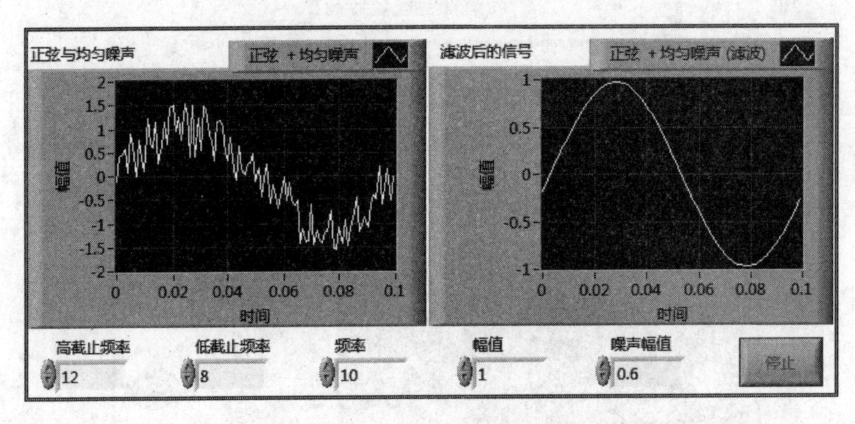

图 7.41　例 7.10 程序前面板

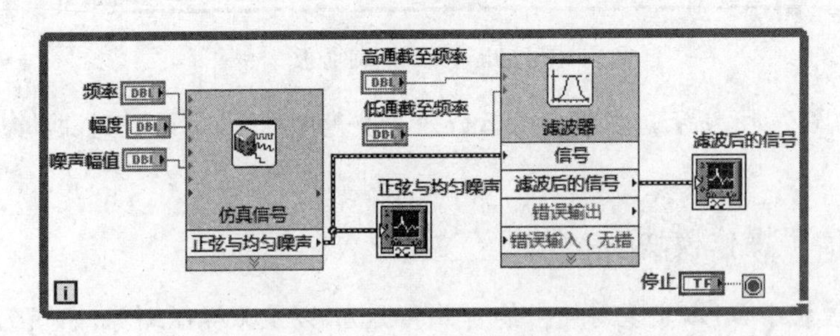

图 7.42　例 7.10 程序框图

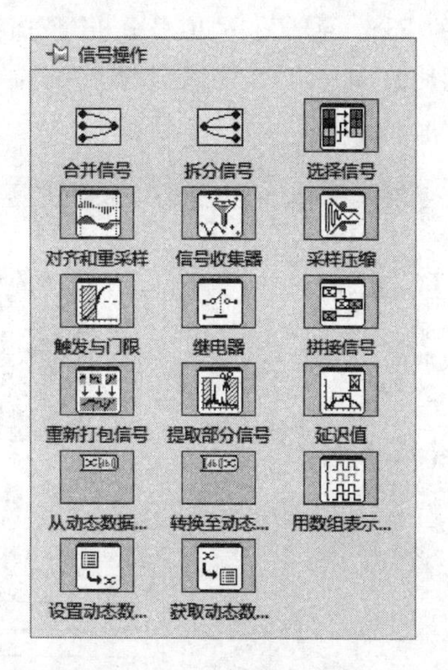

图 7.43 信号操作模块

例 7.11 采样压缩函数的使用。

(1) 新建 VI,添加 while 循环,并在其内添加“仿真信号”,波形选为正弦波,其他项保持默认设置。

(2) 将“采样压缩”放置在程序框图中,LabVIEW 将自动打开“配置采样压缩”对话框,如图 7.44 所示,可以设置压缩因子以及压缩方式,保持默认设置。

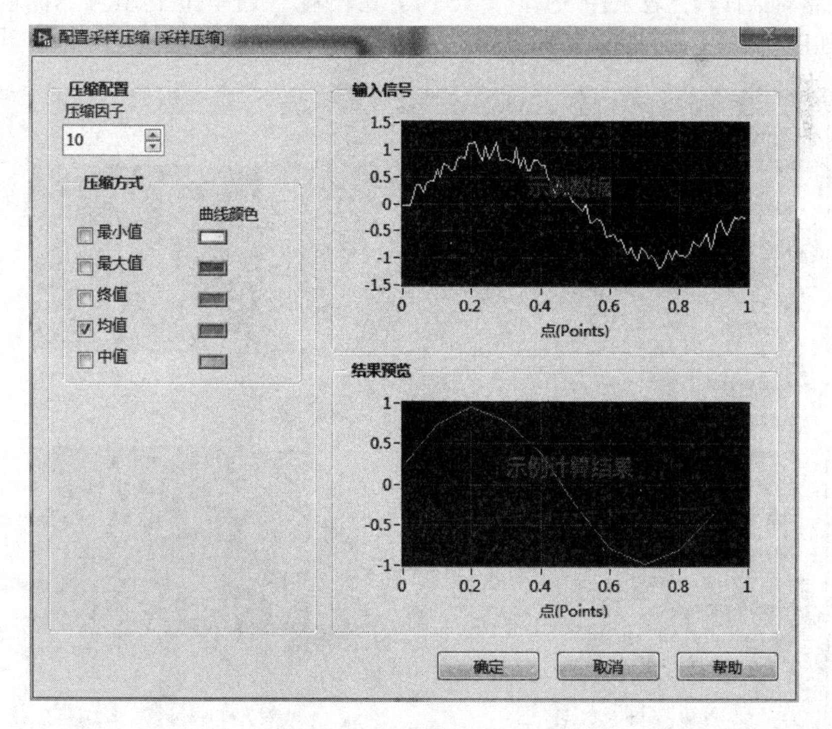

图 7.44 配置采样压缩界面

(3) 选择"函数"选板中的 Express VI →"信号分析"子选板→"统计"函数,在程序框图中放置"统计"Express VI,同时自动弹出"配置统计"对话框,"极值"类型选择"最大值",如图 7.45 所示,保存设置。

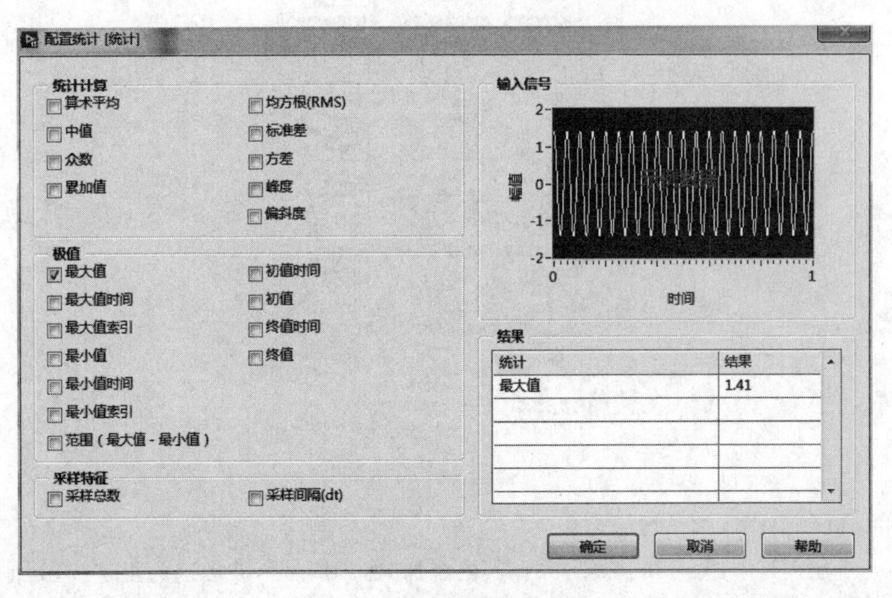

图 7.45 "配置统计"对话框

(4) 在"函数"→"编程"→"比较"子选板中选取"比较",放置在程序框图中,同时自动弹出其配置对话框,"比较条件"选择">大于","比较输入"选择"值",值为 1,其他项保持默认设置,如图 7.46 所示。

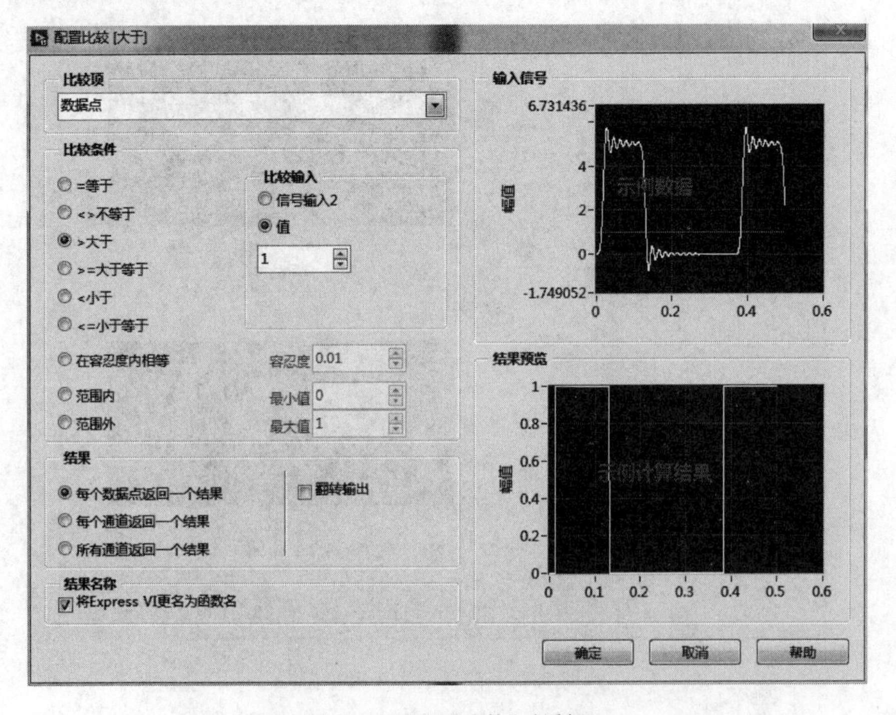

图 7.46 "配置比较"对话框

(5) 按路径从“控件”→“新式”→“列表、表格和树”子选板选择“Express 表格”放置在前面板，同时程序框图自动弹出表格控件，如图 7.47 所示。

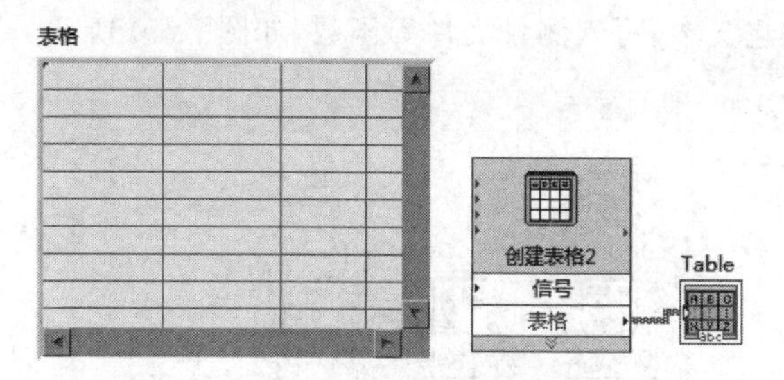

图 7.47 Express 表格的前面板和程序框图

右击表格，设置表格“属性”，在默认情况下勾选“显示列首”和“显示行首”，并编辑行首和列首的标签。

(6) 从“函数”选板→“编程”→“定时”子选板中选取“时间延迟”，在程序框图中放置“时间延迟”，同时自动弹出配置对话框，保存默认设置。

(7) 从“控件”选板的“新式”→“布尔”子选板中选择“垂直摇杆开关”和“圆形指示灯”，将之放置在前面板，程序框图最终连线如图 7.48 所示。

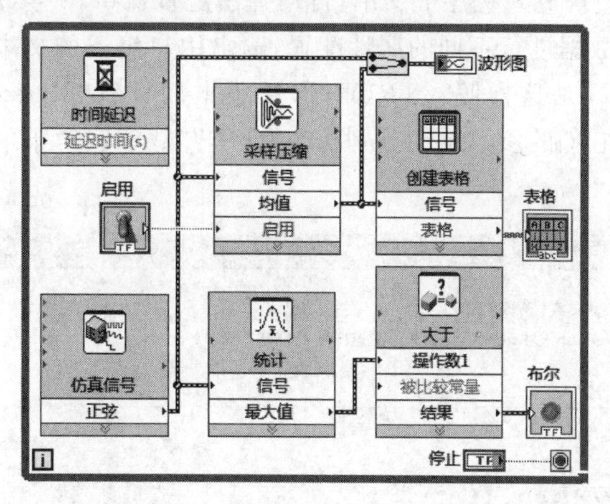

图 7.48 例 7.11 程序的程序框图

运行程序，当“启用”选为 True 时，对输入信号进行采样压缩，程序的前面板显示如图 7.49 所示，均值大于 1 时，布尔灯会点亮；当“启用”选为 False 时，只显示一条输入正弦波。

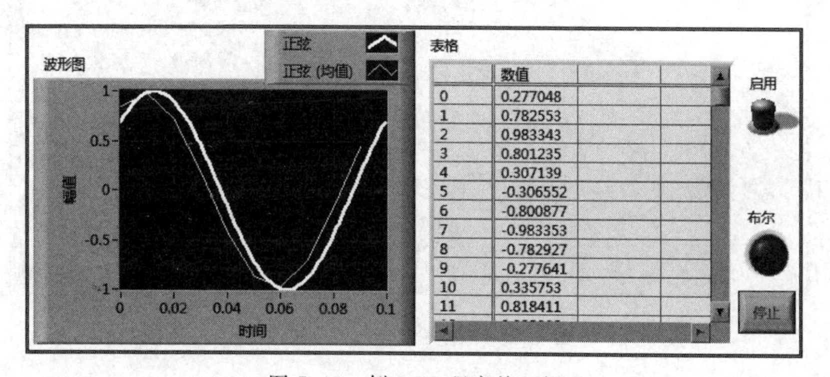

图 7.49 例 7.11 程序前面板

7.6.4 输出函数

输出函数包括创建文本、写入测量文件等函数，如图 7.50 所示。

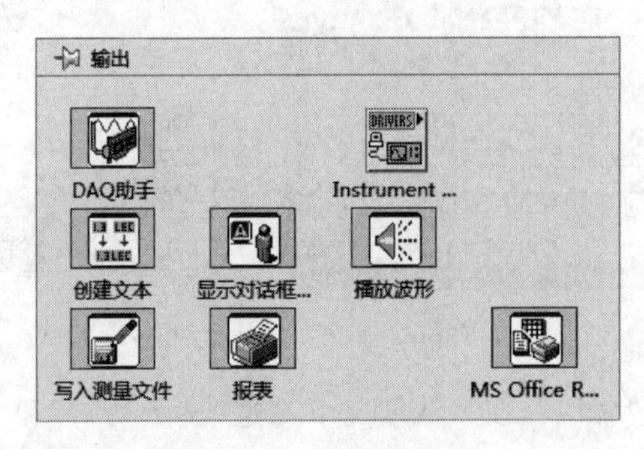

图 7.50 输出函数

例 7.12 创建文本函数。

创建文本的功能是将字符串连接起来。如果输入的不是字符串，则该 Express VI 根据配置把输入转换为字符串格式。具体步骤如下：

(1) 将创建文本模块放入程序框图中，自动弹出配置窗口，一共有三种类型的数据：文本、数字和布尔，每种数据进行不同的属性配置，输出用户想要的文本，如想输出“这本书的版本为 LabVIEW2015，是这样吗？TRUE。”，则版本用标签“Version”、版本型号用字母“N”，以及结果用“T”，它们的参数属性分别选为“文本”“数字”和“布尔”，配置结果如图 7.51 所示。

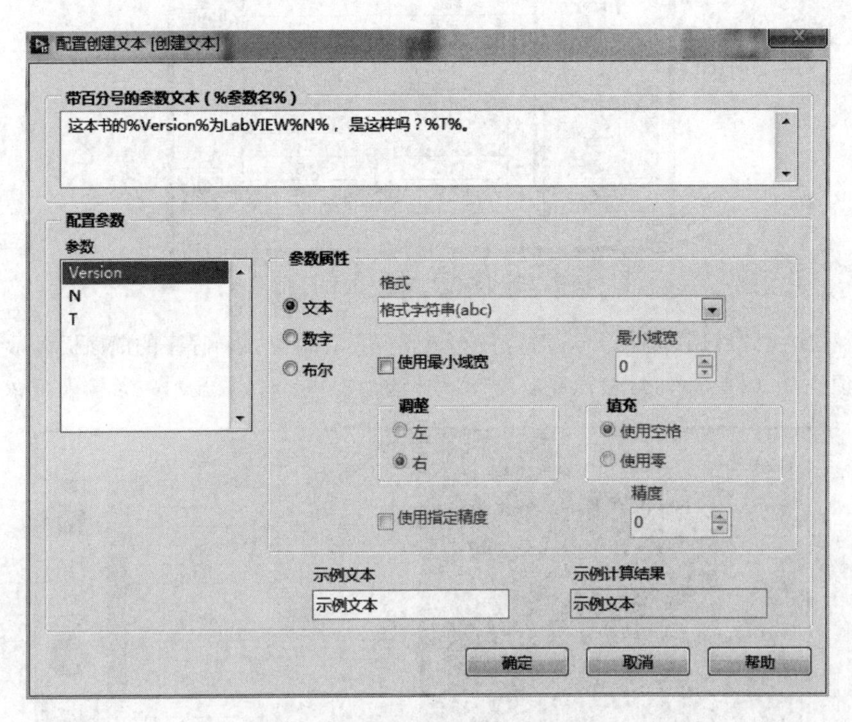

图 7.51 “配置创建文本”对话框

(2) 配置结束后,创建文本函数变为图 7.52 所示,三个输入端和一个输出端,分别在各端子处创建输入控件和输出控件,最终程序框图为图 7.53。

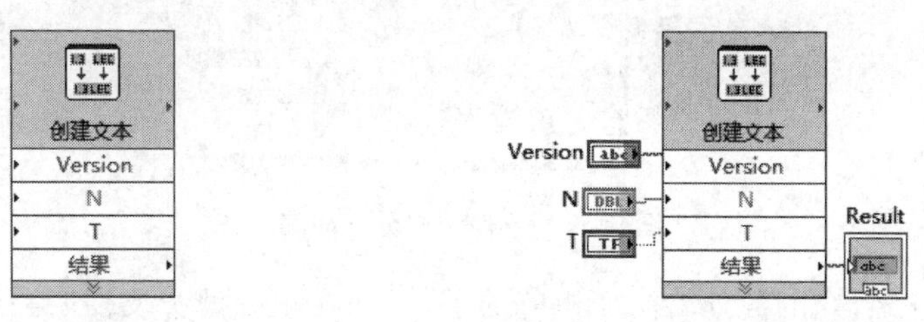

图 7.52 创建文本函数　　图 7.53 例 7.12 程序框图

(3) 前面板在各输入控件输入对应信息,运行程序,显示的结果如图 7.54 所示。

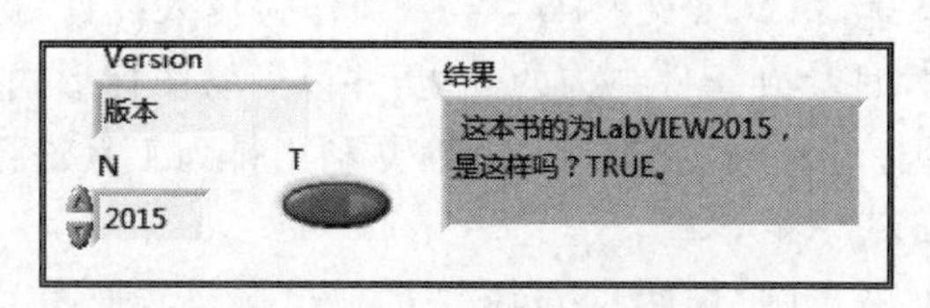

图 7.54 例 7.12 前面板

7.7 综合实例:信号发生器的制作

制作一个信号发生器,该发生器可以产生正弦波、方波、锯齿波、三角波、均匀白噪声以及任意公式波形,并为该信号发生器设置登录密码,最终将登录人的信息传递到信号发生器中。具体步骤如下:

(1) 新建一个 VI,在前面板中选择“控件”→“新式”→“布尔”→“单选按钮”,如图 7.55 所示,此按钮内的选项,每次只能选择其中一个。

(2) 将“布尔”控件下的 OK 按钮添加到“单选按钮”选项组中并修改按钮的标签为“正弦波”,按钮上的字改为“正弦信号”,依次添加至 6 个按钮,如图 7.56 所示,并将原有的单选选项 1 和单选选项 2 删除。

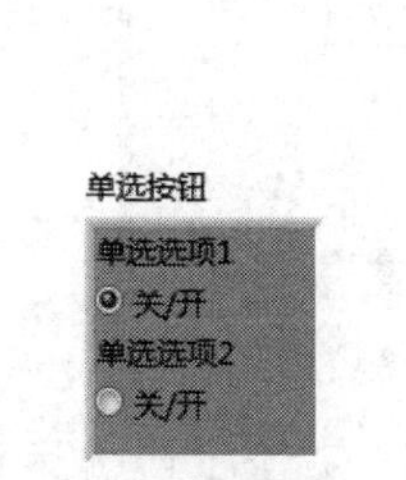

图 7.55 单选按钮控件

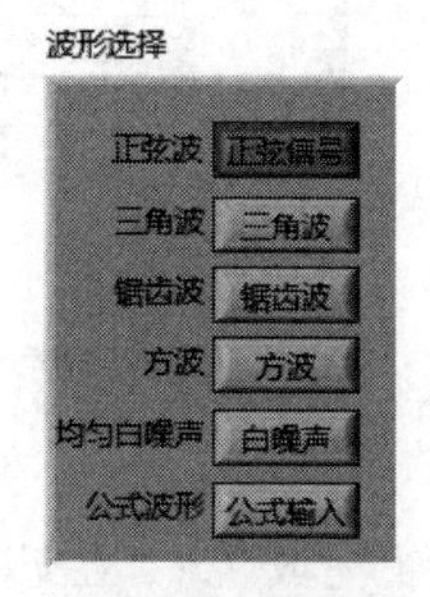

图 7.56 单选按钮编辑

(3) 在程序框图上添加“条件结构”,将波形选择“单选按钮”接到“条件结构”的条件选择端子上,在条件结构的选择器标签上右击,选择“为每个值添加分支”,共添加至 6 个分支,如图 7.57 所示。

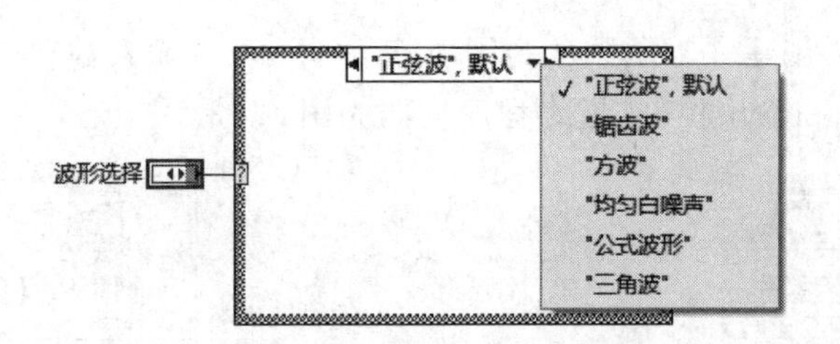

图 7.57　条件结构分支的编辑

(4) 在"条件结构"的各分支添加相应的函数,如在正弦波分支,按路径"函数"→"信号处理"→"波形生成",添加"正弦波形",在"公式波形"分支添加"公式波形"函数等。

(5) 在正弦波分支,在正弦波形函数的输入端子上分别右击,选择"创建"→"输入控件",将幅度、频率、偏移量、相位以及采样信息分别作为输入控件显示在前面板上;添加完各输入控件之后,将各控件拉到条件结构的外边,并以简易图标形式进行显示(右击控件,取消勾选显示图标),将各标签移到各控件的前端,并利用排列工具进行对齐等排列,然后再将各控件连接至"正弦波形"的输入端。

(6) 在前面板添加"波形图"控件,将正弦波的输出接至波形图,如图 7.58 所示。

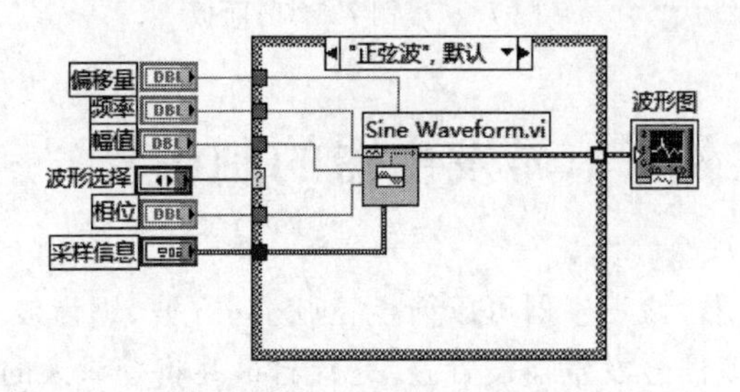

图 7.58　正弦波分支接线

(7) 其他分支内,对应连线即可,有两个分支有特殊情况,比如方波,输入端有"占空比"一项,公式波形有"公式输入"一项,为了区分这两项,在前面板以圆形数值控件进行显示,如图 7.59 所示。

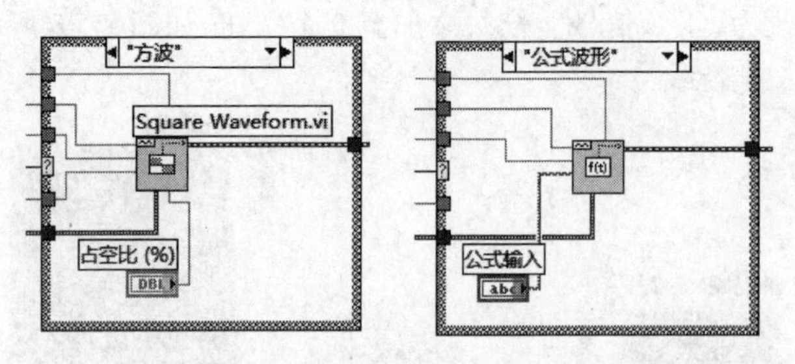

图 7.59　方波和公式波形的特殊接线端

(8) 各分支编辑完成之后,在最外层添加 while 循环,使程序连续运行,直到单击"停止"按钮。

运行信号发生器,单击任意波形,即显示相对应的波形,图 7.60 和图 7.61 分别为显示"公式波形"情况下的前面板和程序框图。

(9) 参照书第 2 章,编辑该信号发生器的图标和接线端,以备后续作为子 VI 进行调用。

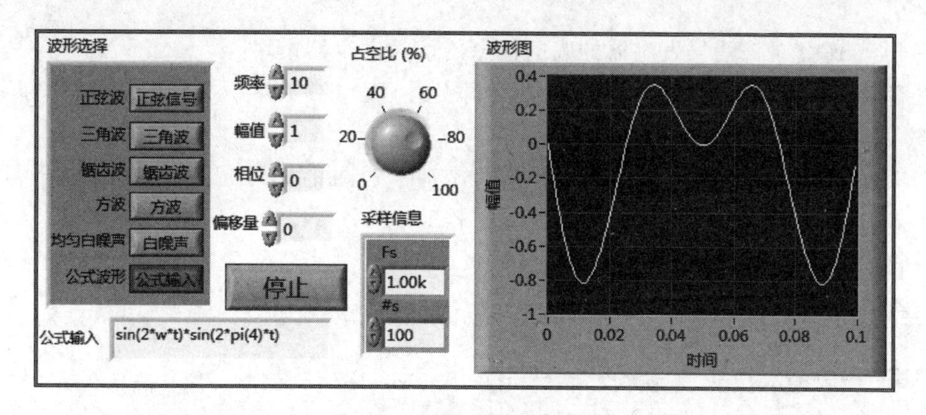

图 7.60　信号发生器前面板

(10) 为了安全起见，为该信号发生器设置登录密码，参照书事件结构部分例题稍加改动，登录信息为含有姓名、学号和密码的簇控件，只有当登录名和密码正确，才能运行该信号发生器，前面板和程序框图如图 7.62 和图 7.63 所示。

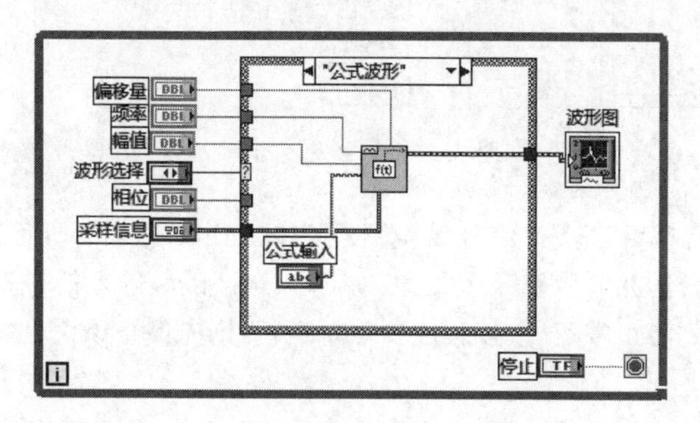

图 7.61　信号发生器程序框图(公式波形分支)

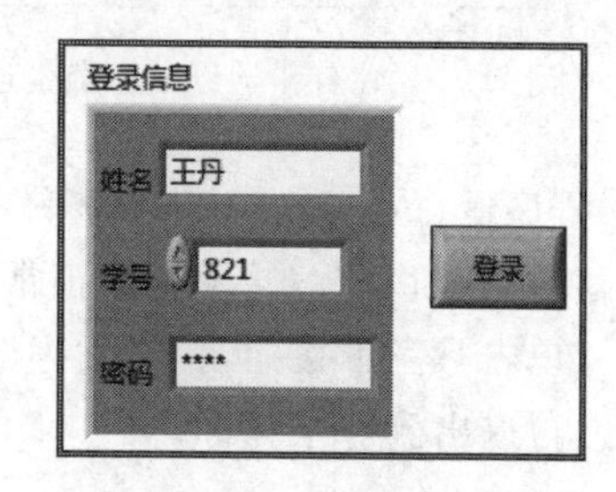

图 7.62　登录界面前面板

密码和姓名正确，则进入“信号发生器.vi”内。注意：在信号发生器的主菜单上，选择“操作”→“调用时挂起”，信号发生器才会弹出界面；如图 7.64 所示，如果错误则弹出对话框，单击请重新登录，再继续输入。

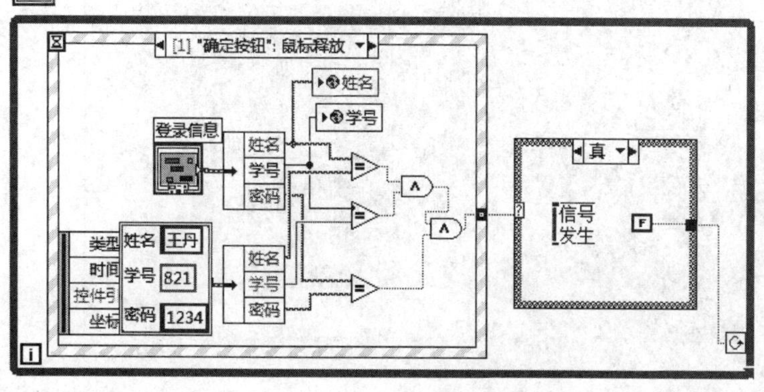

图 7.63　登录界面程序框图

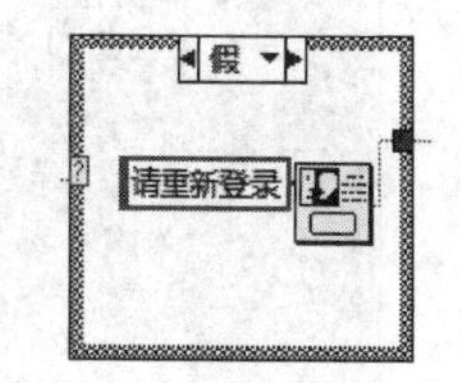

图 7.64　“密码和姓名”错误时出现的对话框

（11）传递登录该信号发生器的人的信息给信号发生器模块。

此部分具体步骤，参照第4章全局变量部分。建立的“姓名.vi”和“学号.vi”分别连在图7.65所示位置。

（12）在“信号发生器.vi”中，在程序框图添加上述两个全局变量，按照添加子VI的方法添加，右击两个全局变量，选择“转为读取”模式，在字符串函数中选择“格式化写入字符串”，按图7.66连线，前面板显示登录信息。

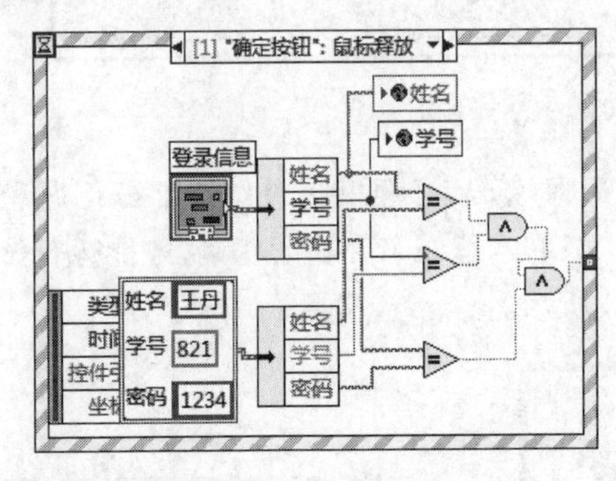

图7.65　姓名和学号全局变量连线位置

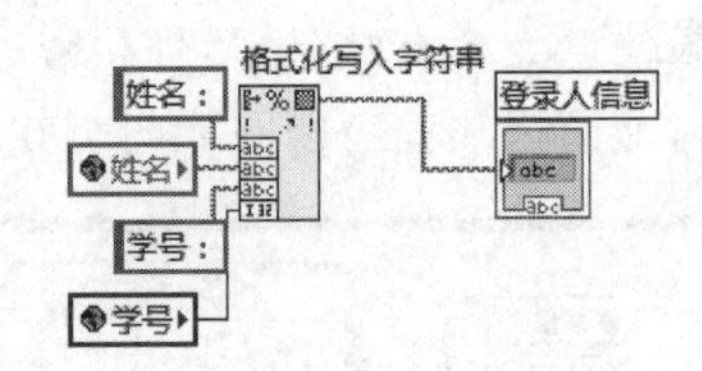

图7.66　信号发生器中“姓名”及“学号”编程

程序运行：当输入正确的登录信息后，进入“信号发生器.vi”子VI中，进入后界面，单击“运行”按钮，该信号发生器正常运行，并显示登录人信息，如图7.67所示，进入信号发生器后，单击“运行”按钮，信号发生器才能正常运行，该程序要停止运行，则先停止该信号发生器后，再退出到登录界面。

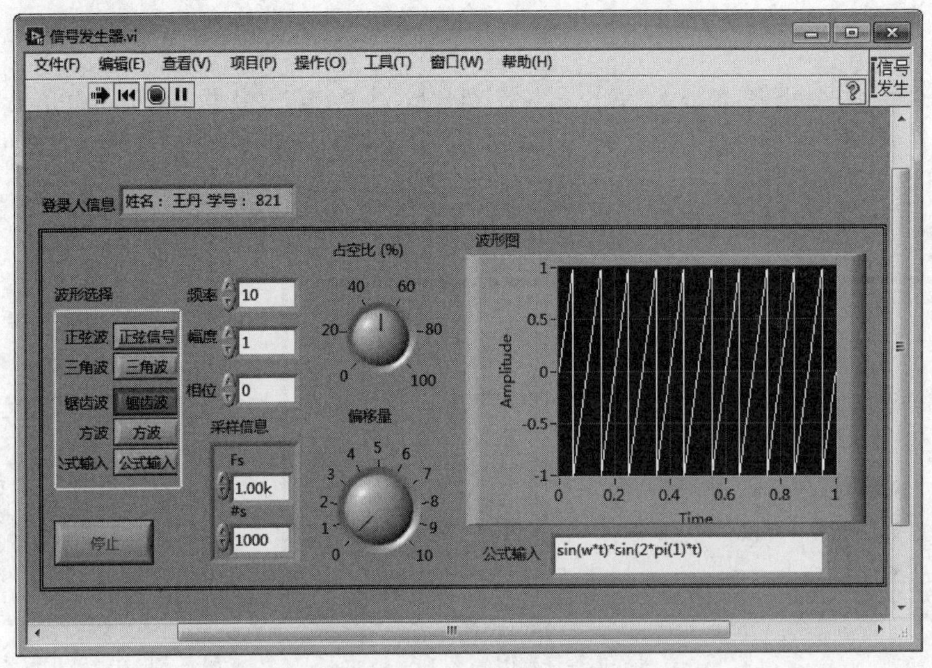

图7.67　密码正确后进入的信号发生器子VI界面

第8章

LabVIEW在通信系统中的应用

本章学习目标

- 了解通信原理的基础知识
- 熟练掌握运用 LabVIEW 设计典型通信系统的方法

本章首先介绍通信原理中模拟调制的原理和利用 LabVIEW 设计 AM 和 FM 系统的方法,再介绍数字调制的基本原理和利用 LabVIEW 设计 ASK、FSK 和 PSK 系统的方法。

8.1 模拟调制

常用的模拟调制方式包括幅度调制(AM)和频率调制(FM)。下面分别介绍 AM 和 FM 调制方式的调制和解调的 LabVIEW 实现过程。

8.1.1 AM 调制

幅度调制就是由调制信号去控制高频载波的幅度,使之随调制信号做线性变化。以标准的常规双边带调幅(AM)为例介绍 LabVIEW 实现调幅的过程。

例 8.1 基于 LabVIEW 的 AM 调制实现。

具体的实现步骤如下:

(1) 新建 VI,在前面板放置三个波形图,分别编辑标签为"直流和调制信号混合""载波信号"和"已调信号"。

(2) 从前面板"控件"→"新式"→"数值"子选板中分别四次选取"旋钮",分别修改标签为"信号幅度""直流分量""载波频率"和"信号频率";再从"布尔"子选板中选取"圆形指示灯",修改标签为"过调"。

(3) 在程序框图"函数信号处理"→"波形生成"子选板选择两次"正弦波"函数,在其"采样信息"节点创建一个常量;添加 while 循环,程序框图整体连线如图 8.1 所示。

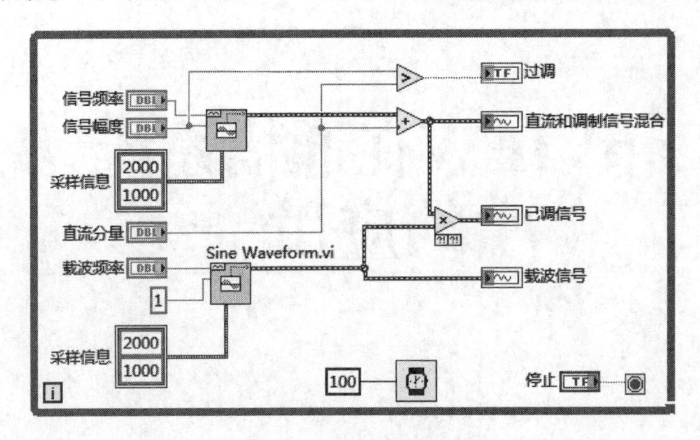

图 8.1　例 8.1 程序框图

(4) 为了优化程序的运行效率,添加"等待"函数,它位于"函数"→"编程"→"定时"子选板中,在其接线端口创建常量,设置等待时间为 100ms。

程序运行:当信号幅度输入为 10,直流分量输入为 6,信号频率输入为 20Hz,载波为 200Hz 时,运行程序,前面板显示结果波形如图 8.2 所示。因为有 while 循环,不单击前面板的"停止"按钮,程序运行过程可以随时修改各输入控件的值,实时看到调制信号的波形。

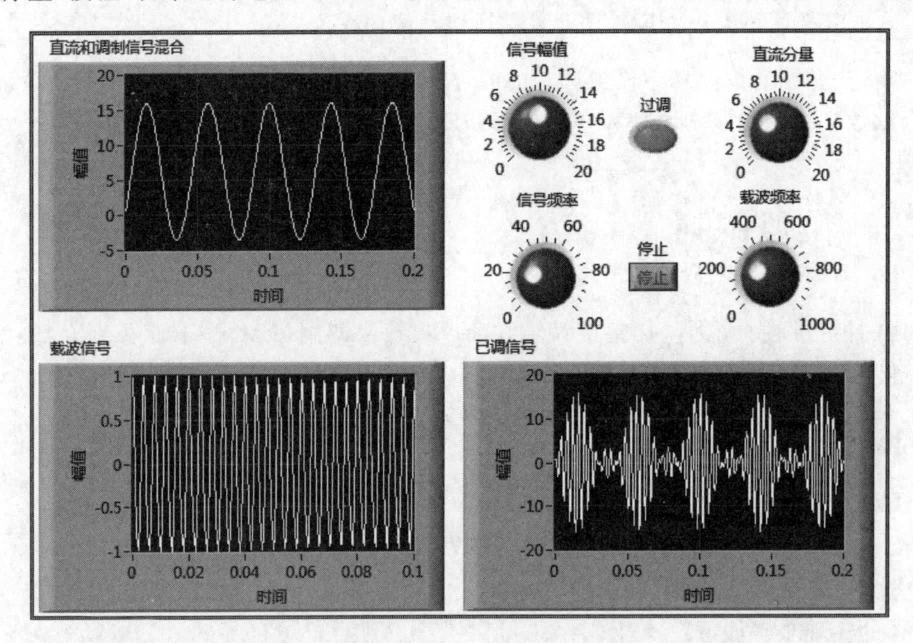

图 8.2　例 8.1 前面板

例 8.2　基于 LabVIEW 的 AM 解调实现。

具体的实现步骤如下:

(1) 新建 VI,前面板放置四个"波形图"分别作为"调制信号""已调信号""半波整流信号"和"解调后"。

(2) 从“数值”子选板中分别二次选取“水平指针滑动杆”,修改其标签为“载波频率”和“调制频率”,拖曳至合适大小。

(3) 程序框图前端先按照AM调制过程(图8.2)进行编程,然后选择“函数”→“编程”→“波形”子选板,添加“获取波形成分”函数,接至AM信号的输出端。

(4) 添加for循环和条件结构,用于半波整流,将上一步获得的波形成分小于零的都直接赋“0”;大于或等于零时,正常通过,进入下一步。

(5) 选择“函数”→“编程”→“波形”子选板,添加“创建波形”函数,将上一步的结果和原AM调制信号连接至“创建波形”接线端,输出连接至“半波整流信号”波形图。

(6) 程序框图中,在“函数”→“信号处理”→“滤波”子选板中选取“Butterworth滤波器”,其端口定义如图8.3所示。

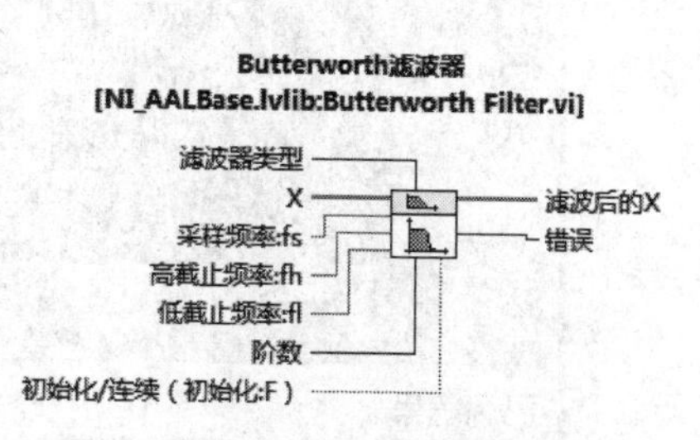

图8.3 Butterworth滤波器端口定义

根据该滤波器的端口,在滤波器类型端口右击创建常量,滤波器类型选为“低通滤波器”,在“采样频率”“低通频率”以及“阶数”端口分别创建常量。

(7) 最后根据调制信号的频率设置“采样频率”“低通频率”和“阶数”的值,具体AM解调程序框图如图8.4所示。

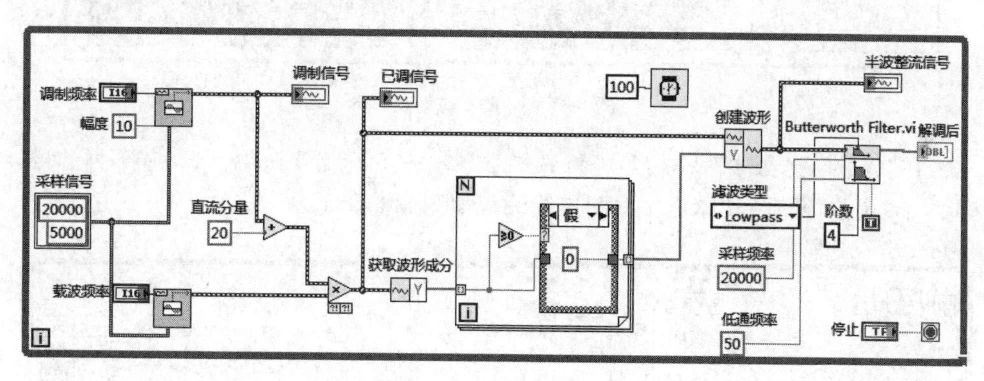

图8.4 例8.2程序框图

(8) 当载波频率输入为250Hz,调制频率输入为20Hz,运行程序,AM解调后的波形如图8.5所示。

8.1.2 FM调制

调制信号时,若载波的频率随调制信号变化,称为频率调制(FM)。本节介绍FM调制的LabVIEW实现。

例8.3 基于LabVIEW的FM调制实现。

具体的实现步骤如下:

(1) 新建VI,前面板放置三个“波形图”分别作为“基带信号”“载波信号”“FM调制波形”。

(2) 程序框图参照图8.2 AM调制波形的程序,又根据路径“函数”→“编程”→“数值”,添加“商与余数”函数。

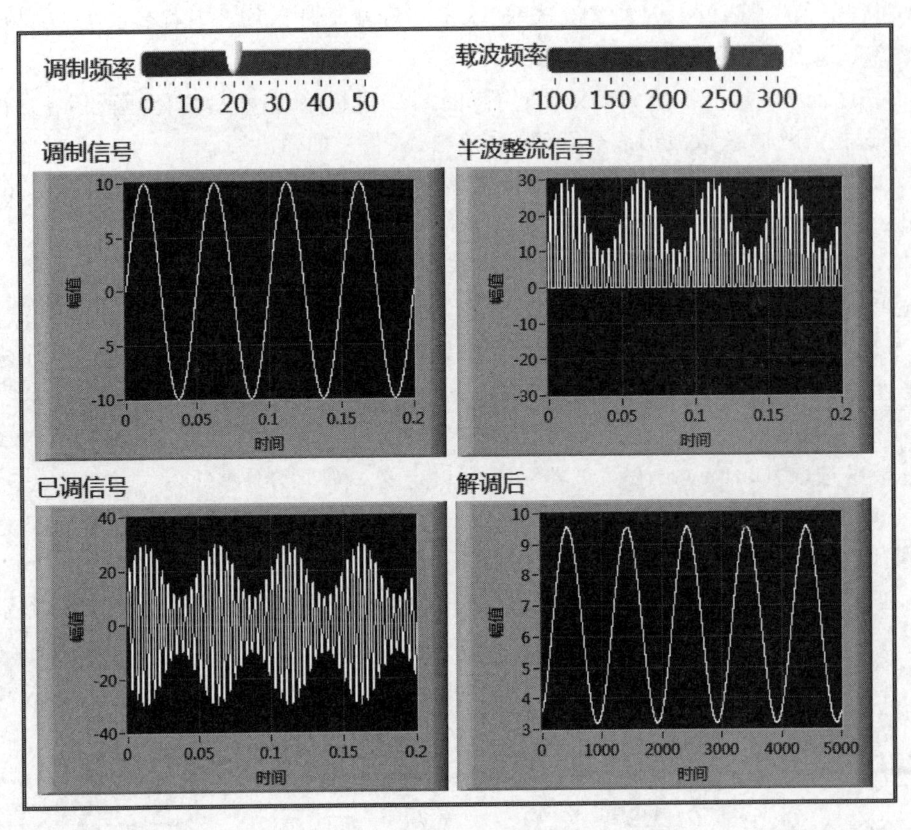

图 8.5　例 8.2 前面板

(3) 在“函数”→“数学”→“初等与特殊函数”→“三角函数”子目录下，选择两个“正弦”函数和两个“余弦”函数，具体程序框图连线编程如图 8.6 所示。

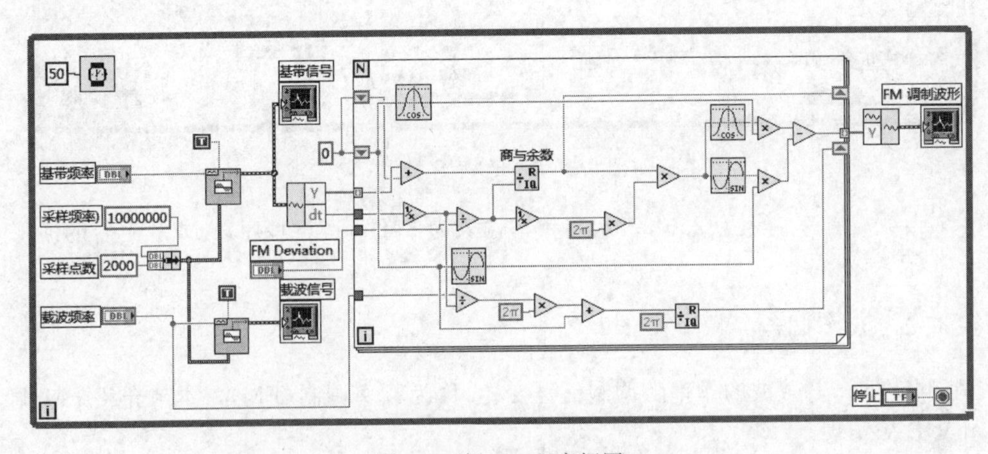

图 8.6　例 8.3 程序框图

前面板给出基带信号频率为 20kHz，载波频率为 200kHz，FM 偏差为 160kHz，运行程序，显示结果如图 8.7 所示。

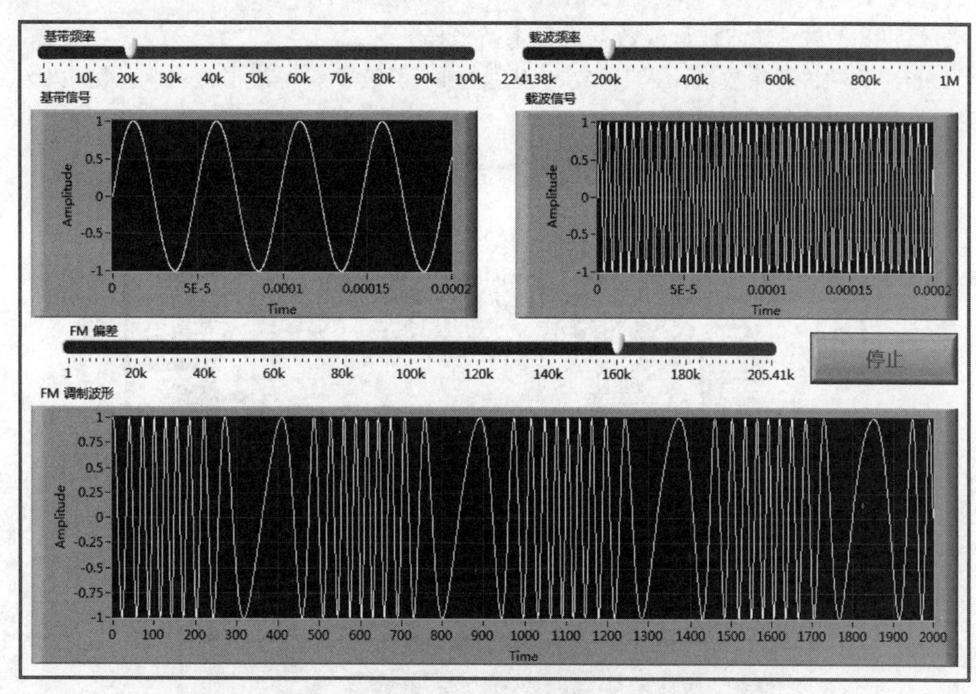

图 8.7 例 8.3 前面板

8.2 数字调制

常用的数字调制方式包括幅移键控、频移键控和相移键控。本节主要介绍 3 种键控调制方式的 LabVIEW 实现过程。

8.2.1 二进制幅移键控

幅移键控(ASK)是正弦载波的振幅随着数字基带信号而变化的数字调制。当数字基带信号为二进制时叫二进制幅移键控(2ASK)。2ASK 仿真过程就是将载波在二进制基带信号“1”或“0”的控制下通或断,控制一个连续载波幅度的有无。

例 8.4 基于 LabVIEW 的 2ASK 的仿真实现。

具体的实现步骤如下:

(1) 新建 VI,在前面板创建布尔类型数组输入控件,作为 2ASK 调制信号的输入数字序列。

(2) 添加 for 循环,在其内部选择“函数”→“编程”→“比较”子选板,选择“比较”函数,并在其输入端分别接数值常量 1 和 0,即输入为正数时,则输出数值 1,否则为 0。

(3) 按路径“函数”→“信号处理”→“波形产生”→“波调理”子选板选择“波形采样(单次)”函数,其端口定义如图 8.8 所示;其功能是根据用户

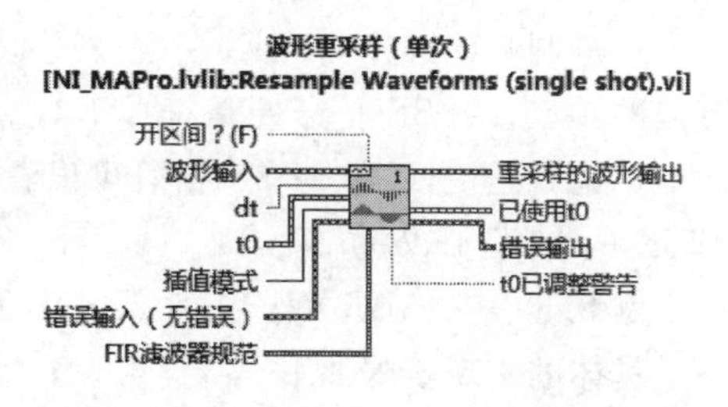

图 8.8 波形重采样(单次)端口定义和接口

自定义 t0 和 dt 值,对输入波形或数据进行重新采样。

(4) 依次添加“删除数组元素”函数、“创建波形”函数、“获得波形成分”函数,以及一些运算符号,程序框图按图 8.9 进行连线编程。

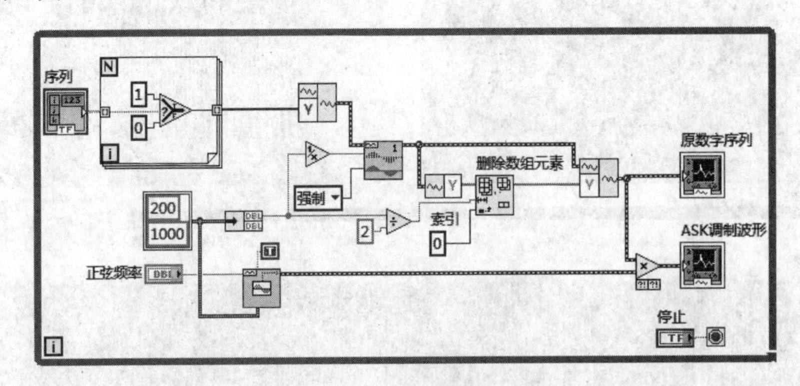

图 8.9 例 8.4 程序框图

前面板对数字序列任意赋值,运行程序,其结果如图 8.10 所示。

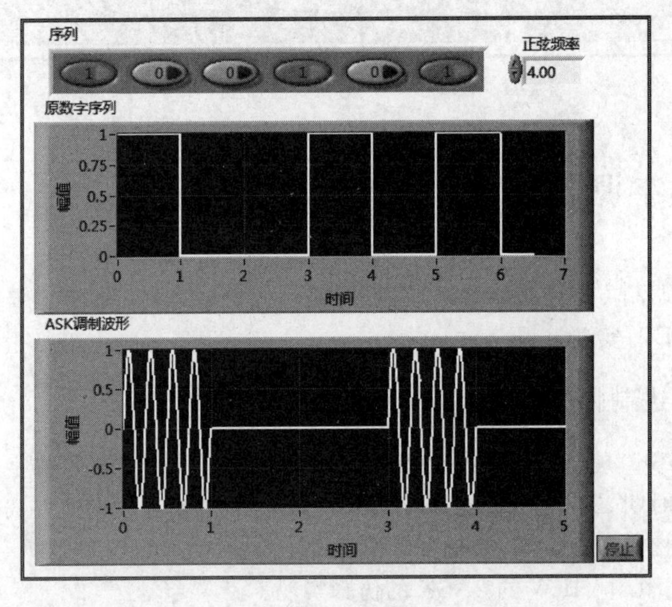

图 8.10 例 8.4 前面板

8.2.2 二进制频移键控

二进制频移键控(2FSK)是用载波的频率来传送数字消息,即用所传送的数字消息控制载波的频率。2FSK 信号便是符号 1 对应于一个载频,而符号 0 对应于另一个载频的已调波形。也就是说,一个 2FSK 信号可以看成两个不同载频的 2ASK 信号的叠加。下面介绍 2FSK 的 LabVIEW 仿真实现。

例 8.5 基于 LabVIEW 的 2FSK 的仿真实现。

具体的实现步骤如下:

(1) FSK 调制的编程过程参照 ASK,因为输入数值 0 和 1 要用不同的频率表示,因此比

ASK 多了一路信号；两路信号采用频率偏差的方式，即一路信号频率设置一定的值，另一路信号的频率和它有一定的偏差，并利用条件结构将两种信号分开。具体程序如图 8.11 所示。

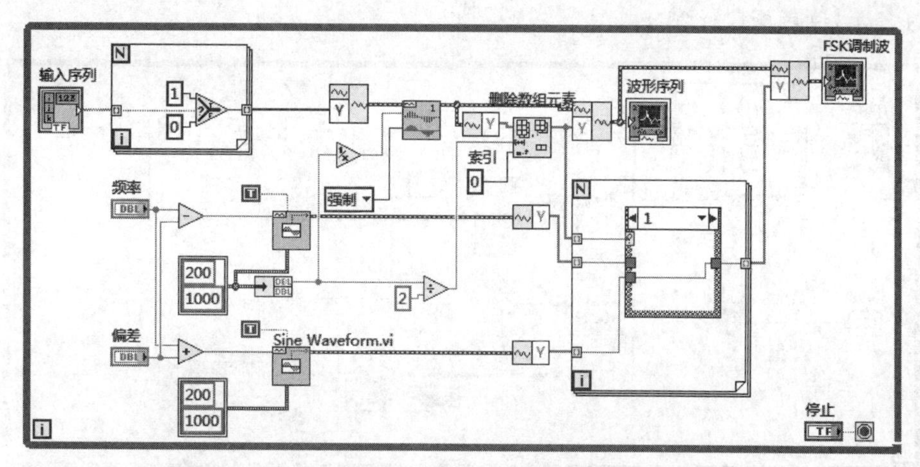

图 8.11　例 8.5 程序框图

（2）设置频率为 4 Hz，偏差频率为 2Hz，运行程序结果如图 8.12 所示，这里同样对频率这个数值输入控件做了如图 8.11 所示的设置，最大值为 8，最小值为 4。

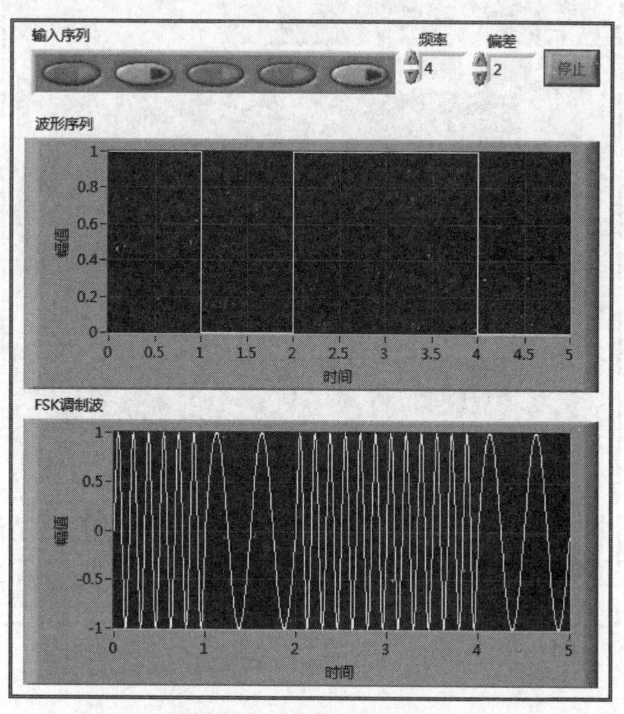

图 8.12　例 8.5 前面板

8.2.3　二进制相移键控

相移键控是利用载波的相位变化来传递数字信息，而振幅和频率保持不变。在 2PSK 中，通常初始相位 0 和 π 分别表示二进制 0 和 1。下面介绍 2PSK 的 LabVIEW 实现过程。

例 8.6　2PSK 的 LabVIEW 仿真。

参照前面两个调制过程,本例给出 2PSK 调制的程序框图和前面板分别如图 8.13 和图 8.14 所示,读者可自行练习。

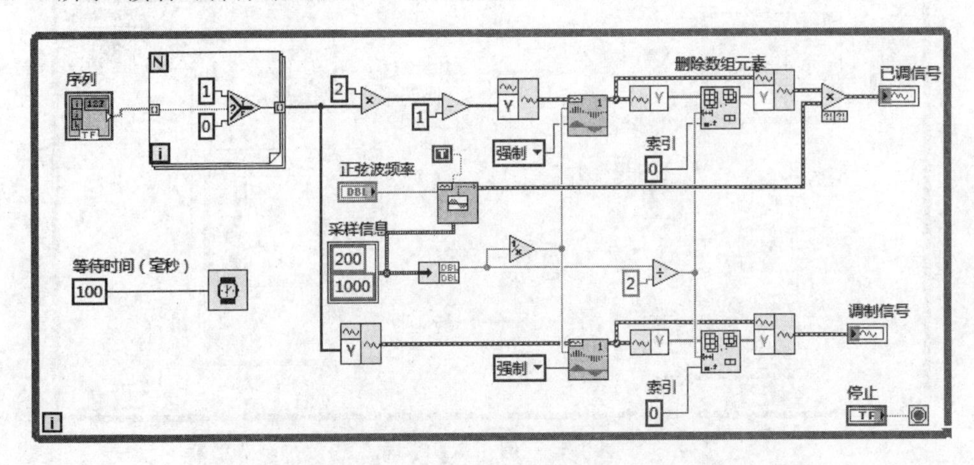

图 8.13　例 8.6 程序框图

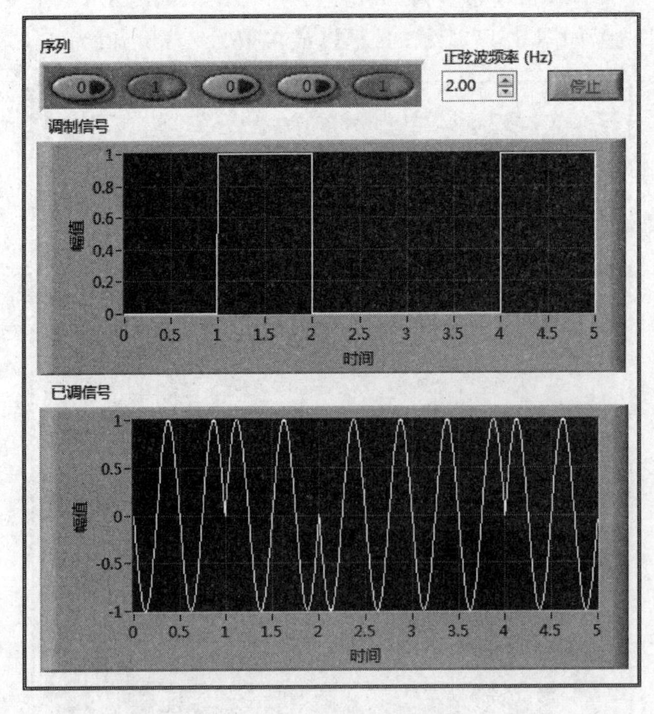

图 8.14　例 8.6 前面板

8.3　综合设计

一个主题程序的设计有时候 VI 太多,不方便管理,可以考虑将各个分散的程序放置到一个 VI 中,方便用户调用,本设计主要利用树形结构、选项卡控件和事件结构对程序进行

综合设计,具体步骤如下:

(1) 新建 VI,命名为“树形结构综合设计.vi”。

(2) 在前面板中选择“控件”→“新式”→“列表、表格和树”子选板,添加“树形”结构,如图 8.15 所示,对其按照本章设计程序的目录进行编辑,如图 8.16 所示。

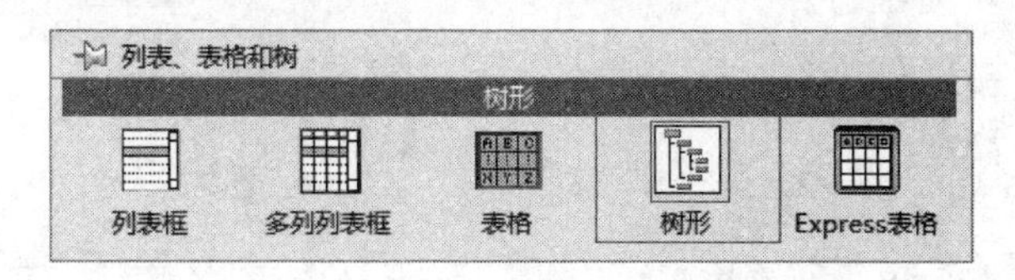

图 8.15 “树形”结构位置

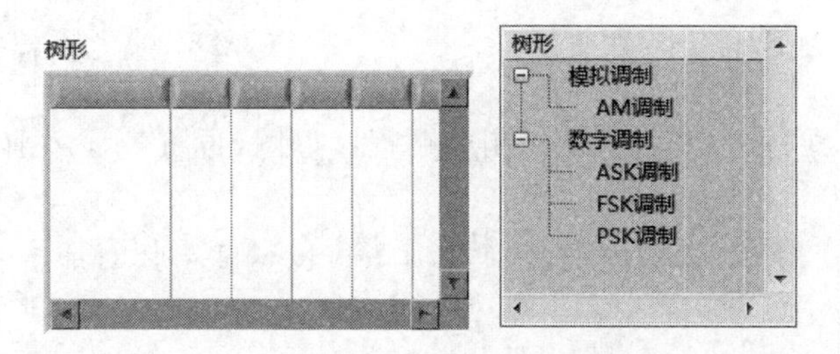

图 8.16 “树形”结构及编辑目录后

(3) 在前面板按路径“控件”→“新式”→“容器”子选板添加“选项卡控件”,如图 8.17 所示,编辑其选项。

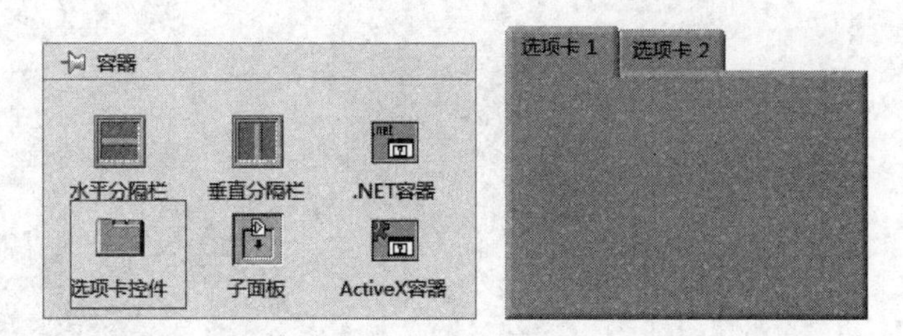

图 8.17 “选项卡控件”位置及控件

(4) 在选项卡控件的标签处右击,选择“在后面添加标签”,顺序与树形结果的目录一致,结果如图 8.18 所示。

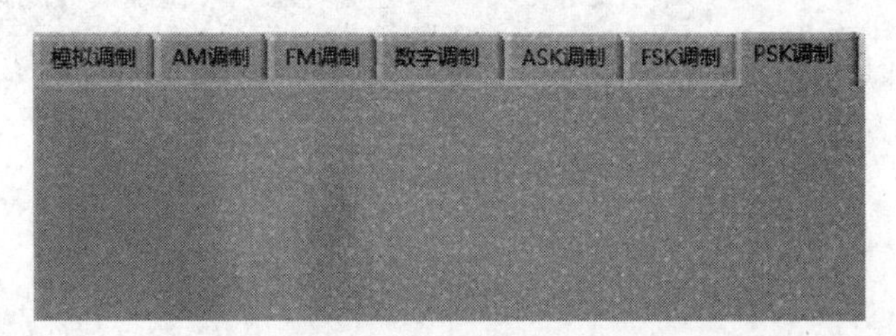

图 8.18 “选项卡控件”选项的编辑

(5) 在程序框图中,添加事件结构和 while 循环,新建事件,对“树形”结构进行“双击”操作。单击“树形”结构,右击选择“创建”→“属性节点”→“所有标识符[]”命令,如图 8.19 所示。

(6) 继续编辑“树形双击”分支,在事件结构内添加“搜索一维数组”,连线方式如图 8.20 所示。

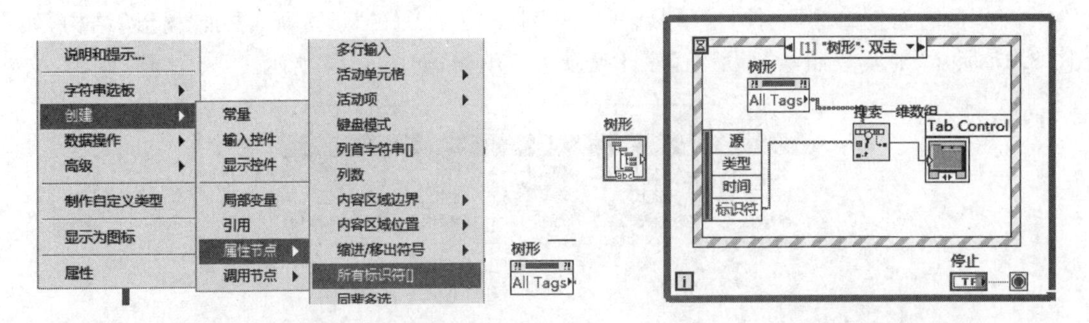

图 8.19　建立“树形”属性节点　　　　图 8.20　“双击”事件结构分支

(7) 将各个 VI 放进程序面板,即复制粘贴程序框图,再将各程序前面板对应放到选项卡选板的各项内。

运行程序,双击“树形”结构内的任何一项子 VI,会显示其对应界面,图 8.21 为显示 AM 运行界面。

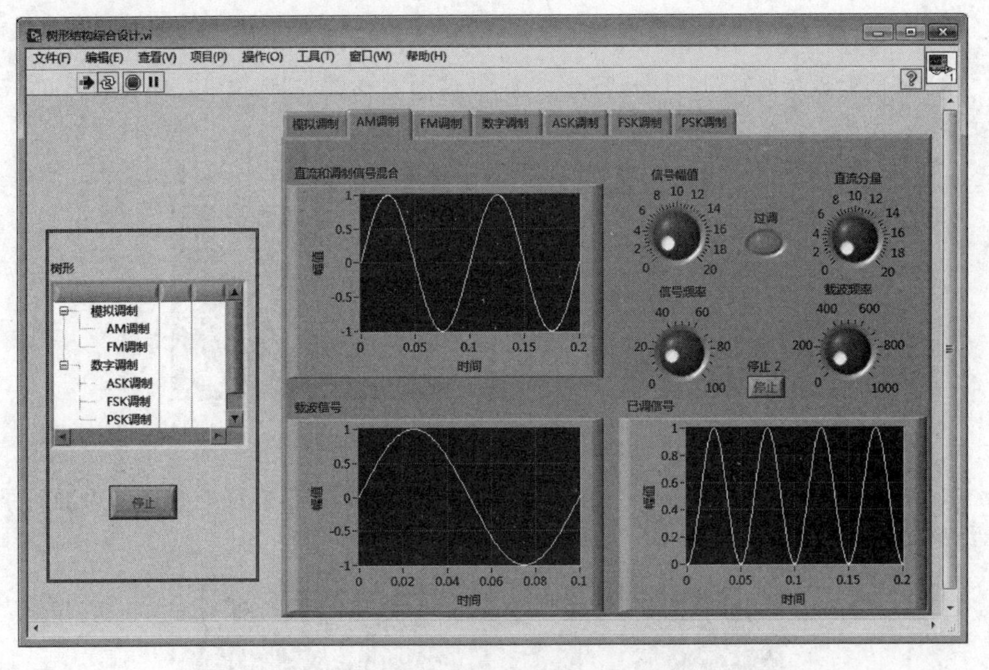

图 8.21　综合设计程序的 AM 调制分支

第9章

LabVIEW在自动控制系统中的应用

本章学习目标

- 了解自动控制原理的基础知识
- 掌握 LabVIEW 中自控函数的使用方法

本章先介绍 LabVIEW 中提供的控制与仿真的主要函数，再分别介绍各子模板所对应的函数，最后分别针对典型函数给出例程。

9.1 LabVIEW 控制与仿真主要函数

控制系统的仿真与设计是 LabVIEW 软件提供的一个工具包，里边包含了时域分析、频域分析以及根轨迹分析的工具。本章主要介绍利用这些工具对任意控制系统做分析。

本章主要的控制仿真工具包在"程序框图"→"函数"→"控制设计与仿真"→"Control Design"中，如图 9.1 所示。

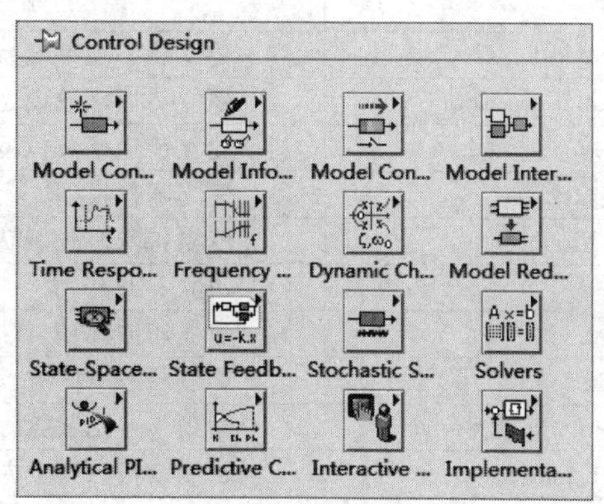

图 9.1 控制模块

各模块具体功能见表 9.1。

表 9.1　控制系统功能模块

模块名称	主要功能
Model Construction. vi	建立模块
Model Information. vi	模块信息
Model Conversion. vi	模块转换
Time Interconnection. vi	时域互连
Time Response. vi	时域响应
Frequency Response. vi	频域响应
Dynamic Character. vi	动态性能

9.2　LabVIEW 控制模型建立

LabVIEW 提供的控制模型建立控件如图 9.2 所示。

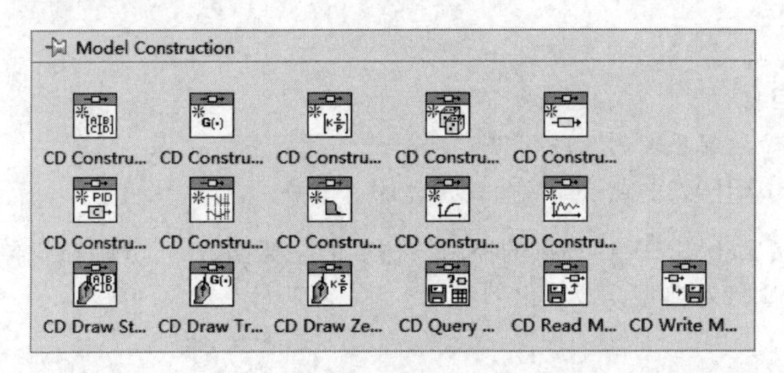

图 9.2　模型建立

这些函数用于创建各种类型的模型，例如状态空间模型、传递函数模型和零点/极点/增益模型等。

各模块具体功能见表 9.2。

表 9.2　模型建立模块主要控件

模块名称	主要功能
CD Construct State-Space Model. vi	建立状态控件模型
CD Construct Transfer Function Model. vi	建立传递函数模型
CD Construct Zero-Pole-Gain Model. vi	建立传递函数模型
CD Construct Random Model. vi	建立随机模型
CD Construct Special TF Model. vi	建立特殊时频域转换模型(一阶、二阶)
CD Construct PID Model. vi	建立 PID 模型
CD Construct Filter Model. vi	建立滤波模型
CD Draw State-Space Equation. vi	绘制状态空间方程式
CD Draw Transfer Function Equation. vi	绘制传递函数方程式
CD Draw Zero-Pole-Gain Equation. vi	绘制零极点增益方程式

主要模块介绍如下：

1. CD Construct Transfer Function Model. vi 函数

通过系统使用的采样时间(s)、分子、分母和延迟创建一个传递函数，该模型以符号形式指定数据。CD Construct Transfer Function Model. vi 函数的节点图标及端口定义如图 9.3 所示。

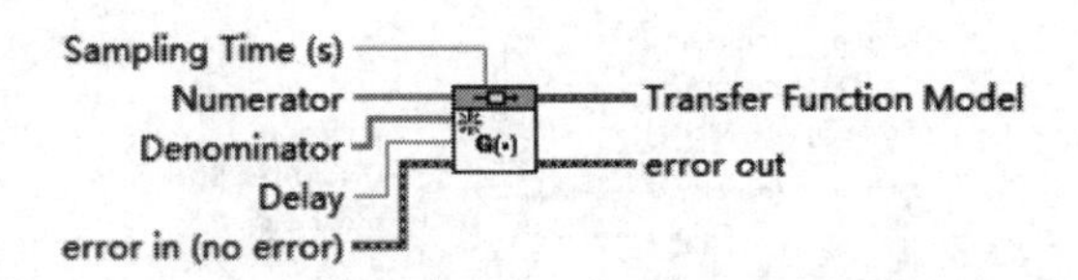

图 9.3 CD Construct Transfer Function Model. vi 函数

输入：Sampling Time(采样时间)、Numerator(分子)、Denominator(分母)、Delay(延迟时间)、Error in(错误输入)。

输出：Transfer Function Model(传递函数模型)、error out(错误输出)。

2. CD Draw Transfer Function Equation. vi 函数

绘制控制模型的传递函数方程。CD Draw Transfer Function Equation. vi 函数节点的图标及端口定义如图 9.4 所示。

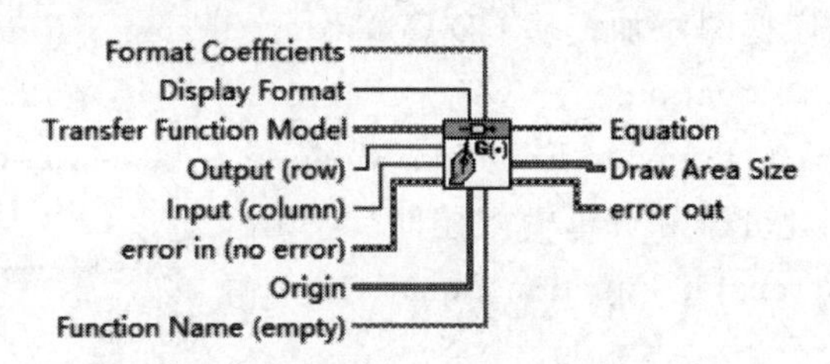

图 9.4 CD Draw Transfer Function Equation. vi 函数

输入：Format Coefficients(格式系数)、Display Format(显示格式)、Transfer Function Model(传递函数模型)、Output(输出行)、Input(输入列)、error in(输入错误信息)、Origin(输入源)，Function Name(功能名字)。

输出：Equation(输出方程式)、Draw Area Size(绘制区域大小)、error out (错误信息的输出)。

3. CD Construct State-Space Model. vi 函数

绘制状态空间模型。CD Construct State-Space Model. vi 函数节点的图标及端口定义如图 9.5 所示。

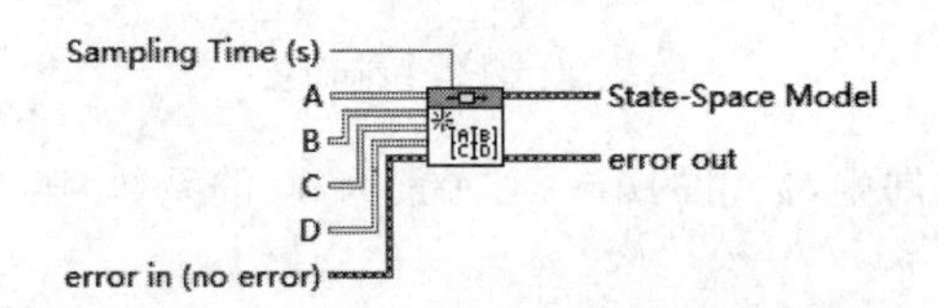

图 9.5 CD Construct State-Space Model. vi 函数

输入：Sampling Time(采样间隔)，如果该端子没有连接，那么系统被默认为是连续采样。将一个值连到采样间隔端子上会使系统变为离散系统，它使用给定的时间作为采样间隔。状态空间模型的 A、B、C、D 矩阵都有对应的端子。

输出：State-Space Model(状态空间模型)。

4. CD Draw State-Space Equation. vi 函数

绘制状态空间模型。CD Draw State-Space Equation. vi 函数节点图标及端口定义如图 9.6 所示。

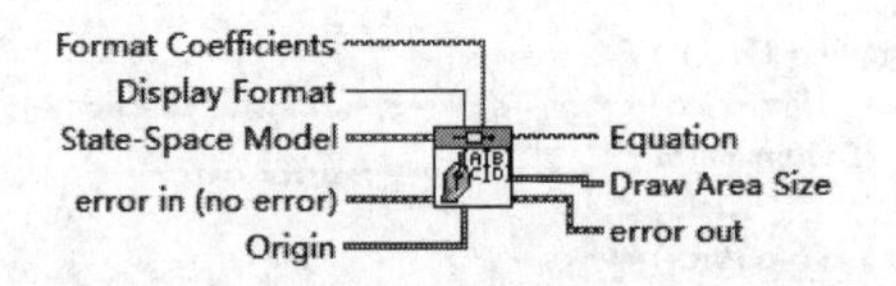

图 9.6 CD Draw State-Space Equation. vi 函数

输入：Format Coefficients(格式系数)、Display Format(显示格式)、State-Space Model(传递函数模型)、error in(输入错误信息)、Origin(输入源)。

输出：Equation(输出方程式)、Draw Area Size(绘制区域大小)、error out (错误信息的输出)。

例 9.1 根据分子和分母的输入数值，以多项式形式显示 n 阶控制系统传递函数模型。

具体的实现步骤如下：

(1) 新建 VI，在程序框图添加模块 CD Construct Transfer Function Model. vi 和 CD Draw Transfer Function Equation. vi。

(2) 在 CD Construct Transfer Function Model. vi 模块的输入端口分别创建分子和分母输入控件；将其输出端连接至 CD Draw Transfer Function Equation. vi 输入端。

(3) 在 CD Draw Transfer Function Equation. vi 输出端创建显示控件，修改标签为“传递函数”，设计完成后如图 9.7 所示。

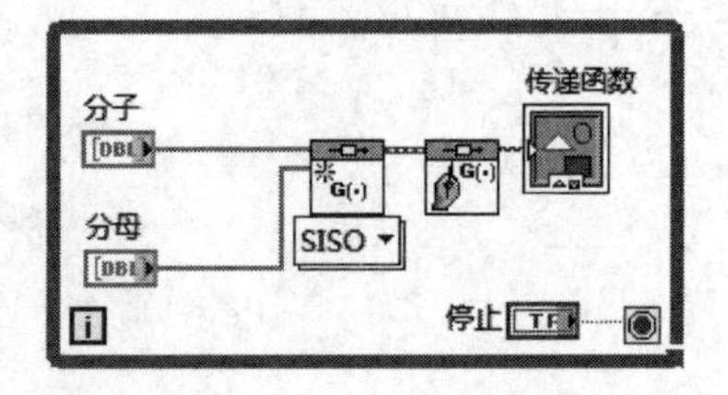

图 9.7 例 9.1 程序框图

程序保存后，在前面板图的分子和分母输入一系列数值，这里分子和分母的第一个数值为多项式里最低项的系数，运行后显示结果如图 9.8 所示。

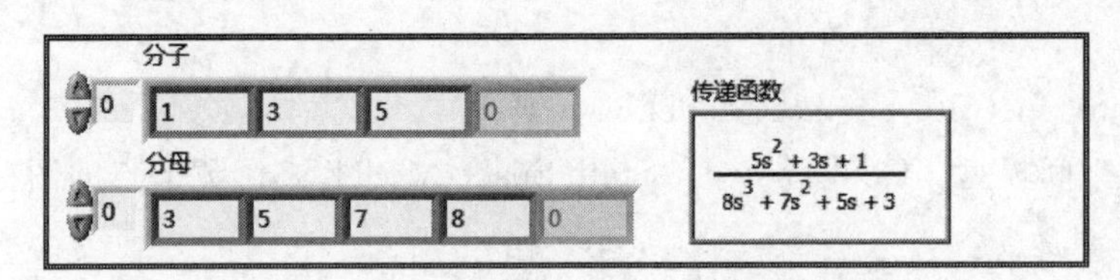

图 9.8 例 9.1 前面板

注：在 LabVIEW 软件中，数组的第一个元素为 s0 的系数，第二个元素为 s1 的系数，第三个元素为 s2 的系数，……

读者自行练习传递函数以零极点形式显示的情况，程序框图和前面板分别如图 9.9 和图 9.10 所示。

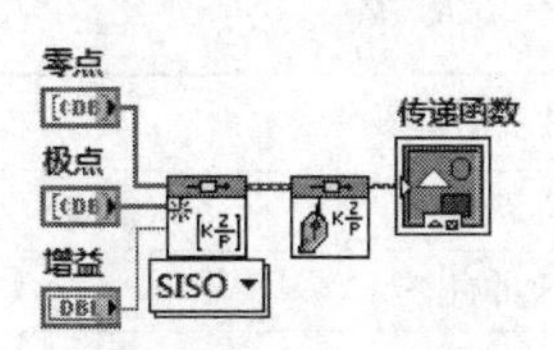

图 9.9 程序框图

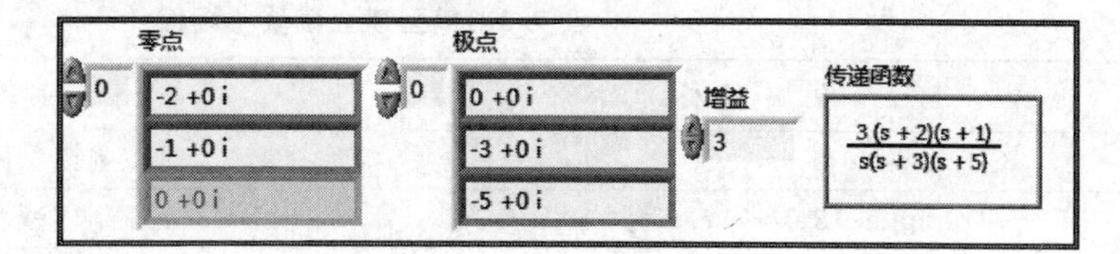

图 9.10 前面板

例 9.2 建立状态空间函数。

程序设计参照例 9.1,前面板及程序框图如图 9.11 和图 9.12 所示,前面板的 4 个矩阵每次运行程序之前要先输入。

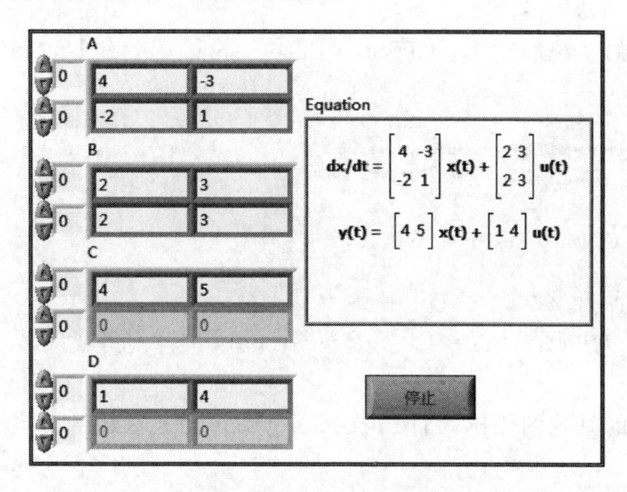

图 9.11 例 9.2 前面板

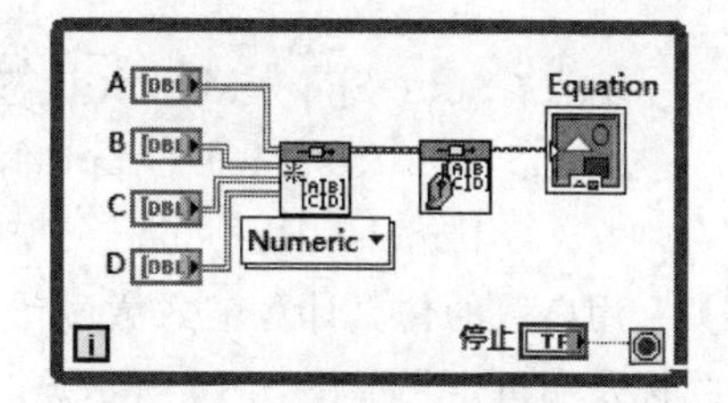

图 9.12 例 9.2 程序框图

9.3 自动控制系统的时域分析

时域分析模块如图 9.13 所示。

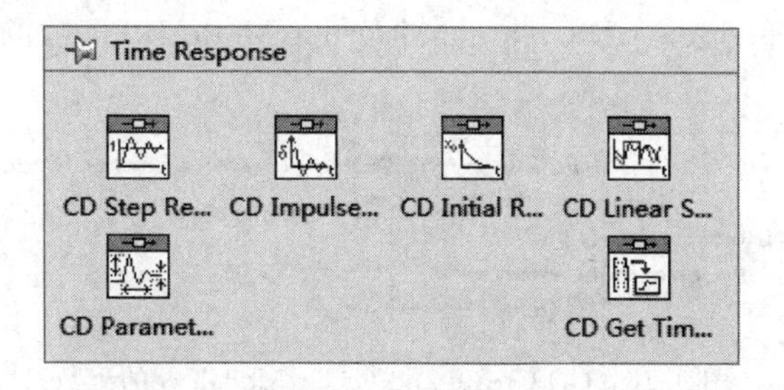

图 9.13 时域分析

这些函数用于对系统进行阶跃响应分析和脉冲响应以及计算系统的瞬态响应等。

各模块具体功能见表 9.3。

表 9.3 模型建立模块主要控件

模 块 名 称	主 要 功 能
CD Step Response. vi	控制模型阶跃响应
CD Impulse Response. vi	控制模型脉冲响应
CD Initial Response. vi	控制模型初始响应
CD Linear Simulation Response. vi	控制模型线性仿真响应
CD Get Time Response. vi	控制模型获得时域响应

主要模块介绍如下：

1. CD Step Response. vi 函数

用离散的仿真计算输入激励给定的系统的输出。CD Step Response. vi 函数的节点图标及端口定义如图 9.14 所示。

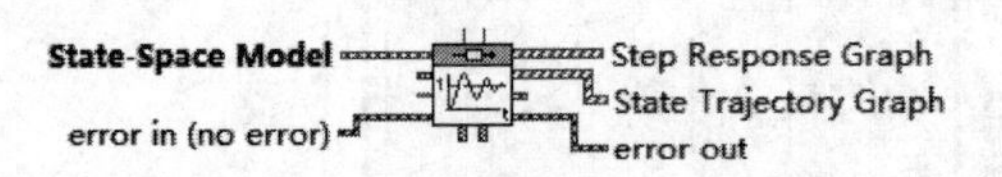

图 9.14 CD Step Response. vi 函数

输入：State-Space Model(状态空间模型)。

输出：Step Response Graph(阶跃响应图)、State Trajectory Graph(状态轨迹图)。

2. CD Impulse Response. vi 函数

用离散的仿真计算输入激励给定的系统的输出，CD Impulse Response. vi 函数的节点图标及端口定义如图 9.15 所示。

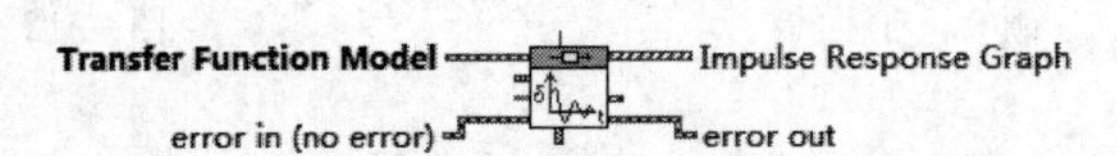

图 9.15 CD Impulse Response. vi 函数

输入：Transfer Function Model(传递函数模型)。

输出：Impulse Response Graph(脉冲响应图形)。

3. CD Create 2nd Order Model. vi 函数

产生一个二阶传递函数。CD Create 2nd Order Model. vi 函数的图标节点及端口定义如图 9.16 所示。

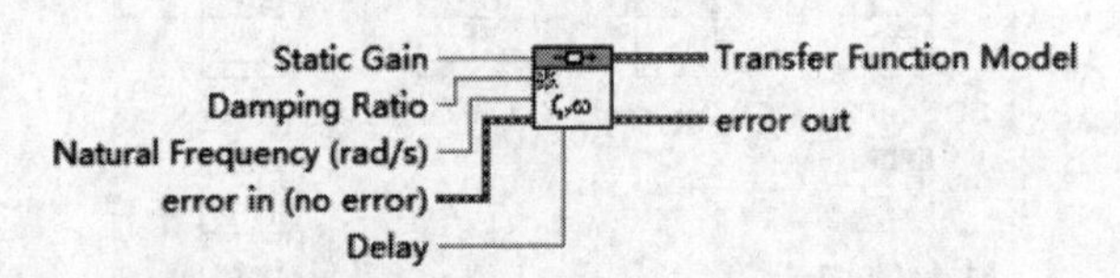

图 9.16 CD Create 2nd Order Model. vi 的函数

输入：Static Gain (静态增益)、Damping Ratio (阻尼比)、Natural Frequency (自然频率)、Delay(延迟)。

输出：Transfer Function Model(传递函数模型)。

4. CD Parametric Time Response. vi 函数

计算系统的瞬态响应，如上升时间、峰值时间、建立时间、超调量和稳态增益。CD Parametric Time Response. vi 函数的图标节点及端口定义如图 9.17 所示。

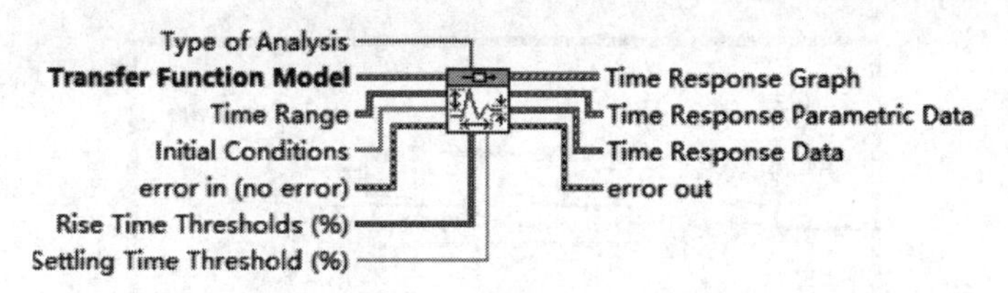

图 9.17 CD Parametric Time Response. vi 的函数

输入：Transfer Function Model (传递函数模型)。

输出：Time Response Parametric Data (时间响应数据参数)。

例 9.3 设计一阶系统的阶跃和脉冲响应仿真。

具体的步骤如下：

(1) 新建 VI，在程序框图上添加"CD Create 1st Order Model. vi"函数，输入端口创建"增益"和"时间常数"输入控件。

(2) 添加 Time Response →CD Step Response. vi 和 CD Impulse Response. vi；具体如图 9.18 所示。

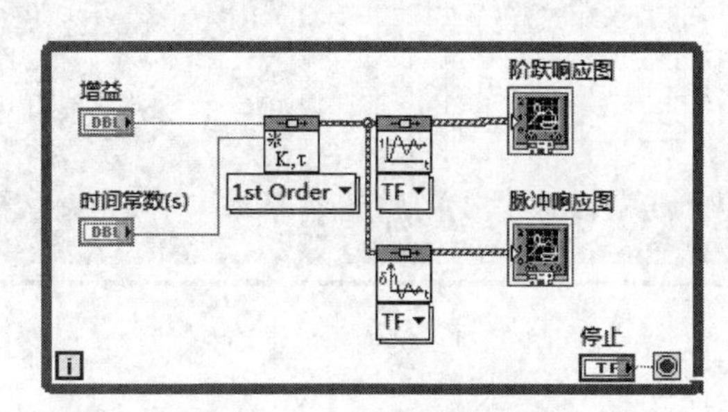

图 9.18 例 9.3 程序框图

将增益和时间常数都赋值 1，则显示一阶系统 1/(s+1)的阶跃响应，如图 9.19 所示。

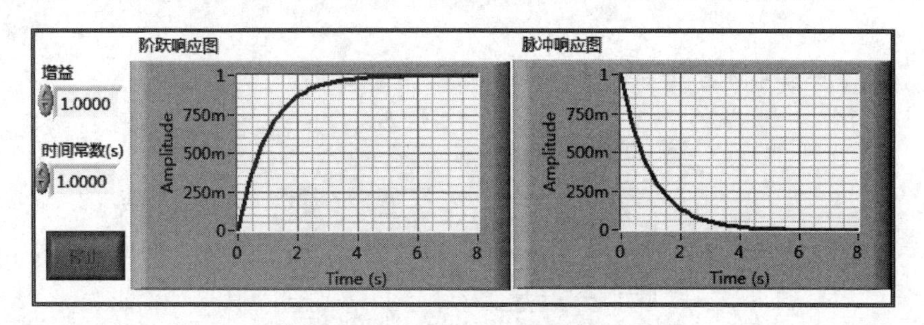

图 9.19 例 9.3 前面板

例 9.4 二阶系统 LabVIEW 仿真设计。

具体的步骤如下：

(1) 新建一个 VI，在程序框图依次添加 CD Create 2nd Order Model. vi，在其输入端口创建"增益""阻尼比"和"自然频率"输入控件。

(2) 添加 CD Parametric Time Response. vi,其输入接到前一函数的输出端,在输出端创建“时间响应参数”显示控件。

(3) 添加 CD Step Response. vi 函数,具体连线详细情况如图 9.20 所示。

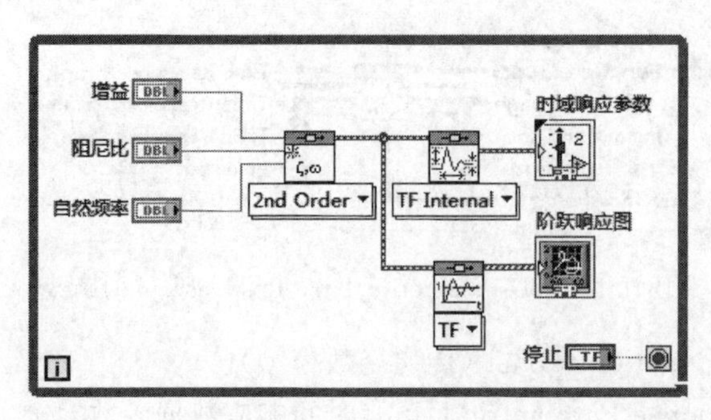

图 9.20 例 9.4 的程序框图

在前面板中输入增益 1、自然频率 2 及阻尼系数 0.2,程序运行的结果如图 9.21 所示。

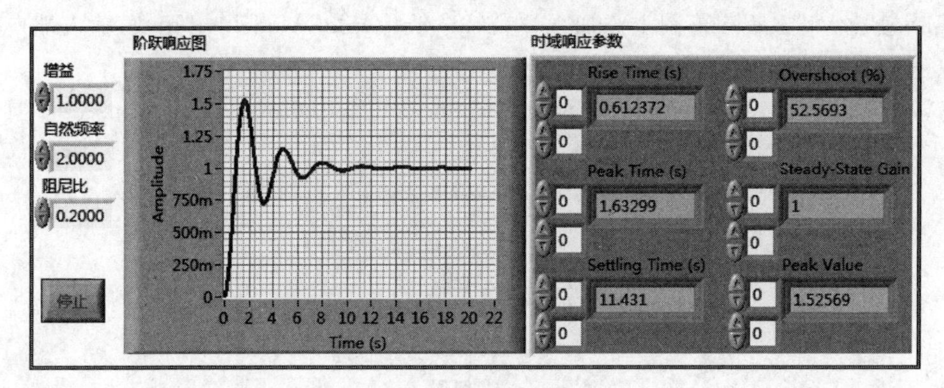

图 9.21 例 9.4 的前面板

9.4 自动控制系统的频域分析

LabVIEW 中频域分析模块如图 9.22 所示。

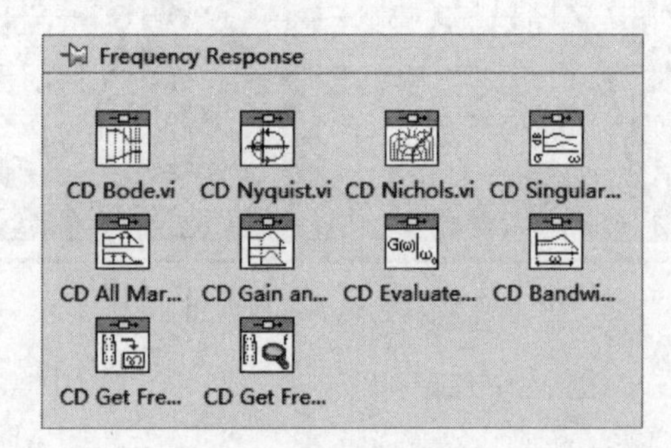

图 9.22 频域分析模块

这个子选板中的函数主要用来绘制系统的奈奎斯特曲线及伯德图，常用的函数有 CD Bode、CD Nyquist 和 CD Gain and Phase Margins。

各模块具体功能见表 9.4。

表 9.4 模型建立模块的具体功能

模块名称	主要功能
CD Bode. vi	绘制控制系统伯德图
CD Nyquist. vi	绘制控制系统奈奎斯特曲线
CD Singular Values. vi	计算控制系统奇异值
CD Gain and Phase Margin. vi	计算控制系统幅值增益和相位裕量
CD Bandwidth. vi	计算控制系统的带宽

通过频域分析方法研究控制系统的稳定性和动态响应，是根据系统的开环频率特性进行的。为了完成绘制系统开环频率特性曲线，需要根据开环零极点将分子和分母多项式进行分解。对这部分知识点的分析主要运用模块 CD Construct Transfer Function Model. vi、CD Nyquist. vi 及 CD Bode. vi。

频域分析所用模块介绍如下：

1. CD Nyquist. vi 函数

根据系统输入控制模型绘制 VI 的奈奎斯特图，然后在奈奎斯特图上显示数据，CD Nyquist. vi 函数的节点图标及端口定义如图 9.23 所示。

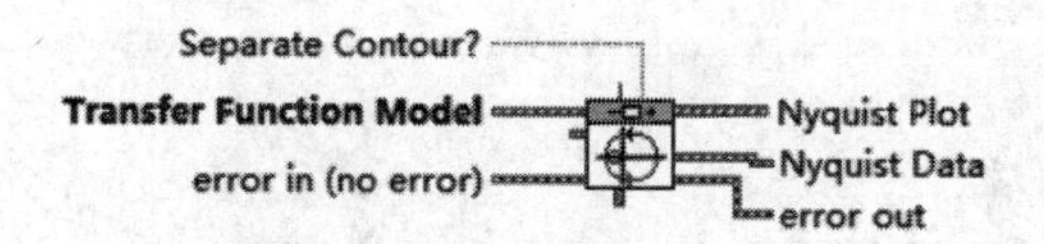

图 9.23 CD Nyquist. vi 图标

输入：Separate Contour(单独控制)，Transfer Function Model(传递函数模型)。

输出：Nyquist Plot(奈奎斯特图)，Nyquist Data(奈奎斯特数据)。

2. CD Bode. vi 函数

CD Bode. vi 函数的节点图标及端口定义如图 9.24 所示。

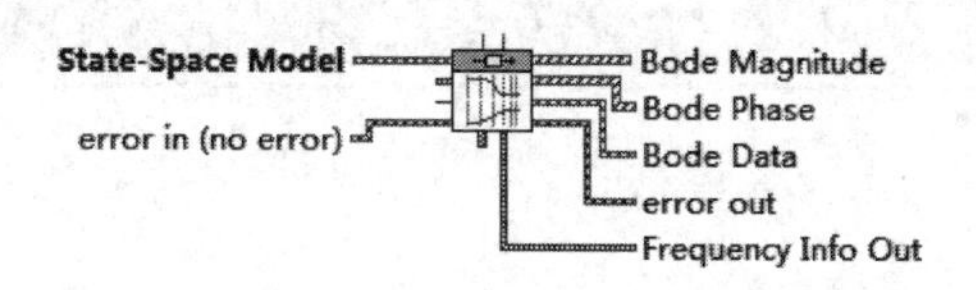

图 9.24 CD Bode. vi 函数

在 State-Space Model 输入端，接入传递函数，在输出端即可得到 Bode Magnitude(幅值)、Bode Phase(相位)和 Bode Data(数据)。

例 9.5 控制系统的开环频率特性的 LabVIEW 程序设计。

具体的步骤如下：

(1) 新建 VI，在程序框图上放置一个 while 循环，然后将条件端口结束条件设置为“真(T)时停止”，和“停止”控制按钮端子相连。

(2) 按照路径 Control Design→Model Construct→CD Construct Zero-Poles-Gain Model. vi,在其输入端口创建输入控件,用于输入系统的零点、极点和增益;添加 CD Draw Zero-Pole-Gain Equation. vi 模块,在对应输出端口创建显示控件,显示系统的传递函数。

(3) 按路径 Control Design→Model Conversion→CD Convert to Transfer Function Model. vi,将零极点形式的传递函数转换为多项式形式。

(4) 添加 CD Nyquist. vi 和 CD Bode. vi 函数,分别在其对应的输出端创建显示控件,用于显示两种曲线,具体程序框图连线如图 9.25 所示。

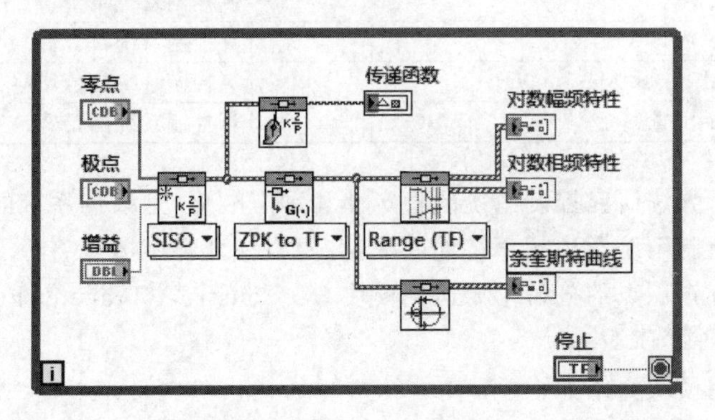

图 9.25 例 9.5 程序框图

在前面板输入零点和极点以及增益,运行程序,显示结果如图 9.26 所示。

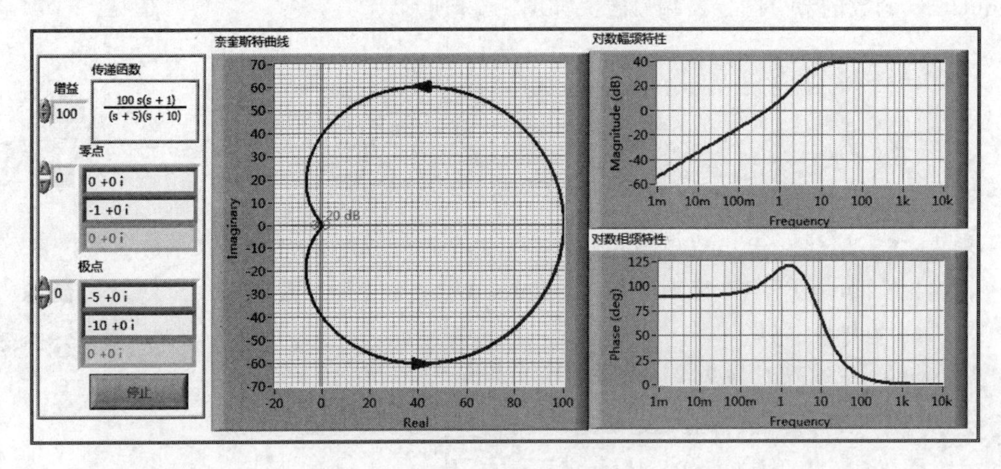

图 9.26 例 9.5 前面板

9.5 自动控制系统的动态性能分析

LabVIEW 中,对控制系统进行动态性能分析的模块如图 9.27 所示。

这些函数用来分析系统的动态特性,如根轨迹、直流增益和时间响应参数等。

各模块功能如表 9.5 所示。

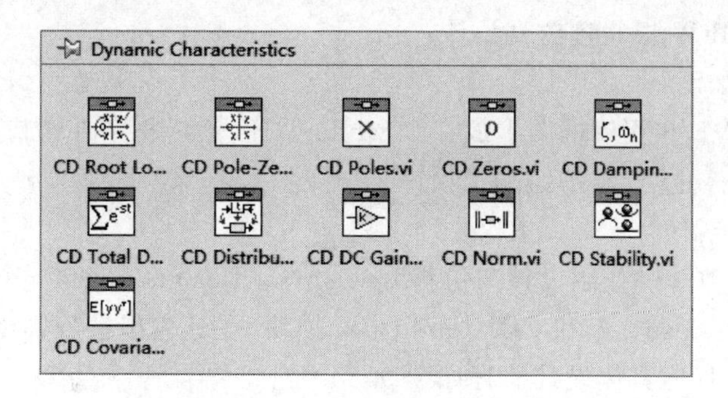

图 9.27 动态性能分析模块

表 9.5 动态性能分析模块的主要功能

模块名称	主要功能
CD Root Locus. vi	绘制控制模型根轨迹
CD Pole-Zero Map. vi	绘制控制模型零极点图
CD Poles. vi	求解控制模型的极点
CD Zeros. vi	求解控制模型的零点
CD Damping Ratio and Natural Frequency. vi	求解控制模型的阻尼系数和自然频率
CD Total Delay. vi	控制模型获得时域响应
CD Distribute Delay. vi	求解控制模型的传播延迟
CD Stability. vi	求解控制模型的稳定性能
CD Covariance Response. vi	求解控制模型的协方差响应

主要模块介绍如下：

1. CD Root Locus. vi 函数

绘制系统的根轨迹图。CD Root Locus. vi 函数的端口定义和图标如图 9.28 所示。

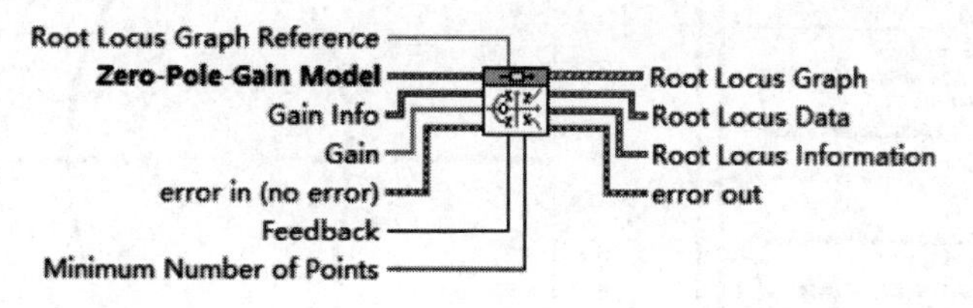

图 9.28 CD Root Locus. vi 函数

输入：Root Locus Graph Reference(根轨迹参考图)、Gain(增益信息)。

输出：Root Locus Graph(根轨迹图)、Root Locus Date(根轨迹数据)、Root Locus Information(根轨迹信息)。

2. CD Stability. vi 函数

CD Stability. vi 函数的端口定义和图标如图 9.29 所示。

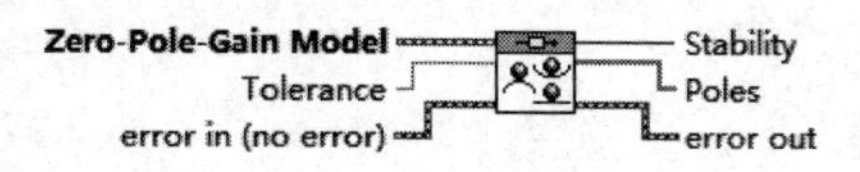

图 9.29 CD Stability. vi 函数

例 9.6 LabVIEW 根轨迹仿真设计。

具体设计步骤如下：

(1) 新建一个 VI,在程序框图上放一个 while 循环,然后将条件端口的结束条件设置为"真(T)时停止"和"停止"控制按钮端子相连。

(2) 同例 9.5 步骤(2)。

(3) 按路径"函数"→"控制设计与仿真"→Control Design→Dynamic Characteristics 子选板,选择 CD Root Locus. vi 和 CD Stability. vi 模块,在其输出端分别创建显示控件"根轨迹图"和"稳定性"。程序具体设计流程如图 9.30 所示。

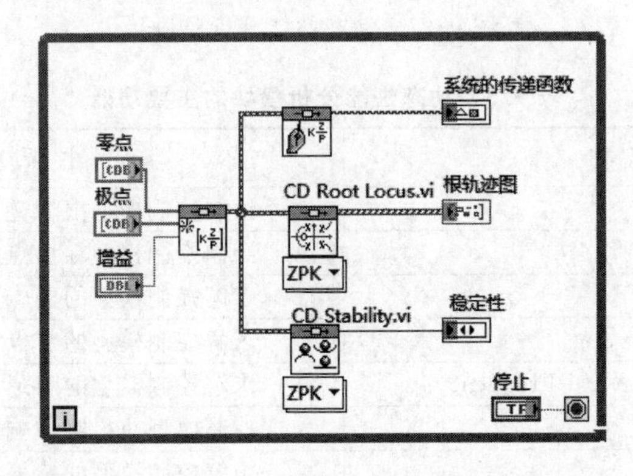

图 9.30 例 9.6 程序框图

在前面板输入零点、极点以及增益值,运行程序,显示根轨迹图如图 9.31 所示,且该系统是稳定的。

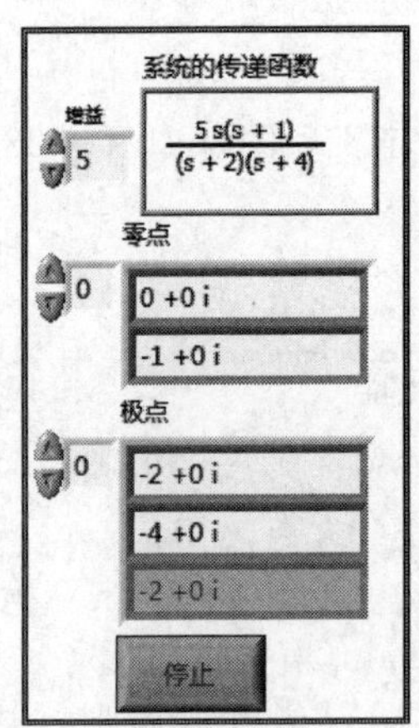

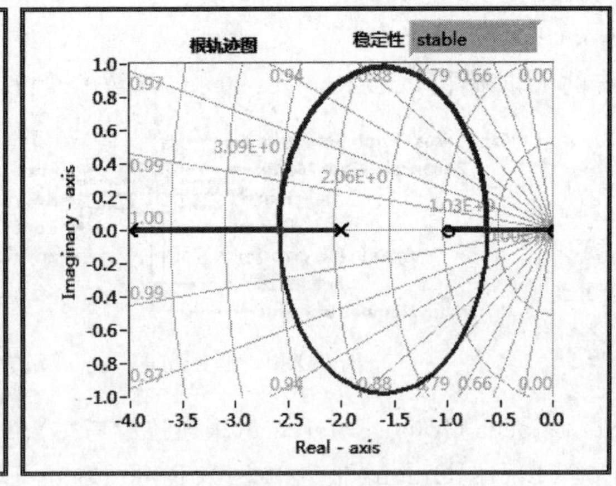

图 9.31 例 9.6 的前面板

第10章

数据采集

本章学习目标

- 了解数据采集的基础知识
- 掌握 LabVIEW 中数据采集的 APP 函数的使用方法

LabVIEW 中提供了丰富的数据采集软件资源，使其在测量领域发挥强大的功能。本章主要介绍数据采集基础知识，数据采集系统的基本组成部分，数据采集硬件，数据采集设备硬件的重要参数，NI 的配置管理软件 Measurement & Automation Explorer，数据采集(DAQ)助手 Express VI。

10.1 数据采集基础知识介绍

一个完整的数据采集系统通常由原始信号、信号调理设备、数据采集设备和计算机四个部分组成。但是，很多自然界中的原始物理信号并非直接可测的电信号，所以，我们必须通过传感器将这些物理信号转换为数据采集设备可以识别的电压或电流信号，如图 10.1 所示。很多时候，输入的电信号并不便于直接进行测量，因此需要信号调理设备对其进行诸如放大、滤波、隔离等处理，使得数据采集设备更便于对该信号进行精确的测量，因此，需要加入信号调理设备。计算机上安装了驱动和应用软件，方便与硬件交互，完成采集任务，并对采集到的数据进行后续分析和处理。

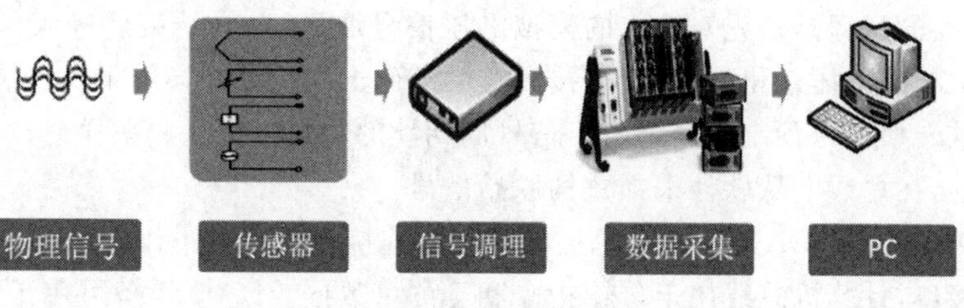

图 10.1 基于 PC 的数据采集系统

1. 传感器

传感器，也称为转换器，能够将一种物理现象转换为可测量的电子信号或其他形式的信号输出，能让后级设备对信号进行处理及传输等。根据传感器类型的不同，其输出的可以是电压、电流、电阻，或是随着时间变化的其他电子属性。传感器相当于人类的感觉器官，除了能感受到人类感官能感受到的信息，还能感受到人类感官不能感受到的信息，例如室内温度、光源强度或施于物体的压力等物理现象都通过传感器进行测量。一些传感器可能需要额外的组件和电路来正确生成可以由 DAQ 设备准确和安全读取的信号。传感器的应用非常广泛，在工业生产、海洋探测、环境保护、医学诊断等领域都需用到传感器。常用的传感器如表 10.1 所示。

表 10.1 常用传感器

传感器	现象
热电偶、RTD、热敏电阻	温度
照片传感器	光源
话筒	声音
应变计、压电传感器	力和压力
电位器、LVDT、光学编码器	位移和位置
加速度计	加速度
pH 电极	pH 值

2. 数据采集设备

DAQ 硬件是计算机和外部信号之间的接口。它的主要功能是将输入的模拟信号数字化，使计算机可以进行解析。DAQ 设备用于测量信号的三个主要组成部分为信号调理电路、模数转换器(ADC)与计算机总线。很多 DAQ 设备还拥有实现测量系统和过程自动化的其他功能。例如，数模转换器(DAC)输出模拟信号，数字 I/O 线输入和输出数字信号，计数器/定时器计量并生成数字脉冲。DAQ 设备的主要测量组件有信号调理、模数转换器(ADC)、计算机总线。

(1) 信号调理。由于直接测量传感器信号或外部信号可能过于嘈杂或危险。信号调理电路将信号处理成可以输入至 ADC 的一种形式。电路主要包括放大(衰减)、激励、线性化、滤波和隔离。一些 DAQ 设备含有内置信号调理，用于测量特定的传感器类型。

(2) 模数转换器(ADC)。在经计算机等数字设备处理之前，传感器的模拟信号必须转换为数字信号。模数转换器(ADC)是提供瞬时模拟信号的数字显示的一种芯片。在模数转换器中，因为输入的模拟信号在时间上是连续的而输出的数字信号是离散的，所以转换只能在一系列选定的瞬间对输入的模拟信号取样，然后再把这些取样值转换成输出的数字量。因此，模数转换的过程是首先对输入的模拟电压信号取样，取样结束后进入保持时间，在这段时间内将取样的电压量化为数字量，按一定的编码形式给出转换结果。然后，再开始下一次取样。模数转换器以预定的速率收集信号周期性的“采样”。这些采样通过计算机总线传输到计算机上，在总线上从软件采样重构原始信号。

(3) 计算机总线。DAQ 设备通过插槽或端口连接至计算机。作为 DAQ 设备和计算机之间的通信接口，计算机总线用于传输指令和已测量数据。DAQ 设备可用于最常用的计算机总线，包括 USB、PCI、PCI Express 和以太网。最近，DAQ 设备已可用于 802.11 无线网络进行无线通信。总线有多种类型，对于不同类型的应用，各类总线都能提供各自不同的优势。

3. 计算机

在数据采集系统中，计算机安装了可编程软件，控制着DAQ设备的运作，并处理、可视化和存储测量数据。不同类型的应用使用不同类型的计算机。在实验室中，可以利用台式机的处理能力；在实地现场，可以利用笔记本电脑的便携性；在制造厂中，可以利用工业计算机的耐用性。

10.2　配置管理软件MAX的安装与应用

10.2.1　配置管理软件MAX的简介

Measurement & Automation Explorer，简称MAX，是NI提供的方便与NI硬件产品交互的免费配置管理软件。MAX可以识别和检测NI的硬件；可以通过简单的设置，无须编程就能实现数据采集功能；在MAX中还可以创建数据采集任务，直接导入LabVIEW，并自动生成LabVIEW代码。所以，熟练掌握MAX的使用方法，对加速数据采集项目的开发很有帮助。在MAX软件中，NI的数据采集硬件产品对应的驱动是DAQmx，在安装DAQmx驱动时，默认会附带安装上MAX，所以，DAQmx驱动安装成功后，在计算机桌面会出现如图10.2所示的蓝色图标，为MAX的快捷方式。

10.2.2　NI-DAQmx的安装

双击NI-DAQmx安装文件setup.exe，如图10.3所示。按照程序提示进入NI-DAQmx安装程序初始化界面，如图10.4所示；安装程序初始化后进入安装目录选择界面，选择软件所安装的路径，如图10.5所示；选择好安装路径后进入安装类型选择界面，如图10.6所示；依次按照提示进入如图10.7所示的界面，选择“我接受协议许可”；然后进入开始安装界面，如图10.8所示，单击“下一步”按钮开始安装，如图10.9所示等待安装完成。

图10.2　MAX的快捷方式

图10.3　NI-DAQmx安装文件

10.2.3　配置管理软件MAX的应用

安装完NI-DAQ以后，双击MAX的快捷方式图标进入MAX配置管理软件中，如图10.10所示。在位于左边的配置树形目录中，展开“我的系统”→“设备和接口”，可以看到连接在本台计算机上的NI数据采集硬件设备都会罗列在这里。例如，现在用于演示的计算机上连接了NI PCI-6251多功能数据采集模块，所以在“设备与接口”的下方出现了NI PCI-6251，默认的设备名为“Dev *”。

图 10.4　NI-DAQmx 安装界面

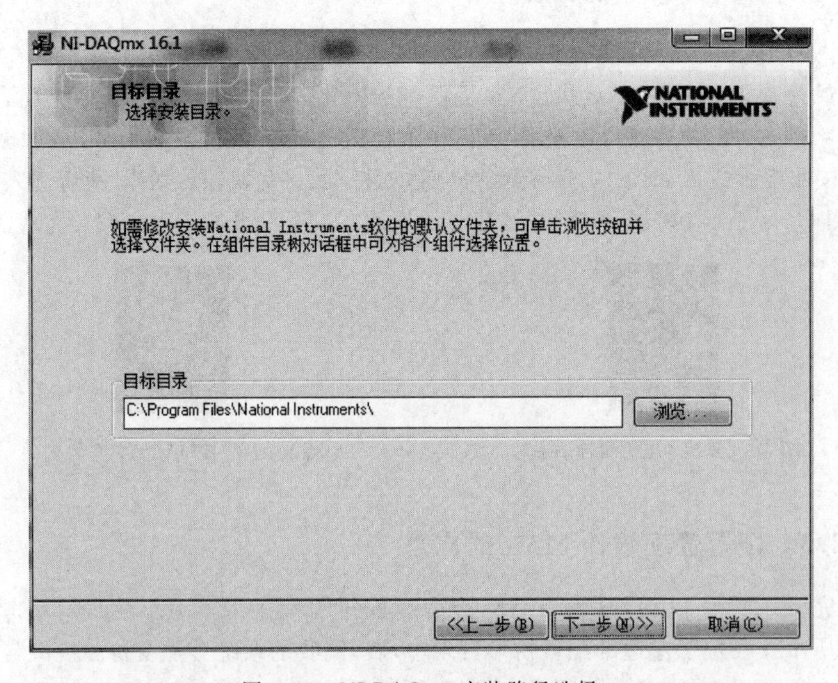

图 10.5　NI-DAQmx 安装路径选择

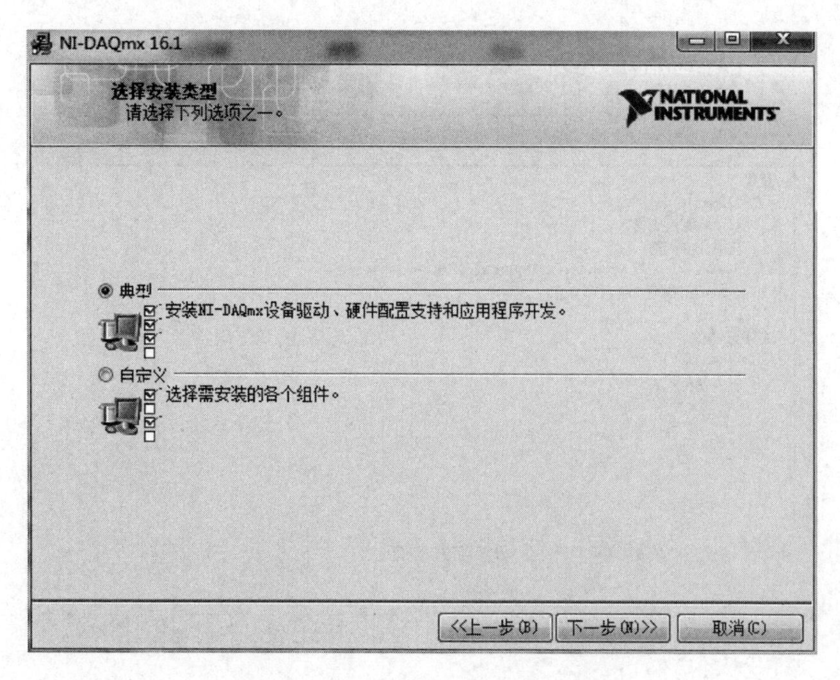

图 10.6 NI-DAQmx 安装类型选择界面

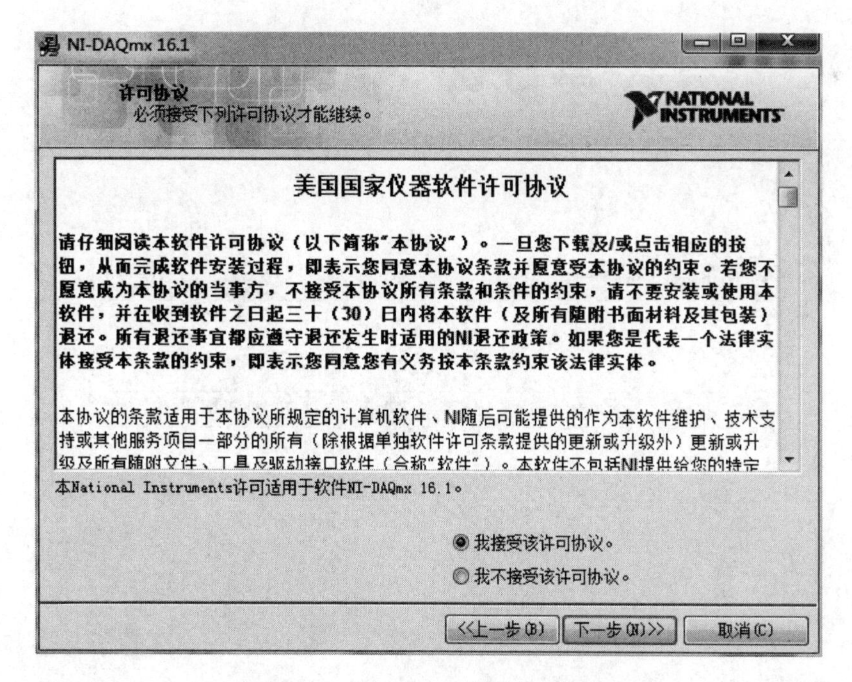

图 10.7 NI-DAQmx 协议许可界面

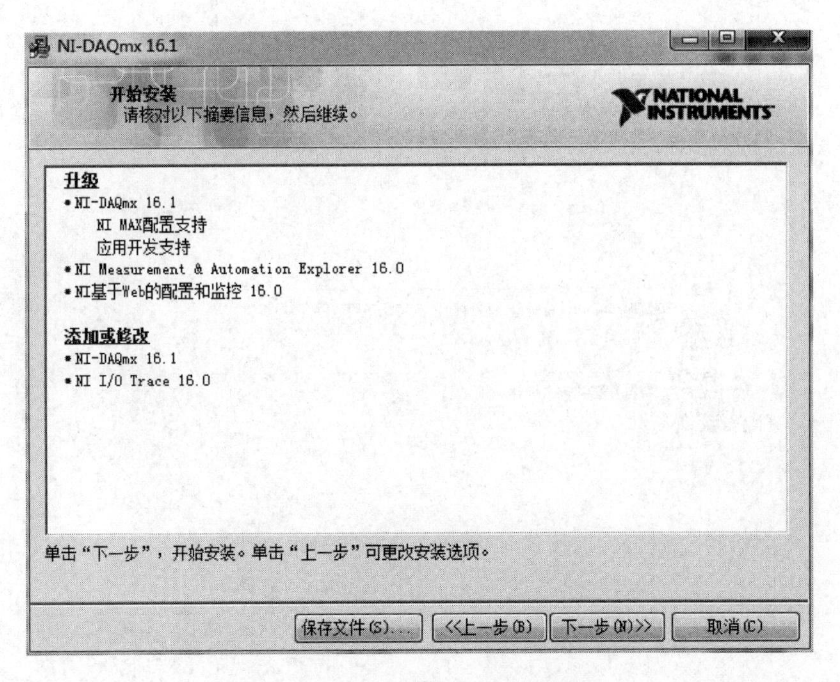

图 10.8　NI-DAQmx 开始安装界面

图 10.9　NI-DAQmx 正在安装界面

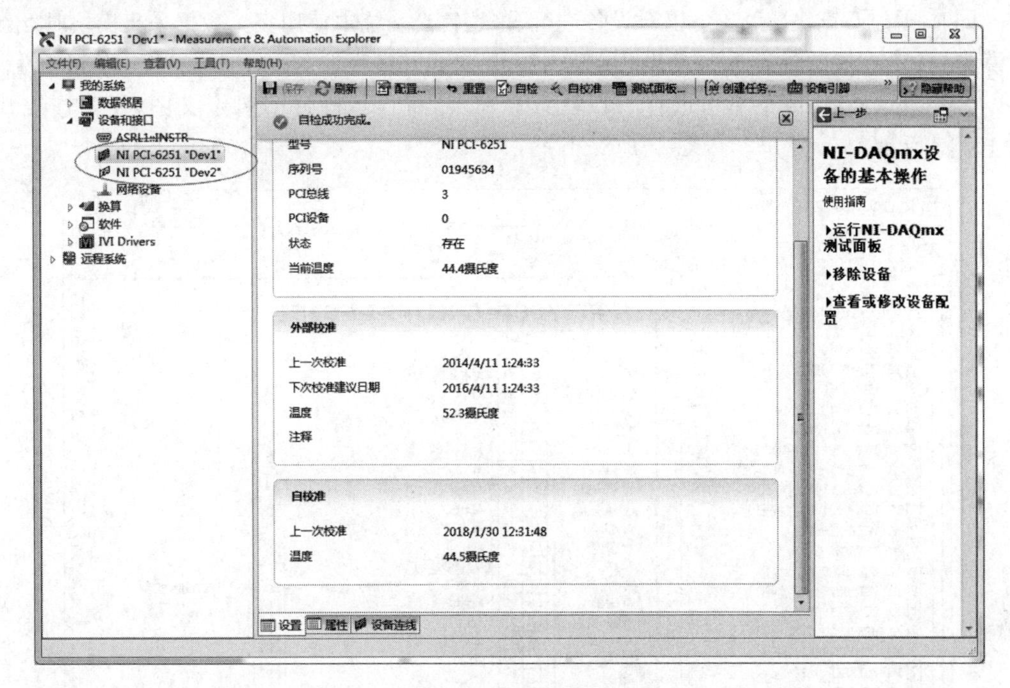

图 10.10　MAX 窗口

选择硬件设备 NI PCI-6251 “Dev1”，可以通过 MXA 窗口右侧上方菜单栏进行一系列操作。也可以右击，弹出右键快捷菜单，对连接的 NI 数据采集硬件设备进行一系列操作，如图 10.11 所示。

下面详细介绍 MXA 功能菜单的主要功能。

首先介绍“自检”功能，右击设备或在 MXA 窗口右侧上方菜单栏选择“自检”，可以对产品进行自检，通过自检说明板卡工作在正常状态，自检结果如图 10.12 所示。如果板卡发生了硬件损坏，MAX 将报出自检失败的信息。

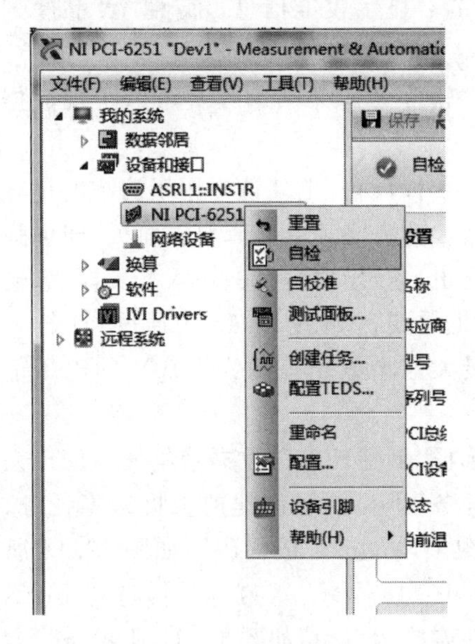

图 10.11　右键快捷菜单

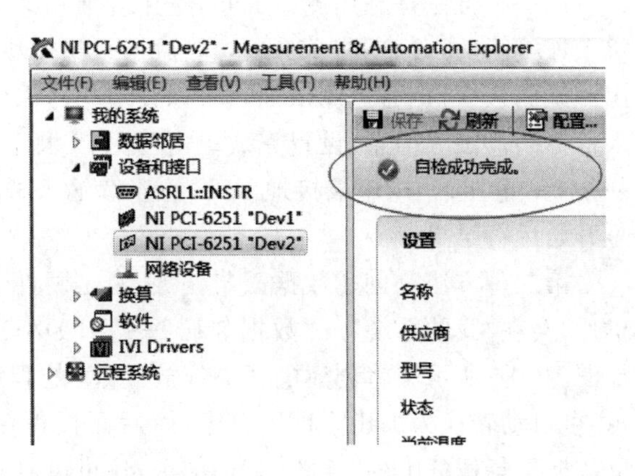

图 10.12　通过自检显示结果

同时,通过右键快捷菜单可以对设备进行重命名,当系统中使用多个数据采集模块时,给每个模块一个有意义的命名,可以帮助我们区分模块,并且在编程选择设备时提高程序的可读性。

另外,在右键快捷菜单中选择“设备引脚”命令,将显示硬件引脚定义图,便于连线,如图 10.13 所示。

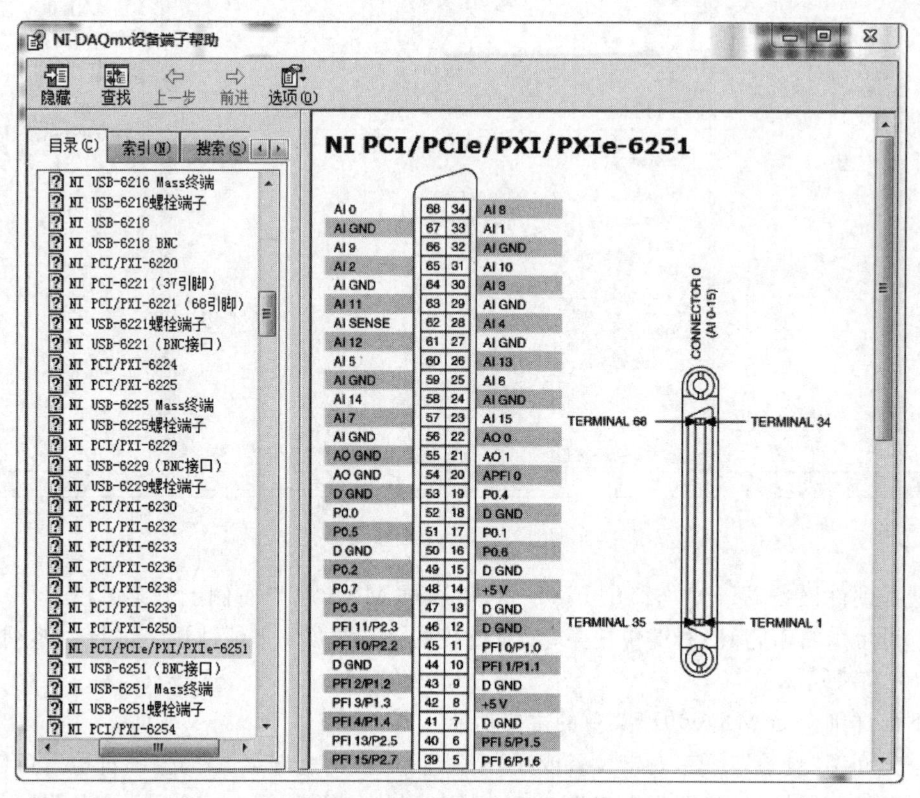

图 10.13　NI-DAQmx 设备端子

在 MAX 中间的窗口中会显示硬件相关信息。设置：显示校准信息；属性：产品序列号；设备连线：硬件内部连接,具体如图 10.14 所示。

了解 MAX 软件基本操作后,接下来要掌握 MAX 软件如何无须编程就可以实现数据采集功能,具体方法有以下两种。

第一种方法是利用测试面板,选中导航树菜单下的硬件设备,例如选择用于演示的计算机上连接了的 NI PCI-6251 多功能数据采集模块,通过右键快捷菜单选择测试面板,即可弹出测试面板窗口,通过测试面板可以设置信号采集的通道、信号采集模式、输入配置模式、输入信号的范围等信息,设置完成单击“开始”,即开始数据采集。如图 10.15 为通过 ai1 输入一个 0V 电压信号,单端接地 RSE 的连续输入模式,最大最小电压范围为±10V 的电压信号开始运行结果。

第二种方法是创建数据采集任务,右击硬件设备选择“创建任务”,数据采集任务创建完毕后,会在“我的系统”→“数据邻居”→“NI-DAQmx 任务”下显示已创建的数据采集任务,如图 10.16 所示。将创建的任务拖放到 VI 的程序框图中,右击“生成代码”,如图 10.17 所示,可自动转换为 LabVIEW 程序,前后面板程序如图 10.18 所示。与此同时,选择 MAX 下数据采集任务中的“连线图”选项卡,还可以看到硬件连接示意图,如图 10.19 所示。

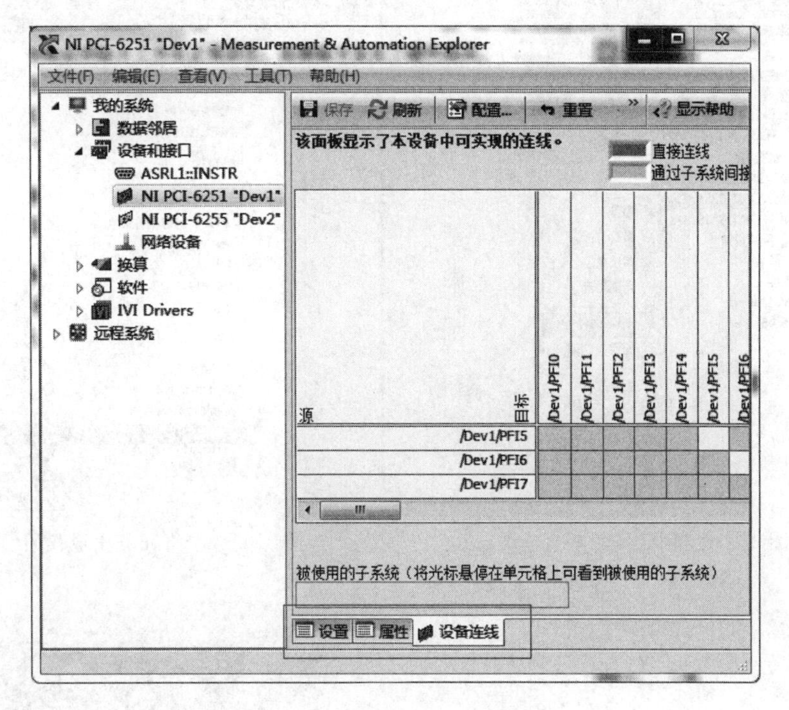

图 10.14 NI-DAQmx 设备连线

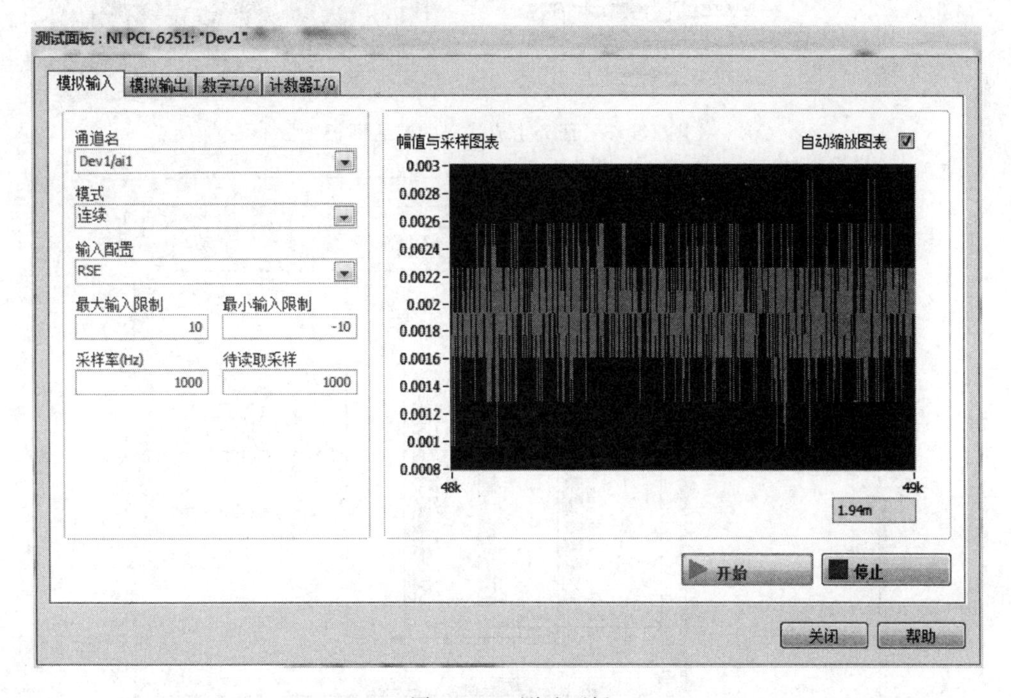

图 10.15 测试面板

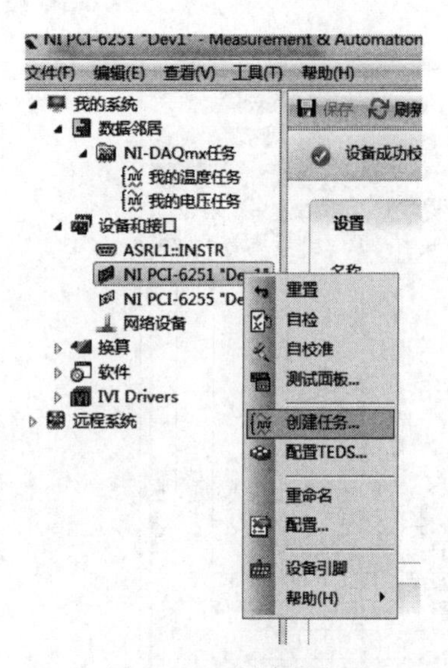

图 10.16 创建任务

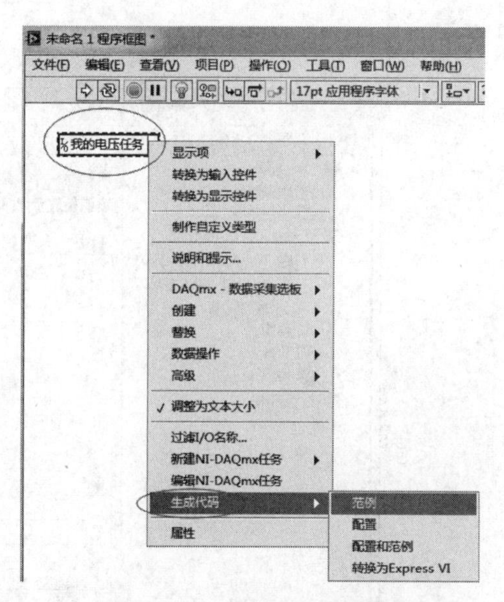

图 10.17 将任务生成代码

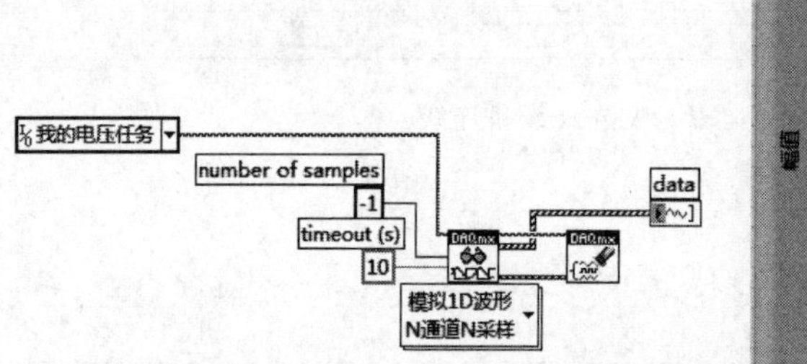

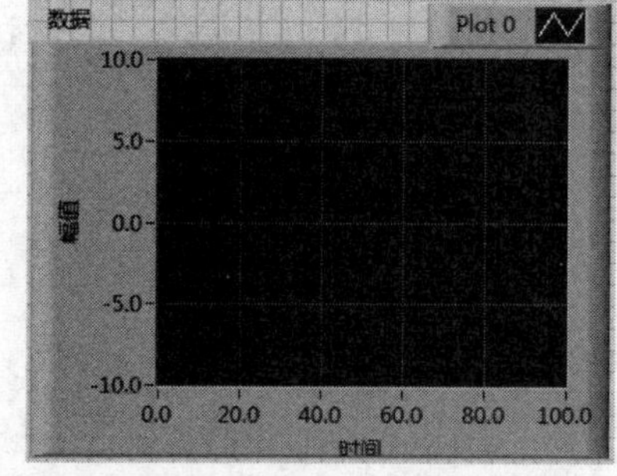

图 10.18 任务生成代码的前后面板

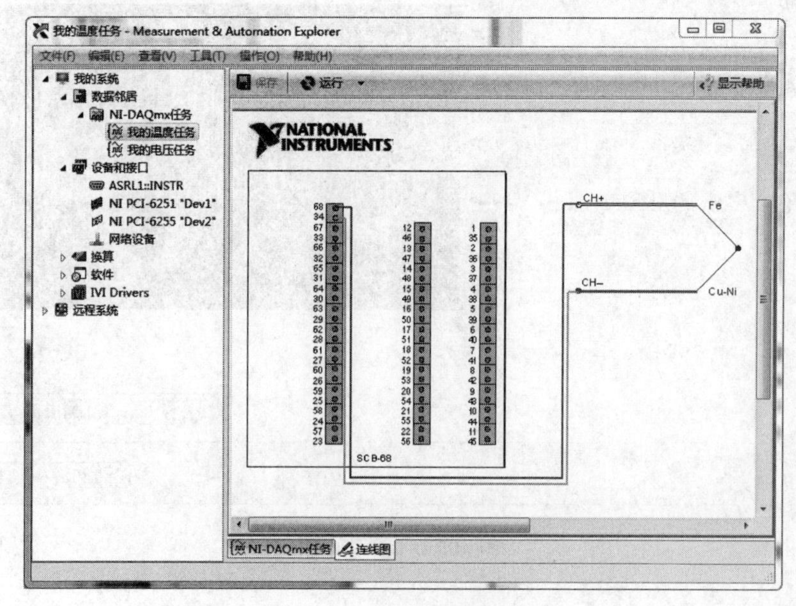

图 10.19 硬件连接示意图

10.3 DAQmx API 函数

API 函数编程不但具有编程灵活的特性，它还能实现一些复杂功能的编程，应用非常广泛。常见的 DAQmx API 函数的 VI 位于程序框图中，右击该函数，选择“测量 I/O”→“DAQmx 数据采集”命令，如图 10.20 所示。

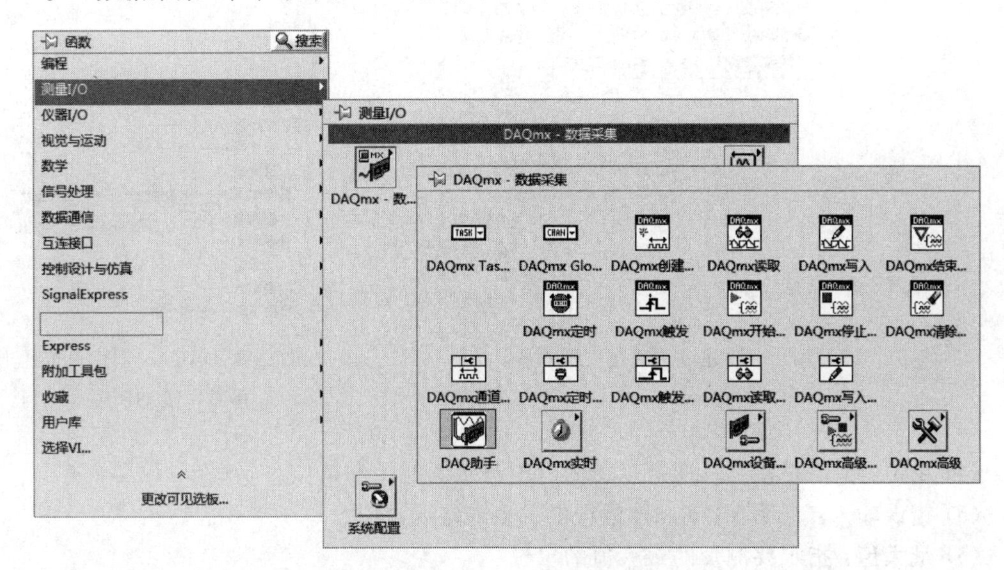

图 10.20 DAQmx API 函数选项板

1. DAQmx 创建虚拟通道

DAQmx 创建虚拟通道函数可以创建单个或多个虚拟通道，并将其添加至任务。该多态 VI 的实例分别对应于通道的 I/O 类型，例如，模拟输入、数字输出或计数器输出。不同的实例对应特定的虚拟通道所实现的测量或生成类型温度测量、电压测量或事件计数，或在某些情况下使用的传感器，例如，用于温度测量的热电偶或 RTD。如图 10.21 所示，以电压输入为例。函数节点的图标和具体端口定义如图 10.22 所示。

(1) 任务输入：任务输入是指定要添加 VI 创建的虚拟通道的任务的名称。如没有指定任务，NI-DAQmx 将自行创建任务并将 VI 创建的通道添加至该任务。

(2) 物理通道：物理通道是指定用于生成虚拟通道的物理通道。DAQmx 物理通道常量包含系统已安装设备和模块上的全部物理通道。也可以为该输入连接包含物理通道列表或范围的字符串。通过“DAQmx 平化通道字符串 VI”可将物理通道数组转换为列表。

(3) 分配名称：分配名称是分配给 VI 创建的定时源的名称。如该输入端未连线，NI-DAQmx 将把物理通道名称作为虚拟通道名称。如将自定义的虚拟通道名称连接至该输入端，在其他 NI-DAQmx VI 或属性节点中引用这些通道时，必须使用自定义名称。对于使用“DAQmx 创建虚拟通道”VI 创建的多个虚拟通道，通过用逗号分隔的列表可为虚拟通道指定名称。如输入的名称数量少于创建的虚拟通道的数量，NI-DAQmx 将为虚拟通道自动分配名称。

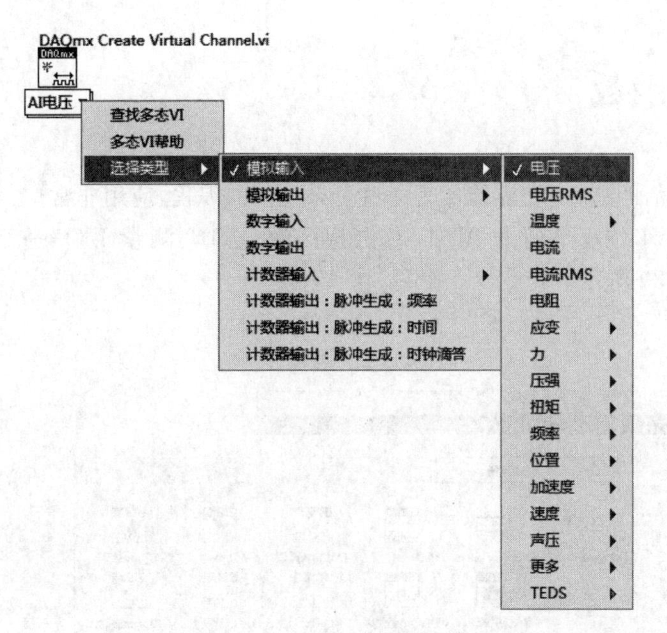

图 10.21　DAQmx 创建虚拟通道类型选择

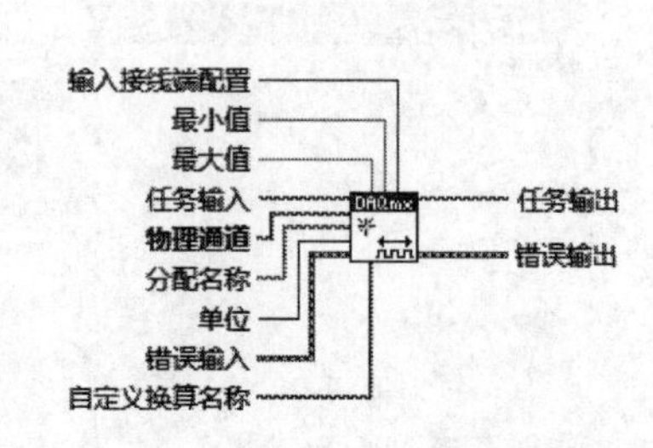

图 10.22　采 DAQmx 创建虚拟通道函数节点的图标和端口

(4) 单位：单位是指定从通道返回的电压测量所使用的单位。

(5) 错误输入：说明 VI 或函数运行前发生的错误。

(6) 最大值：指定要测量的最大值的单位。

(7) 最小值：指定要测量的最小值的单位。

(8) 输入接线端配置：指定通道的输入接线端配置。接线端配置具有四种模式：默认接线端配置、差分模式、非参考单端模式(NRSE)、伪差分模式、参考单端模式(RSE)。

(9) 自定义换算名称：指定用于通道的自定义换算的名称。如需将自定义换算用于通道，可为该输入端连接自定义换算，并将单位设置为来自自定义换算。

(10) 任务输出：是 VI 执行结束后，对任务的引用。任务中包含全部新建的虚拟通道。任务输入没有连线时，NI-DAQmx 将自动创建该输出引用的任务。

(11) 错误输出：包含错误信息。如错误输入表明错误发生在 VI 或函数运行前，错误输出将包含相同的错误信息。

2. DAQmx 读取

该 VI 是读取用户指定任务或虚拟通道中的采样，实际上也就是从缓存区域读取数据。不同的读取实例可以返回采样的不同格式、同时读取单个/多个采样或读取单个/多个通道。下面以最简单的模拟 DBL 1 通道 1 采样为例，模拟 DBL 1 通道 1 采样包含单个模拟输入通道的任务中，读取单个浮点采样。该函数节点的图标和具体端口定义如图 10.23 所示。

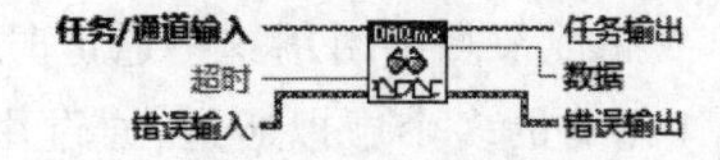

图 10.23　模拟 DBL 1 通道 1 采样读取函数节点的图标和端口

(1) 超时：指定等待可用采样的时间，单位为秒。

(2) 数据：返回采样。

其他端口含义参见DAQmx创建虚拟通道(VI)，与电压输入函数的端口含义相同。

3. DAQmx写入

该VI是在用户指定的任务或虚拟通道中写入采样数据，实际上也就是写入缓存区域。不同的写入实例可以实现写入不同格式的采样、写入单个/多个采样，以及对单个/多个通道进行写入。下面以最简单的模拟DBL 1通道1采样为例。模拟DBL 1通道1采样在包含单个模拟输出通道的任务中，写入单个或多个浮点采样。该函数节点的图标和具体端口定义如图10.24所示。

(1) 超时：指定等待VI写入全部采样的时间，以秒为单位。

(2) 数据：包含要写入任务的采样。数据的写入单位与生成单位一致，并且包含自定义换算。

(3) 自动开始：指定在没有通过DAQmx开始任务VI开始运行任务时，VI是否自动开始执行。

(4) 每通道写入采样数：是VI成功写入的实际采样数。

其他端口含义参见DAQmx创建虚拟通道(VI)，与电压输入函数的端口含义相同。

4. DAQmx定时

用于指定设备的数据采集操作是否连续或有限，配置要获取或生成的采样数，并创建所需的缓冲区。属性包含VI中的所有定时选项，以及其他定时选项。以采样时钟为例，函数节点的图标和具体端口定义如图10.25所示。

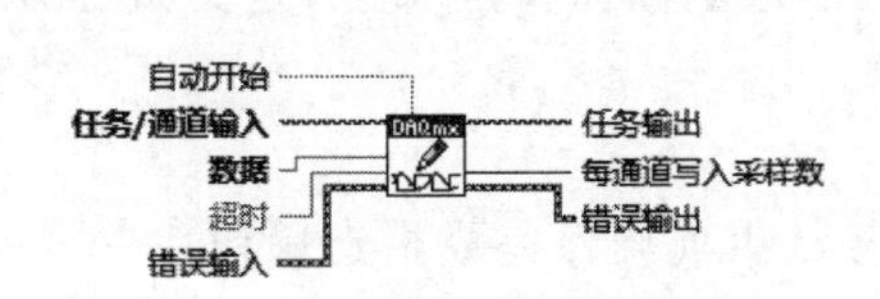

图10.24　模拟DBL 1通道1采样写入函数节点的图标和端口

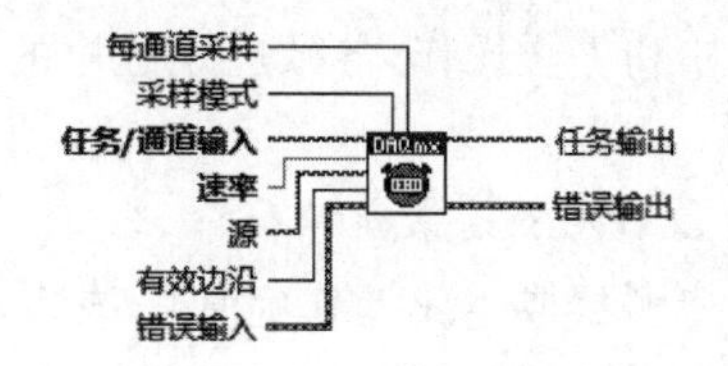

图10.25　采样时钟函数节点的图标和端口

(1) 速率：如使用外部源作为采样时钟，应将该输入设置为时钟的最大预期速率。

(2) 源：指定采样时钟的源接线端。如未连线该输入端，将使用设备的默认板载时钟。

(3) 有效边沿：指定在采样时钟脉冲的上升/下降沿采集/生成采样。

(4) 采样模式：指定任务是否连续采集或生成采样，或者采集或生成有限数量的采样。

其他端口含义参见DAQmx创建虚拟通道(VI)，与电压输入函数的端口含义相同。

5. DAQmx触发

触发是NI-DAQmx控制的设备进行的动作，称为操作。常见的操作包括生成一个采样、开始一个波形采集。每个NI-DAQmx操作都需要一个激励或原因。操作在激励发生时进行。这个激励就是触发。实际编程过程中，除了要指定触发引起的操作之外，还必须选择触发的类型，即如何产生这个触发，最常用的类型为开始触发和参考触发。这些触发都可以配置成"无""数字边沿""数字模式""模拟边沿""模拟窗"5种方式。

以数字边沿为例，函数节点的图标和具体端口定义如图10.26所示。

(1) 边沿：指定开始采集或生成采样的数字信号边沿。“下降”，即在数字信号的下降沿开始采集或生成采样；“上升”，即在数字信号的上升沿开始采集或生成采样。

(2) 源：指定作为触发源的数字信号所在接线端的名称。

其他端口含义参见DAQmx创建虚拟通道(VI)，与电压输入函数的端口含义相同。

6. DAQmx开始任务

DAQmx开始任务是使任务处于运行状态，开始测量或生成。如未使用该VI，DAQmx读取VI运行时测量任务将自动开始。该VI并不是必须使用，但是如果在循环中多次使用“DAQmx读取”VI，未使用“DAQmx开始任务”VI，任务将反复进行开始，导致应用程序的性能降低。该VI的图标和具体端口定义如图10.27所示。

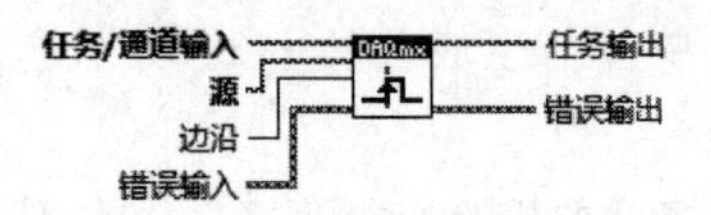

图10.26 数字边沿触发函数节点的图标和端口

图10.27 DAQmx开始任务的图标和端口

7. DAQmx停止任务

停止任务，使其返回DAQmx开始任务VI运行之前或自动开始输入端为TRUE时DAQmx写入VI运行之前的状态。与DAQmx开始任务类似，如在循环中多次使用DAQmx读取VI或DAQmx写入VI时，未使用“DAQmx开始任务”VI和“DAQmx停止任务”VI，任务将反复进行开始和停止操作，导致应用程序的性能降低。该VI的图标和具体端口定义如图10.28所示。

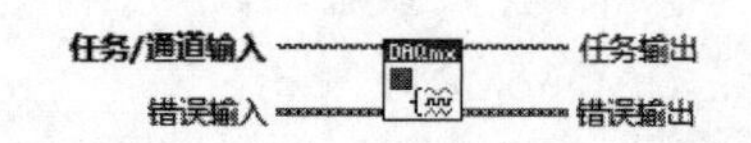

图10.28 DAQmx停止任务的图标和端口

8. DAQmx结束前等待

等待测量或生成操作完成。该VI用于在任务结束前确保完成指定操作。一般情况下，“结束前等待”函数通常与有限次测量或生成任务一起使用。对于有限次生成，如开始一个进行有限次信号生成的任务，然后立即停止任务，停止任务时生成可能没有完成，生成没有按照预期完成。要保证有限次信号生成按照预期完成，在停止任务前调用“结束前等待”函数。“结束前等待”函数执行后，有限次生成任务完成，然后任务停止。该VI的图标和具体端口定义如图10.29所示。

超时(秒)：指定等待写入或生成操作的最大时间，以秒为单位。

9. DAQmx清除任务

在清除之前，VI将中止该任务，并在必要情况下释放任务保留的资源。清除任务后，将无法使用任务的资源，必须重新创建任务。该VI的图标和具体端口定义如图10.30所示。

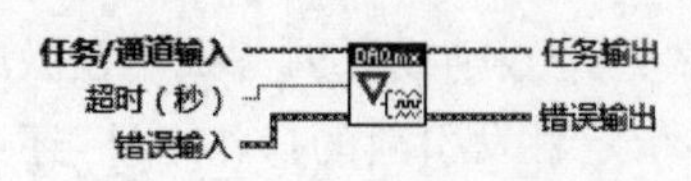

图10.29 DAQmx结束前等待的图标和端口

图10.30 DAQmx清除任务的图标和端口

10.4 DAQ 助手 Express VI

DAQ 助手 Express VI，即 LabVIEW 中的"数据采集助手"快速 VI，是用于配置测量任务、通道和换算的图形化界面，并在 LabVIEW 等软件中使用这些通道和任务。DAQ 助手无须编程，只需交互地配置通道、定时、触发和换算。缩短了开发时间，几分钟就可完成一个应用程序。如果通过 DAQ 助手创建了一个应用程序后又需要其一些隐藏的功能，可从 NI 的应用程序开发环境中基于 DAQ 助手生成等效的 API 代码。下面将通过具体的实例来介绍 DAQ 助手的使用方法。

首先，启动 DAQ 助手。既可以通过 LabVIEW 启动，也可以通过配置管理软件 MAX 启动。

通过 LabVIEW 启动有两种方式，一种是启动 LabVIEW，通过前面板，即"新建一个 VI"→"前面板"→"右键控件"→"新式/银色/经典"→I/O→"DAQmx 名称控件"→"DAQmx 任务名控件"，如图 10.31 所示。将 DAQmx 任务名控件添加到前面板，右击，选择"新建 NI-DAQmx 任务"→"MAX"，如图 10.32 所示，单击选中"MAX"即可弹出如图 10.33 所示 DAQ 助手新建任务对话框，即成功启动 DAQ 助手。另一种是通过程序框图启动，即"新建一个 VI"→"程序框图"→"右键控件"→"测量 I/O"→"DAQmx 数据采集"→"DAQ 助手"，如图 10.34 所示，将 DAQ 助手拖到程序框图中也可弹出如图 10.33 所示 DAQ 助手新建任务对话框。

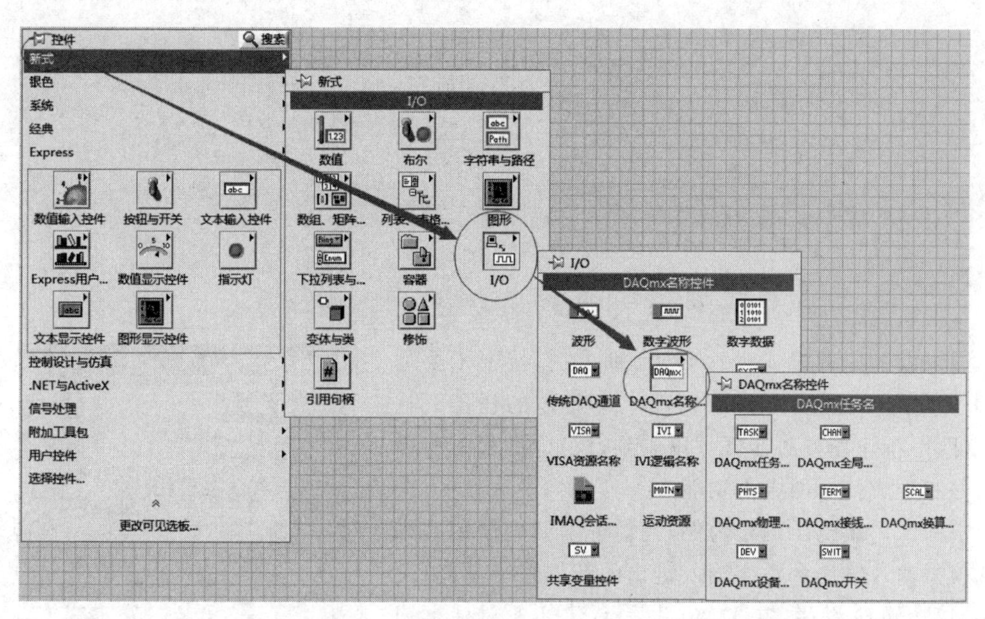

图 10.31 LabVIEW 前面板控件 DAQmx 名称控件下的 DAQmx 任务名

通过配置管理软件 MAX 也有两种方式启动 DAQ 助手：一种是"打开 MAX"→右击，选择"数据邻居"→"新建"→"NI-DAQmx 任务"，或者在"数据邻居"下拉菜单中选择"NI-DAQmx 任务"。另一种方式是选择"设备与接口"，选择一个硬件设备，右击，选择"创建任务"命令，如图 10.35 所示。这两种方法创建后也都可得到 DAQ 助手新建任务对话框。

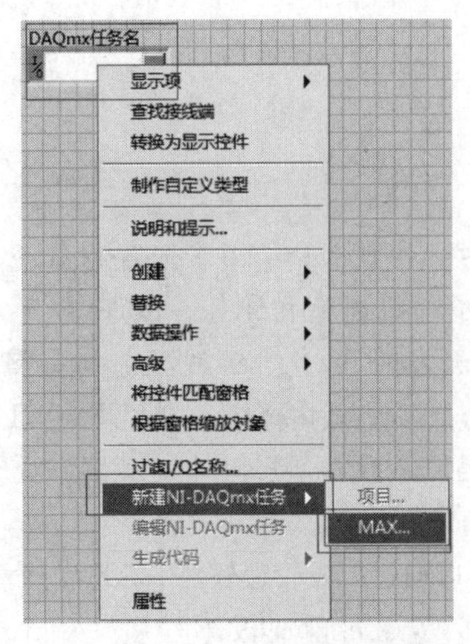

图 10.32　DAQmx 任务名控件

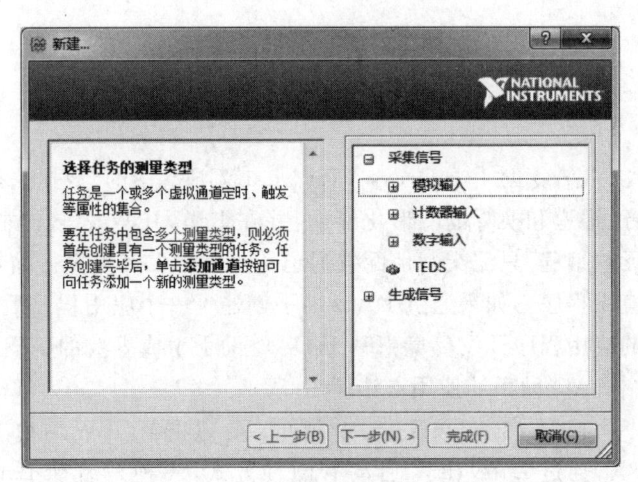

图 10.33　DAQ 助手新建任务对话框

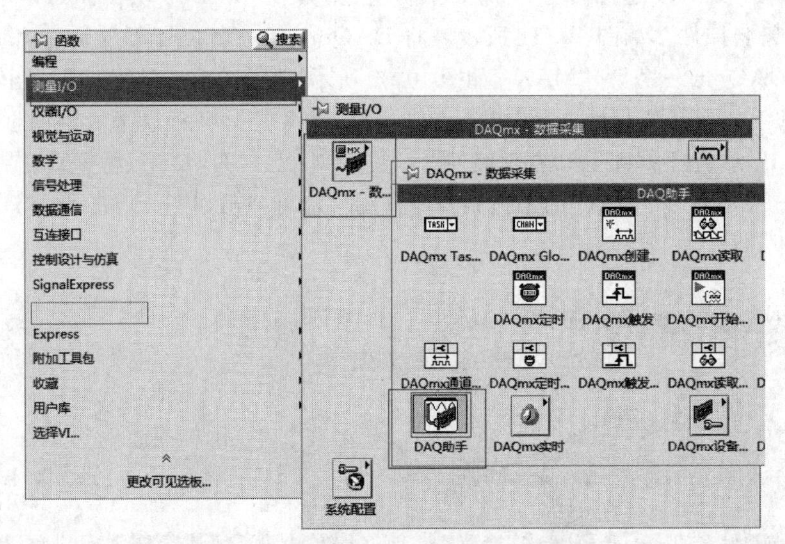

图 10.34　通过程序框图选择 DAQ 助手

通过以上四种方式启动 DAQ 助手后，接下来要通过 DAQ 助手按照实际需求创建一个具体的任务。从 DAQ 助手新建任务对话框可以看到，DAQ 助手具有采集信号和生成信号两大类功能。

下面以采集电压信号为例，具体说明如何使用它来实现模拟输入输出和数字输入输出的数据采集功能。

启动 DAQ 助手，在 DAQ 助手新建任务对话框窗口中选择“采集信号”→“模拟输入”→“电压”，如图 10.36 所示。进而选择 DAQ 设备上用来采集电信号所用的物理通道，例如 ai0，如图 10.37 所示，然后单击“完成”按钮，创建完成。

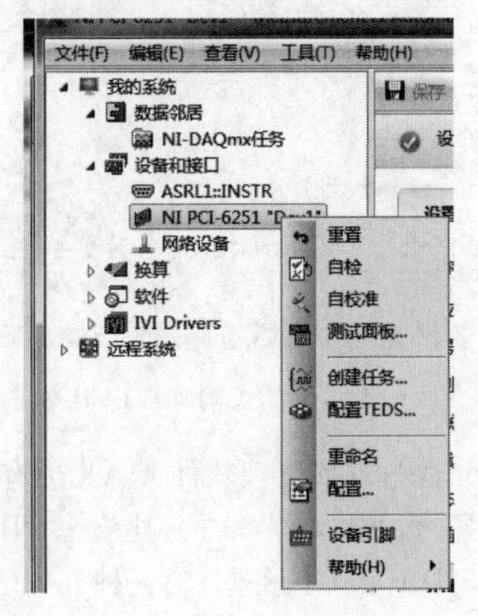

图 10.35　通过 MAX 启动 DAQ 助手

任务创建完成以后，进入数据采集界面，单击“添加通道”可添加需要采集的信号类型，如图 10.38 所示。界面下方的输入框可设置数据采集参数。设置完成后，连接好对应的数据采集硬件设备。单击左上角“运行”按钮，即可进行数据采集。

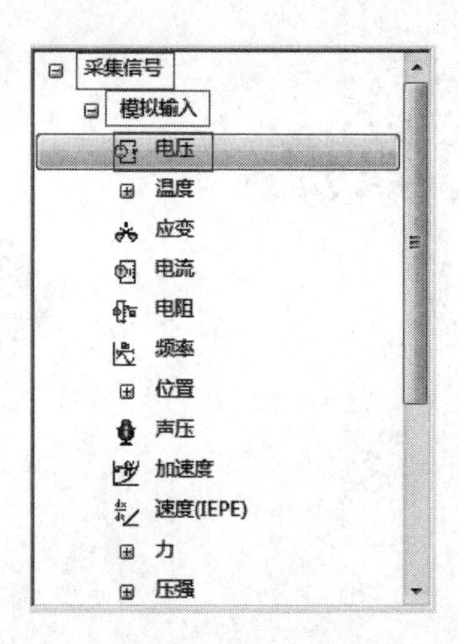

图 10.36 选择模拟输入电压信号

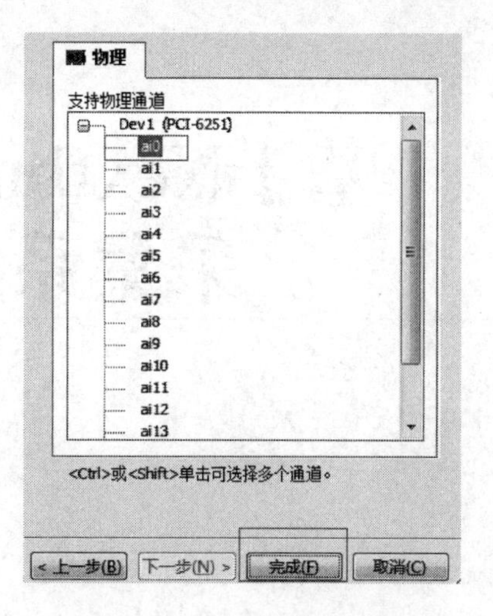

图 10.37 选择信号通道

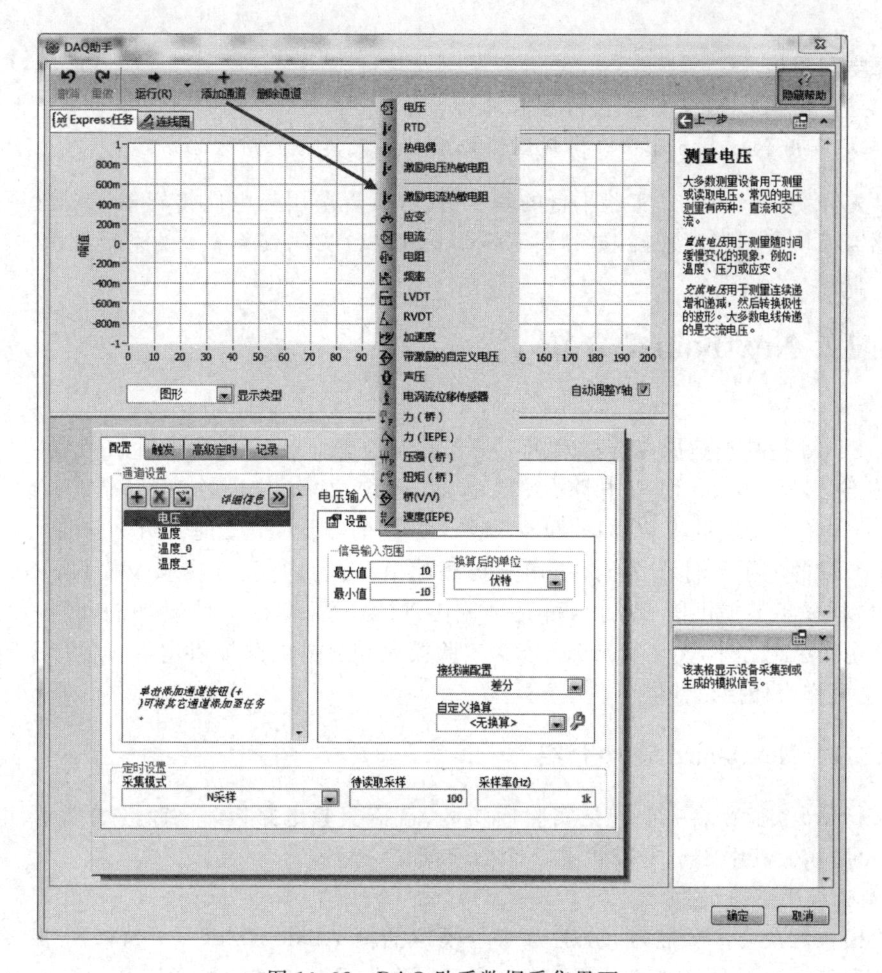

图 10.38 DAQ 助手数据采集界面

第11章

基于Nextboard的数据采集系统设计

本章学习目标

- 了解 Nextboard 实验平台的基本情况
- 掌握利用 Nextboard 平台实现温度以及数字采集的使用方法

本章先介绍 Nextboard 实验平台的基本情况，接着采用热电偶传感器以及泛华公司提供的传感器模块实现温度采集，再利用 Nextboard 平台实现数字信号的采集设计。

11.1 Nextboard 介绍

Nextboard 是基于虚拟仪器技术用于工程教学的实验平台，配合自主开发的实验模块，可以完成传感器、电工、模拟电路、数字电路、通信原理、基础物理、控制原理等实验。Nextboard 具有 6 个实验模块插槽，可支持多个系列的实验模块；提供两块标准尺寸的面包板和一定数量的电子元件作为附件，用户可搭建电路或自行设计实验及模块；Nextboard 还为 NI 数据采集卡提供信号路由，可完全替代 NI 数据采集卡接线盒功能，轻松使用数据采集卡资源；除此之外，Nextboard 还能为实验模块和自搭电路提供电源，既可用于有源电路供电，也可作为外接设备供电。

11.1.1 Nextboard 硬件介绍

Nextboard 实验平台主要包括实验模块区、自搭实验电路区、68 针接线端子、电源区，如图 11.1 所示。其中 4 个模拟插槽，2 个数字插槽。

1. 实验模块

实验模块区共有 6 个插槽，分别为 4 个模拟插槽 Analog Slot 1～4，如图 11.2 所示，2 个数字插槽 Digital Slot1～2，如图 11.3 所示。数据采集卡的模拟通道和数字通道分配到实验模块区的 Analog Slot 和 Digital Slot 上。

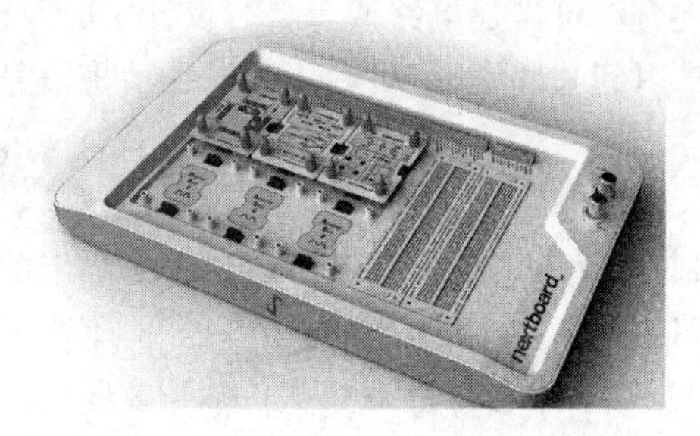

图 11.1 Nextboard 实验平台

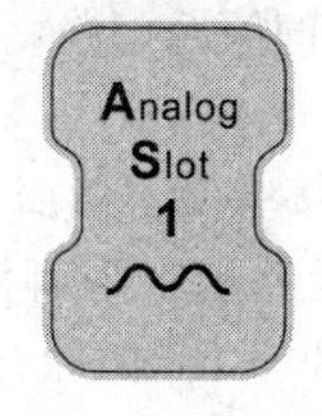

图 11.2 模拟插槽

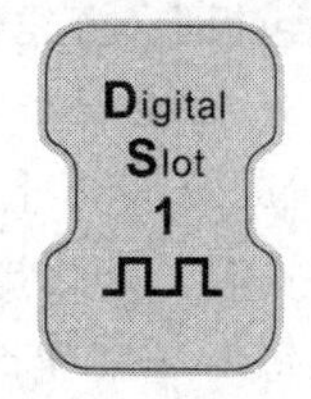

图 11.3 数字插槽

Analog Slot 模拟插槽用于那些需要使用模拟信号的实验模块。Analog Slot 提供最多 4 通道模拟输入。当使用单端测量方式时，4 个通道可以独立使用，信号共地；当使用差分测量方式时，4 个通道成对组成差分，这时最多可以使用两个模拟输入通道。

Analog Slot 全部 4 个模拟插槽共用两个模拟输出。当其中一个插槽中的模拟输出信号发生改变时，其他插槽对应位置的模拟输出信号也会相应发生改变。需要注意的是，当有多个实验模块使用到模拟输出通道时，要避免同时运行模拟输出，否则将造成模拟输出资源分配不正常，得到的实验数据也不正确。因此，在实验前，需要特别关注所使用的实验模块占用信号资源的情况。

Analog Slot 还提供了两个数字通道，为模拟实验模块扩展功能提供帮助。这两个数字通道既可以做输入，也可以做输出。输入输出的切换可以通过 NI DAQmx 软件驱动中的 DAQ Test panel 实现，或者使用 Nextboard 应用程序 Nextboard assistant 中的 Nextboard 调试面板实现。

Digital Slot 数字插槽用于那些需要同时使用多个数字信号或脉冲信号的实验模块。Digital Slot 提供了最多 7 个数字通道，这 7 个数字通道既可以做输入，也可以做输出，还可以作为脉冲信号的输入输出使用。输入输出的切换同样可以通过 NI DAQmx 软件驱动中的 DAQ Test panel 实现，或者使用 Nextboard 应用程序中的 Nextboard 调试面板实现。

无论是 Analog Slot 还是 Digital Slot 都为实验模块提供了数字通信扩展通道，通信功能通过预留的数字输入输出和软件联合实现。通信协议通过软件自定义完成。Nextboard 官方预留的通信协议是 i2c 协议，用来识别模块类型。特别注意的是，在使用所有模块之前，都要先区分模块的类型，如果插错插槽，会导致模块工作不正常，甚至损坏模块。插槽占用 NI DAQ 资源表如表 11.1 所示。

表 11.1 槽位占用 NI DAQ 资源表

Digital Slot 1	Digital Slot 2	Analog Slot 1	Analog Slot 2	Analog Slot 3	Analog Slot 4
P2.0	P1.3	A/2	A/0	A/6	A/4
P2.1	P1.4	A/10	A/8	A/14	A/12
P2.2	P2.3	A/3	A/1	A/7	A/5
P2.4	P2.5	A/11	A/9	A/15	A/13
P1.6	P1.7	AO0	AO0	AO0	AO0
P2.6	P2.7	AO1	AO1	AO1	AO1
P0.3	P0.6	P1.1	P1.0	P1.5	P1.2
		P0.2	P0.1	P0.5	P0.4

2. 自搭实验电路区

Nextboard 提供了两块 SYB-130 规格的面包板，可搭建电路或者自行设计实验及模块。但面包板并没有任何信号通道连接，如果需要使用到某些资源，可利用线缆手动将信号连接到面包板上，搭建自己需要的实验电路。

3. 68 针接线端子

Nextboard 上的 68 针接线端子依照引脚顺序罗列了 68 针 NI DAQ 数据采集卡的所有硬件资源。查找接线端子上对应的引脚注释可以迅速查找到需要的端口。68 针端子不输入到每个 Slot 里的资源是共享的，因此在使用这些资源进行数据采集时，注意避让实验模块上已经占用的硬件资源。

4. 电源区

Nextboard 提供了独立于数据采集卡的 5V、±15V 稳压电源、±12V 可调电源，分别对应最大额定电流 1.5A、0.8A、0.5A，5 个电源共地。与数据采集卡不同的是，这 5 个电源都可以提供比较大的驱动功率。这 5 个电源可以通过 Nextboard 顶端的 10 针接线端子接出使用，同时也引入 6 个 Slot 中，为实验模块供电。±12V 可调电源的调节旋钮在 Nextboard 的右上角。当调节旋钮时，接线端子、6 个 Slot 中的±12V 会一起随之改变。因此，需要避免使用该电源的多个模块同时进行实验。

11.1.2 Nextpad 软面板介绍

Nextboard 是基于 NI DAQ 数据采集卡的实验平台，因此可以直接使用 NI DAQmx 驱动程序对其编程，以完成各种实验内容。泛华提供的 Nextboard 软面板，可供用户直接在软面板中完成各种实验内容的学习，并且可以很方便地使用与调试 Nextboard 上的全部资源。

1. 软面板的图标

Nextboard 等多种软件板基于泛华工程教育产品 nextpad 软件平台，在安装课程程序前需要先安装 nextpad。双击 nextpad installer 图标，如图 11.4 所示，开始安装 nextpad。

图 11.4 nextpad 图标

2. 打开传感器界面

Nextboard 软面板界面功能按钮分别为主页、模块分布、课程列表、Nextboard 调试面板，如图 11.5 所示。

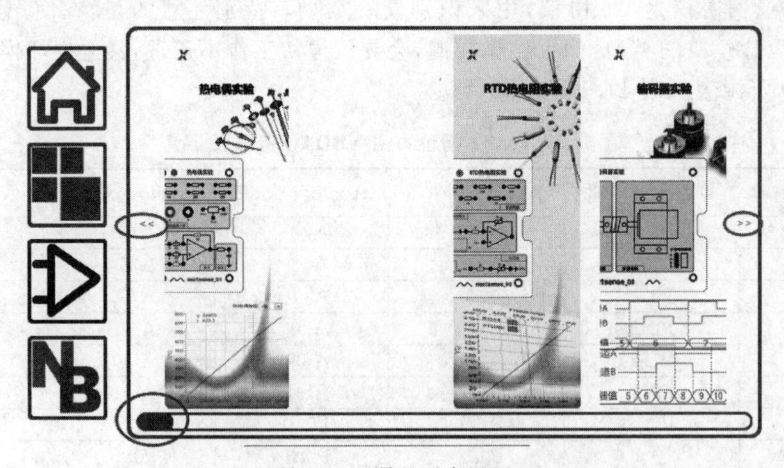

图 11.5 课程列表界面

11.2　基于 Nextboard 温度采集系统的设计

温度采集系统的设计主要包括温度传感器的选择、操作面板设计和能够实现数据实时采集功能的程序设计。面板用于人机交流、对面板上的各种控件进行操作。后台运行的功能程序实现数据采集、存储等功能。

本节主要介绍利用热电偶温度传感器实现温度采集，该实验模块是基于泛华工程教育产品 Nextboard 硬件实验平台和对应的 nextpad 软件平台，利用 NI 公司的第三代数据采集硬件驱动程序 DAQmx，通过 PXI-6251 和 nextsense01 热电偶模块配合，外接 K/J 型热电偶，既可以通过 nextpad 软件实现温度实时采集，也可以通过以 LabVIEW 软件为开发平台，自行设计温度采集系统，实现温度信号的采集。

11.2.1　热电偶工作原理

热电偶传感器由两种不同的导体材料相连接组成，当节点处温度（T）变化时，热电偶的另两端（温度 T_0）将产生热电势变化 $E_{AB}(T,T_0)$，节点一端称为工作端，另外两端称为参考端或冷端（cold junction reference，CJR）。实验证明，回路的总电势如公式(11-1)所示。

$$E_{AB}(T,T_0)=\int_{T_0}^{T}a_{T_{AB}}\,dT=E_{AB}(T)-E_{AB}(T_0) \tag{11-1}$$

其中，$a_{T_{AB}}$ 为热电势率。其值与热材料和节点温度有关。常见的热电偶可分为标准和非标准两大类。标准热电偶是指国家标准规定了热电势与温度的关系、误差，并有统一的标准分度表的热电偶。目前，国际电工委员会（IEC）推荐了 8 种类型的热电偶作为标准化热电偶，即为 T 型、E 型、J 型、K 型、N 型、B 型、R 型和 S 型。热电偶将两种不同材料的导体或半导体 A 和 B 焊接起来，构成一个闭合回路，如图 11.6 所示。

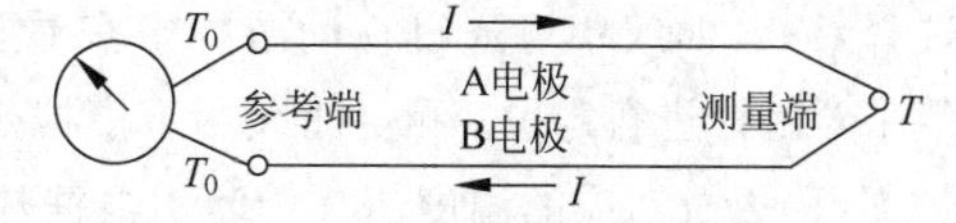

图 11.6　热电偶原理图

当导体 A 和 B 的两个节点 1 和 2 之间存在温差时，两者之间便产生电动势，因而在回路中形成电流，这种现象称为热电效应。两种不同成分的导体（称为热电偶丝材或热电极）两端接合成回路，当接合点的温度不同时，在回路中就会产生电动势，热电偶就是利用这种原理进行温度测量的，其中，直接用作测量介质温度的一端叫作工作端，另一端叫作冷端。

11.2.2　热电偶实验面板介绍

热电偶实验模块的课程程序基于泛华工程教育产品 nextpad 软件平台，通过 nextpad 软件平台和热电偶硬件设备实现温度采集。本节将详细讲述 nextpad 热电偶实验模块软面板的使用。

打开“nextpad 软件”→“传感器实验模块”→“热电偶实验”，双击进入热电偶实验模块，如图 11.7 所示。热电偶实验软面板的主体是课程选项卡，它共由 6 个部分组成：传感器介绍、特性曲线、实验内容、仿真与测量、自动测量、例程演示。另外设置使用帮助按钮 ?、数据保存 数据保存 以及硬件刷新 Refresh 3 个功能按钮。单击使用帮助按钮可以打开使用手册；实验结束后，单击该按钮保存实验数据；当模块更换插槽或者数据采集设备更换时需要单击硬件刷新按钮重新识别。

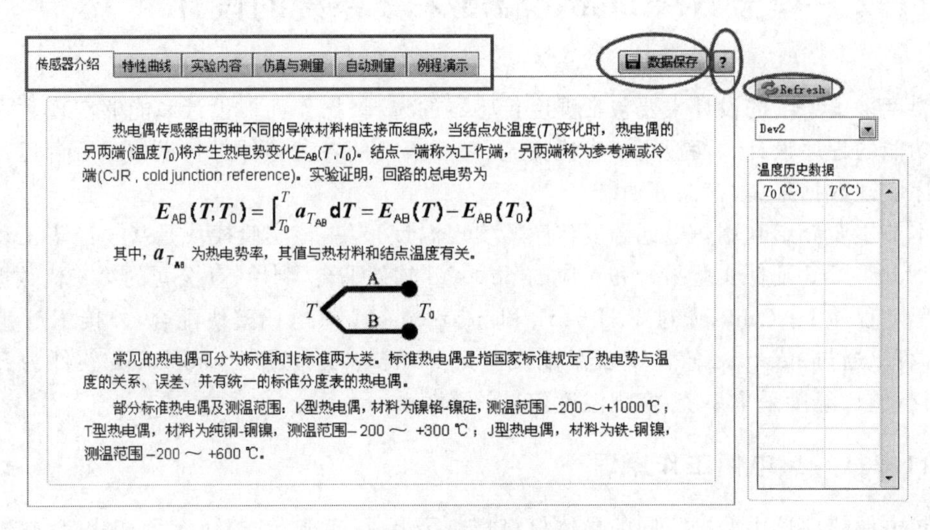

图 11.7　热电偶实验模块软面板界面

课程选项卡的 6 个部分依次对实验流程进行了详细说明。“传感器介绍”，如图 11.7 所示，对热电偶的结构原理、热电势计算公式以及常用类型进行了说明。

“特性曲线”包含 V-T 曲线及测温曲线两个曲线图，描绘了 B 型、E 型、J 型、K 型、R 型、S 型、N 型等常用热电偶的热电势-温度曲线，通过曲线可以了解各种热电偶所对应的测温范围。图 11.8 是以 K 型热电偶为例，根据实验实际选用的热电偶类型在下拉菜单中对应选择，V-T 曲线中可通过移动游标来查看当前热电势 V 以及温度 T，也可以修改 V 值或 T 值来对游标进行定位；测温曲线用于模拟热电偶测温原理，曲线图两个 Y 轴分别显示了热电势 $E(T)$以及对应的温度值 T(℃)。根据热电偶温度计算的原理 $E(T)=E(T_0)+E(T,T_0)$，移动冷端电势 $E(T_0)$滑块值或热电势 $E(T,T_0)$表针，都将对最终的温度曲线产生直接影响。

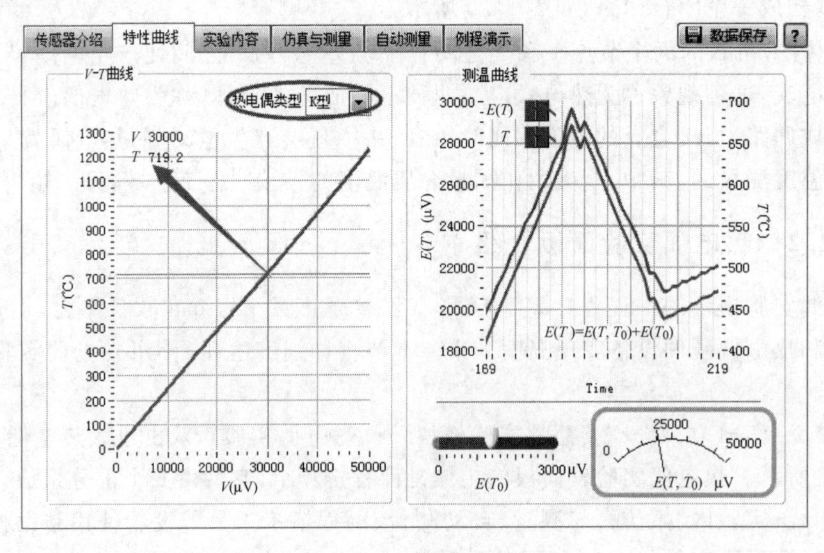

图 11.8　特性曲线

"实验内容"罗列了热电偶实验的课程要求，按照要求逐步完成课程，如图 11.9 所示。课程面板中的很多参数都可以通过鼠标拖动的方式进行调整，尝试改动这些值，研究该参数对测量结果的影响。

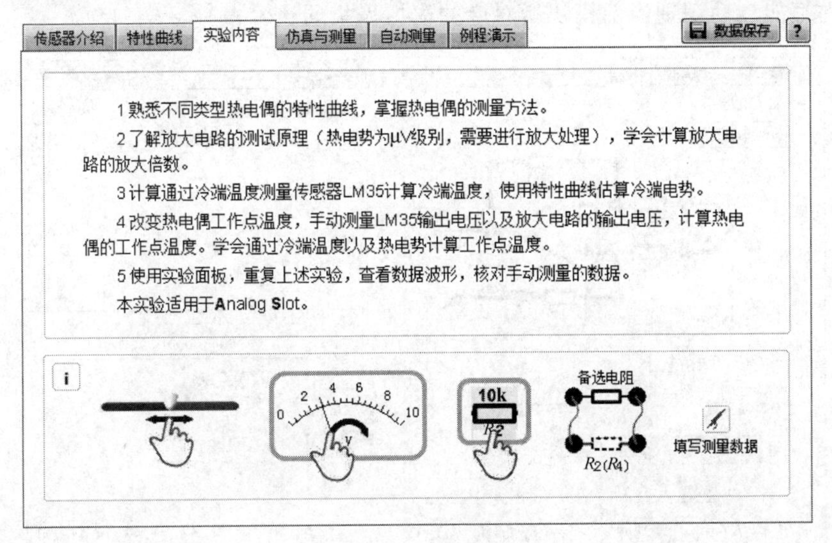

图 11.9　实验内容

"仿真与测量"包含了电路原理仿真以及真实手动测量实验，如图 11.10 所示。移动滑块调整 R_2(R_4)值，查看放大倍数 Gain 的变化。移动 V_{out} 电压表指针，查看在当前放大倍数下的 $E(T,T_0)$。在实际测量中，热电偶的冷端 T_0 不为 0℃，因此在计算工作点温度时，需要将冷端温度考虑在内。热电偶实验模块采用 LM35 温度传感器测试冷端温度，其输出电压和温度的比值为 10mV/℃，通过采集 LM35 输出电压推算当前冷端温度以及冷端电势。移动冷端温度仿真下的 V_{CJR} 电压值，查看对应温度以及冷端电势的变化情况。在硬件电路连接好以后，使用万用表等测试工具手动测量 V_{out}、V_{CJR}，使用特性曲线表的游标估算 $E(T,T_0)$ 以及 $E(T_0)$，并完成面板上给出的表格。

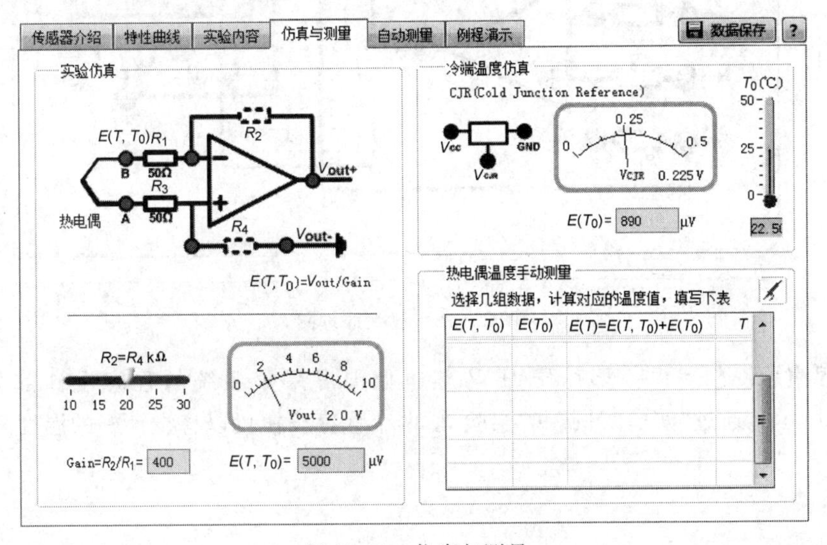

图 11.10　仿真与测量

“自动测量”显示了实验模块的实际测试值，如图 11.11 所示。放大电路模拟部分给出了放大原理图，如图 11.12 所示。单击图 11.11 中的 R_2 或者 R_4，将放大电路中的 R_2 和 R_4 修改为实际连接值。实验模块的 V_{CJR} 以及放大后的电压 V_{out} 连接到了采集卡的模拟采集端口上，软件都能自动识别当前模块所对应的模拟采集通道。

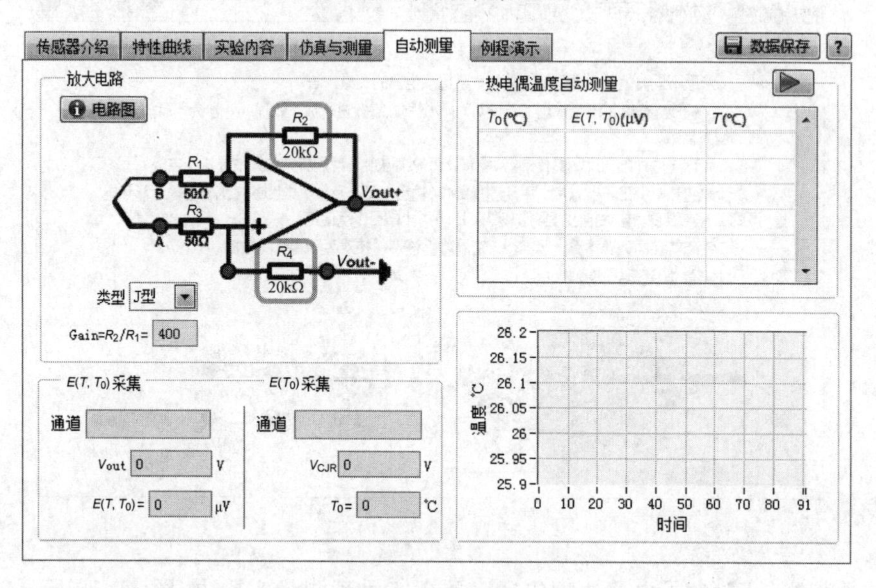

图 11.11 自动测量

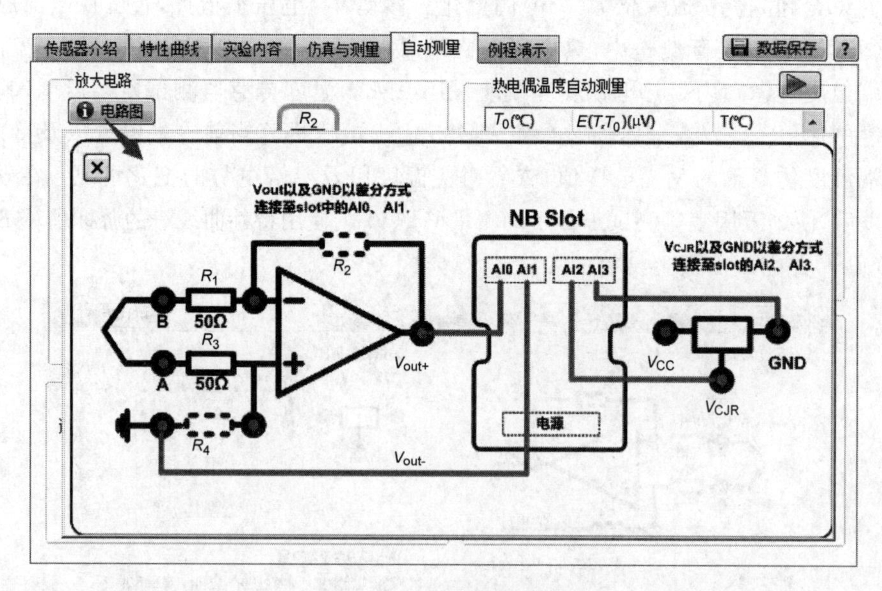

图 11.12 放大原理图

“例程演示”显示了基于 LabVIEW 热电偶温度采集系统的程序设计部分过程，如图 11.13 所示。通过“实验实例”和“实验 Ⅵ”两个保存按钮可以将设计好的温度采集程序保存下来。

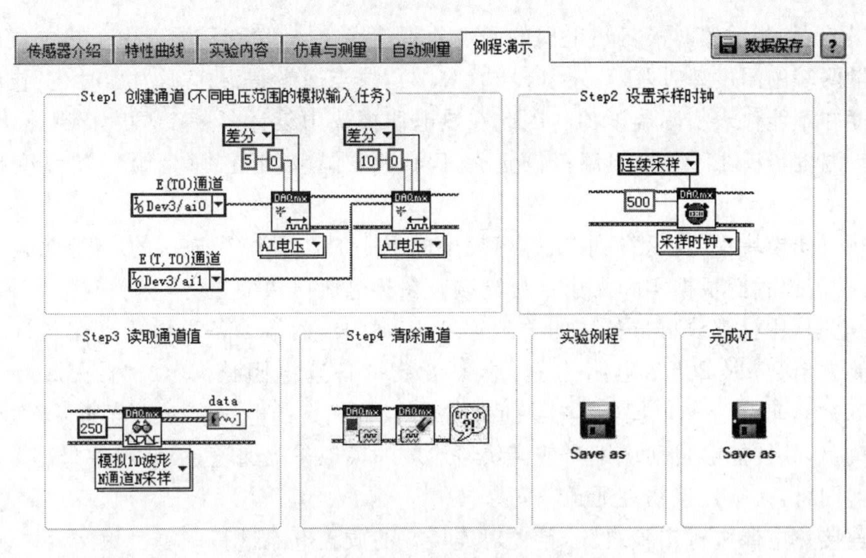

图 11.13 例程演示

11.2.3 基于 Nextpad 软件的热电偶温度采集

首先,关闭 Nextboard 平台电源,插上热电偶实验模块,然后开启平台电源,此时可以看到模块左上角电源指示灯亮,如图 11.14 所示。热电偶实验属于模拟实验模块,适用于 Analog Slot。

通过前面的学习,已经了解热电偶传感器的工作原理。在热电偶实验模块中,由于热电偶的输出只是微幅级别,因此在热电偶模块的下半部分设计了放大倍数可调的调理电路,电路图如图 11.15 所示,调理电路的输入端为 A、B 端,输入端为 V_{out} 端。A、B 端对应上面的

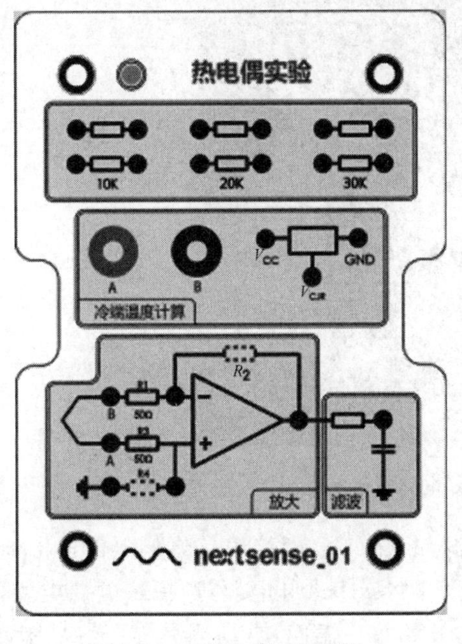

图 11.14 热电偶实验模块

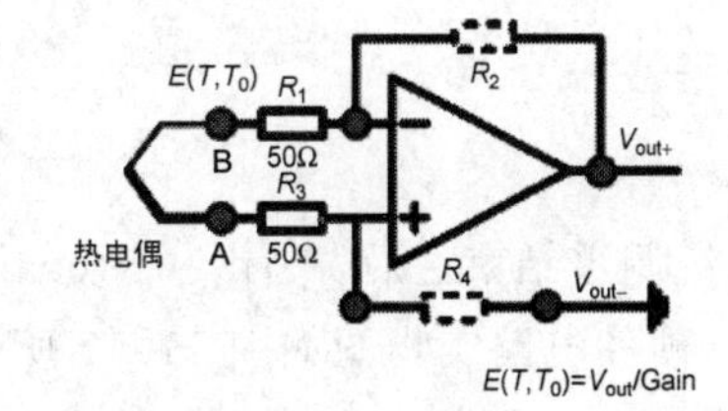

图 11.15 热电偶实验模块调理电路

两个红黑节点，测试的时候将热电偶的两端分别连接在A端和B端。由于热电偶的工作原理是测量两端的温度差，即工作端和冷端(A、B)，故当冷端得温度不为零时，工作端所测试到的温度并不能代表实际温度值。因此在热电偶模块中设计了一个温度传感器IC计算冷端温度。温度传感器IC的测温范围远远小于热电偶，因此它只是给冷端温度提供一个参考。

在热电偶模块中，可以看到，实验模块中的R_2和R_4是虚线连接的，即在实际中是缺失的，也就是需要我们根据实际需求自行连接。在热电偶模块的上方，提供两组10kΩ、20kΩ、30kΩ的电阻，用杜邦线可将备选的电阻连到R_2和R_4两端。备选电阻的阻值决定了电路实际的放大倍数，以20kΩ电阻为例，放大倍数＝备选电阻值/50Ω，例：$\text{Gain}=R_2/R_1=20\text{k}\Omega/50\Omega=400$倍。热电偶实验模块的$V_{CJR}$以及放大后的电压$V_{out}$连接到了采集卡的模拟采集端口上，软件能够自动识别当前模块所对应的模拟采集通道，因此硬件只需连接R_2、R_4和热电偶即可，无须连接物理通道。

在连接热电偶进行实验之前，首先对连接好的放大电路进行调零。短接输入端，即用杜邦线将A、B两端短接，保证备选电阻$R_2=R_4$，调零电路的硬件电路实物图如图11.16所示。连接好硬件电路之后，打开Nextboard电源，打开软件进入实验的软面板，将软面板切换到自动测量界面，单击自动测量面板右上方的采集按钮，用螺丝刀调节位于右侧背面板的调零电阻，观察自动测量界面的V_{out}值，使V_{out}输出为最小值，尽量接近0V。

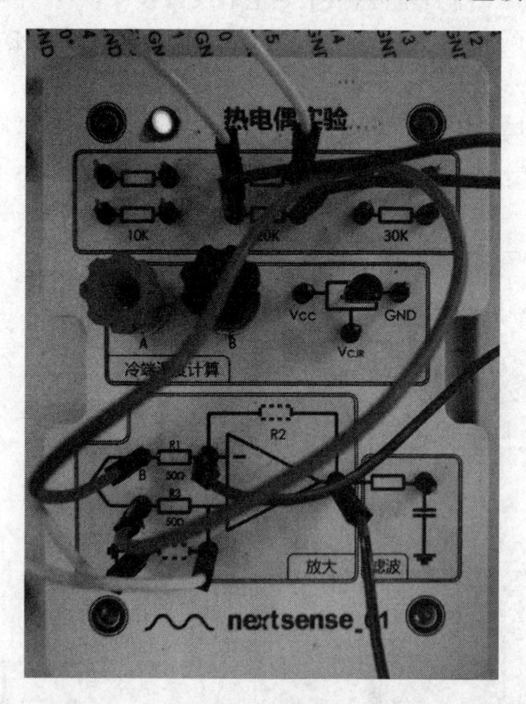

图11.16　调零电路硬件实物图

系统调零结束之后，关闭Nextboard电源，断开A、B短接线。将热电偶连接到A、B接线柱上，硬件电路实物图如图11.17所示。打开Nextboard电源，选择热电偶类型，单击R_2和R_4备选电阻的阻值确定放大电路的增益，开始采集温度，自动测量界面将显示测量到的V_{out}、V_{CJR}以及自动换算出来的$E(T,T_0)$和T_0。在T_0位置显示一个温度值，也就是温度传感器 IC 检测到的 A、B 两端的基准温度为 T_0。所以热电偶获得的温度差并不是真实的温度值，需要考虑到 T_0 所产生的电势对热电偶产生的电势的影响，重新对照分度表计算才能得到最终实际测量的温度值 T(℃)。"热电偶温度自动测量"部分以数据表格和波形的形式给出了相关值。室温条件下，热电偶温度采集模块采集到的温度数据结果如图 11.18 所示。

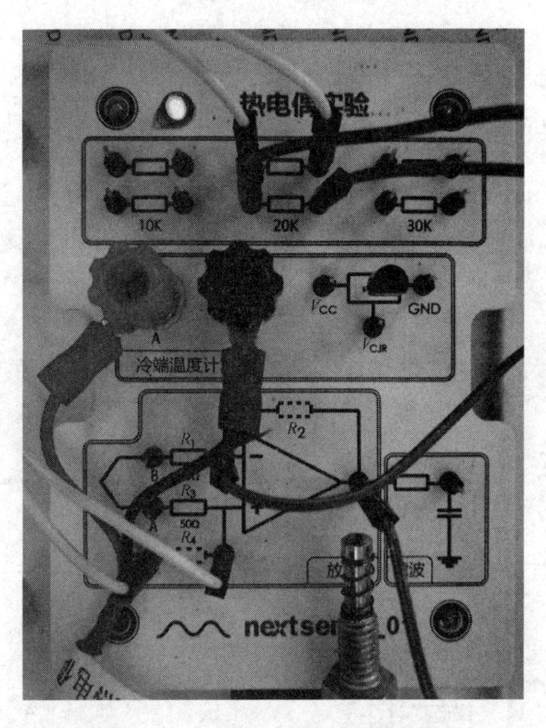

图 11.17 调试电路硬件实物图

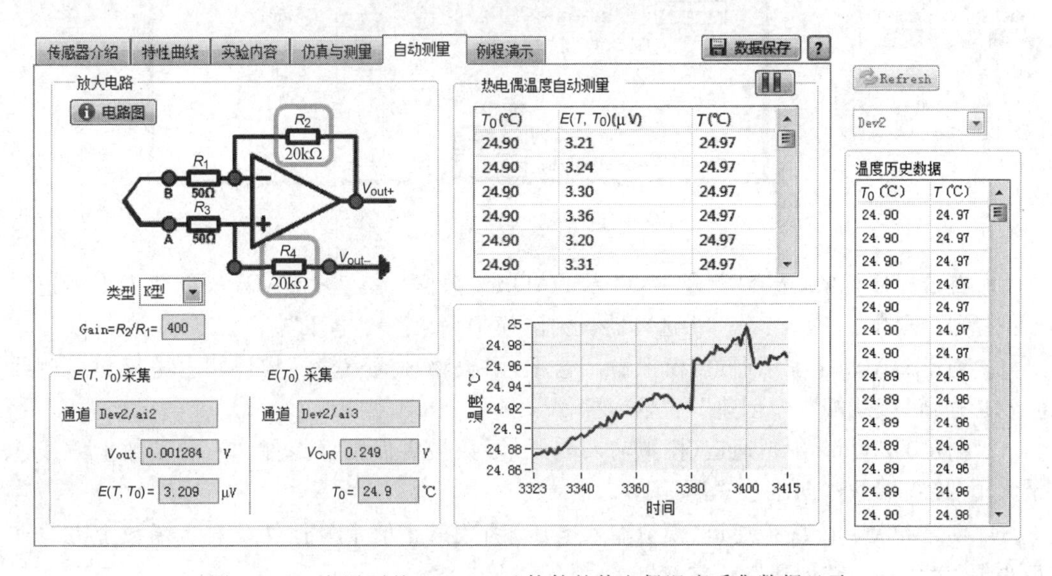

图 11.18 室温下基于 nextpad 软件的热电偶温度采集数据显示

11.2.4 基于LabVIEW程序设计的热电偶温度采集

除了nextpad软面板实现热电偶温度采集以外，还可以通过LabVIEW编程，自行设计LabVIEW前后面板，实现热电偶温度采集过程。创建模拟输入通道，为其添加物理通道的输入控件，选择差分输入，设置$E(T_0)$电压范围0～5V，$E(T,T_0)$电压范围0～10V；设置采样时钟；创建读取通道；将$E(T_0)$通道电压经过RMS算法处理后，乘以100℃/V，获得T_0温度值；将$E(T,T_0)$通道电压经过RMS算法处理，除以增益，获得$E(T,T_0)$；将热电势转换为温度值。模块采用IC传感器LM35作为冷端温度测量，因此，CJC Sensor端选择IC传感器，激励类型选择参考电压。将LM35的输出电压连接至VI；停止数字输出任务；清除通道；错误处理。根据硬件配置，将放大电路增益"Gain"设置为输入控件，根据用户需要进行设置；将采集到的电压温度信号"V_{out}、V_{CJR}、$E(T,T_0)$"设置为显示控件；"热电偶的类型"选择用枚举类型的控件，将热电偶类型一一列出。LabVIEW编程的具体步骤如下。

(1) 新建VI，单击"文件"→"保存"，自定义命名为"热电偶温度采集系统.vi"。

(2) 完成DAQmx虚拟通道(模拟输入电压$E(T_0)$)函数，如图11.19所示"步骤1"。

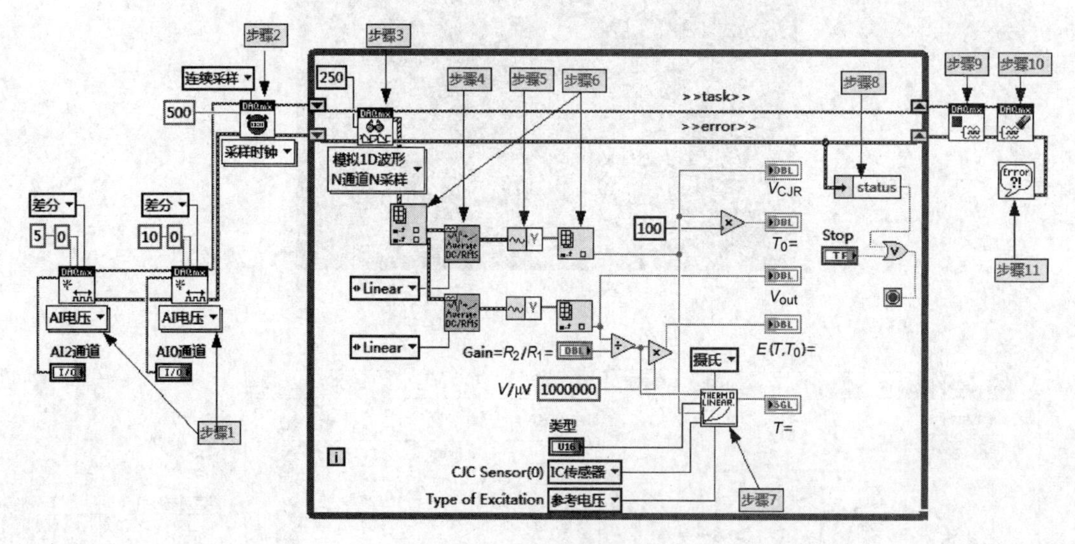

图11.19 程序框图

① 右击程序框图，选择"测量I/O"→"DAQmx-数据采集"→"DAQmx创建虚拟通道"，放置在程序框图上，单击多态VI选择器，选择"模拟输入"→"电压"。

② 创建DAQmx虚拟通道(模拟输入电压)函数物理通道输入控件，"右击函数左侧线连'物理通道'接线端"→"创建"→"输入控件"。

③ 创建DAQmx虚拟通道(模拟输入电压)函数最大值常量控件，"右击函数上方线连'最大值'接线端"→"创建"→"常量"。

④ 创建DAQmx虚拟通道(模拟输入电压)函数最小值常量控件，"右击函数上方线连'最小值'接线端"→"创建"→"常量"。

⑤ 创建DAQmx虚拟通道(模拟输入电压)函数输入接线端配置常量控件，"右击函数上方线连'输入接线端配置'接线端"→"创建"→"常量"。

(3) 同步骤(1),完成 DAQmx 虚拟通道(模拟输入电压 $E(T,T_0)$)函数,如图 11.19 所示的“步骤 1”。

(4) 完成 DAQmx 定时函数,如图 11.19 所示的“步骤 2”。

① 右击程序框图,选择“测量 I/O”→“DAQmx-数据采集”→“DAQmx 定时”,放置在程序框图上,单击多态 VI 选择器,选择“采样时钟”。

② 创建 DAQmx 定时函数采样模式输入控件,“右击函数上方线连‘采样模式’接线端”→“创建”→“常量”。

③ 创建 DAQmx 定时函数采样率常量控件,“右击函数左侧线连‘采样率’接线端”→“创建”→“常量”。

(5) 添加 while 循环：右击程序框图,选择“编程”→“结构”→“while 循环”,将其放置在程序框图中。

(6) 完成 DAQmx 读取,如图 11.19 所示的“步骤 3”。

① 右击程序框图,选择→“测量 I/O”→“DAQmx-数据采集”→“DAQmx 读取”,放置在程序框图 while 循环上,单击多态 VI 选择器,选择“模拟”→“多通道”→“多采样”→“1D 波形”。

② 创建 DAQmx 读取函数每通道采样数输入控件,“右击函数左侧线连‘每通道采样数’接线端”→“创建”→“常量”。

(7) 完成平均直流-均方根函数,如图 11.19 所示的“步骤 4”。

① 右击程序框图,选择“信号处理”→“波形测量”→“平均直流-均方根”,添加两个该函数放置在程序框图 while 循环上。

② 创建平均直流-均方根函数平均类型输入控件,“右击函数左侧线连‘平均类型’接线端”→“创建”→“常量”。

(8) 添加获取波形成分(模拟波形)函数,如图 11.19 所示的“步骤 5”,右击程序框图,选择“编程”→“波形”→“获取波形成分(模拟波形)函数”,添加两个该函数放置在程序框图 while 循环上。

(9) 添加索引数组函数,如图 11.19 所示的“步骤 6”,右击程序框图,选择“编程”→“数组”→“索引数组函数”,添加三个该函数放置在程序框图 while 循环上。

(10) 完成转换热电偶读数函数,如图 11.19 所示的“步骤 7”。

① 右击程序框图,选择“数学”→“数值”→“缩放”→“转换热电偶读数”,放置在程序框图 while 循环上。

② 创建转换热电偶读数函数温度单位常量控件,“右击函数上方线连‘温度单位’接线端”→“创建”→“常量”。

③ 创建转换热电偶读数函数热电偶类型常量控件,“右击函数左侧线连‘热电偶类型’接线端”→“创建”→“常量”。

④ 创建转换热电偶读数函数 CJC 传感器常量控件,“右击函数左侧线连‘CJC 传感器’接线端”→“创建”→“常量”。

⑤ 创建转换热电偶读数函数激励类型常量控件,“右击函数下方线连‘激励类型’接线端”→“创建”→“常量”。

(11) 添加按名称解除捆绑函数,如图 11.19 所示的“步骤 8”,右击程序框图,选择“编程”→“簇、类与变体”→“按名称解除捆绑”，放置在程序框图 while 循环上。

(12) 完成 DAQmx 停止任务，如图 11.19 所示的“步骤 9”。右击程序框图，选择“测量 I/O”→“DAQmx-数据采集”→“DAQmx 停止任务”，放置在程序框图上。

(13) 添加 DAQmx 清除任务，如图 11.19 所示的“步骤 10”。右击程序框图，选择“测量 I/O”→“DAQmx-数据采集”→“DAQmx 清除任务”，放置在程序框图上。

(14) 添加简单错误处理器函数，如图 11.19 所示的“步骤 11”。右击程序框图，选择“编程”→“对话框与用户界面”→“简单错误处理器”，放置在程序框图上，右击该函数节点左侧“对话框类型”连线端→“创建”→“常量”→“确定信息＋警告”。

(15) 添加数学运算函数，通过右键快捷菜单添加“‘乘’‘除’”，放置在程序框图 while 循环上，按照如图 11.19 所示连接各函数。

(16) 在前面板添加输入控件，右击前面板，选择“新式”→“数值”→“数值输入控件”，修改标签为“Gain=R_2/R_1”；添加 5 个显示控件，修改标签分别为“V_{out}”“V_{CJR}”“$E(T,T_0)=$”“$T_0=$”和“$T=$”。

(17) 在前面板添加停止按钮，右击前面板，选择“新式”→“布尔”→“停止按钮”。

(18) 全部添加完成，按照图 11.19 完成连线，得到最终的程序框图。

(19) 程序框图完成后，打开前面板，将热电偶模块电路图图片复制到前面板，前面板设计完成，如图 11.20 所示。

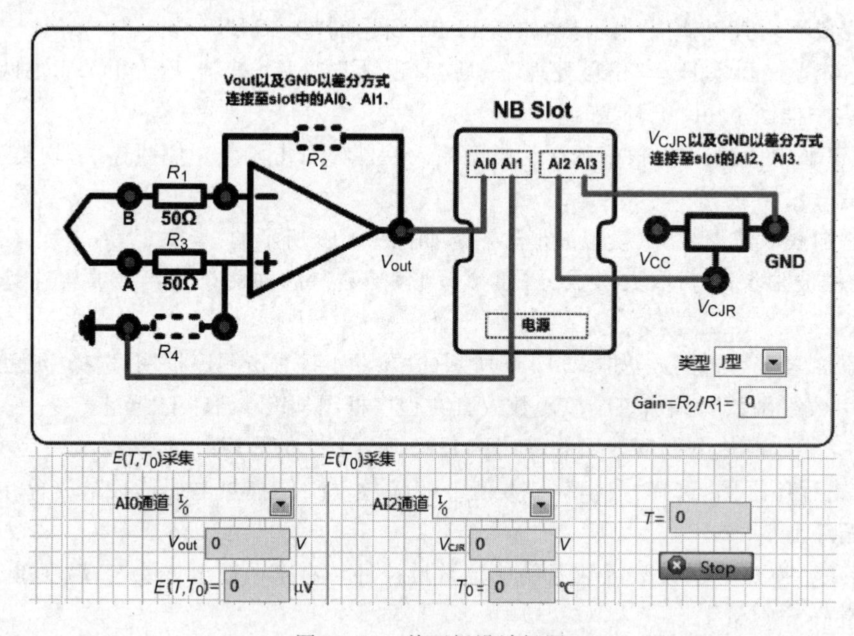

图 11.20　前面板设计框图

LabVIEW 程序设计完成后，连接硬件电路，与 11.2.3 节中硬件连接相同，保证备选电阻 $R_2=R_4$。每次在连接热电偶进行实验之前，都要对连接好的放大电路进行调零。同样，用杜邦线将 A、B 两端短接，打开 Nextboard 电源，运行 LabVIEW VI 程序，观察前面板的 V_{out} 值，用螺丝刀调节位于右侧背面板的调零电阻，使 V_{out} 输出为最小值，尽量接近 0μV，调零电路数据显示结果如图 11.21 所示。

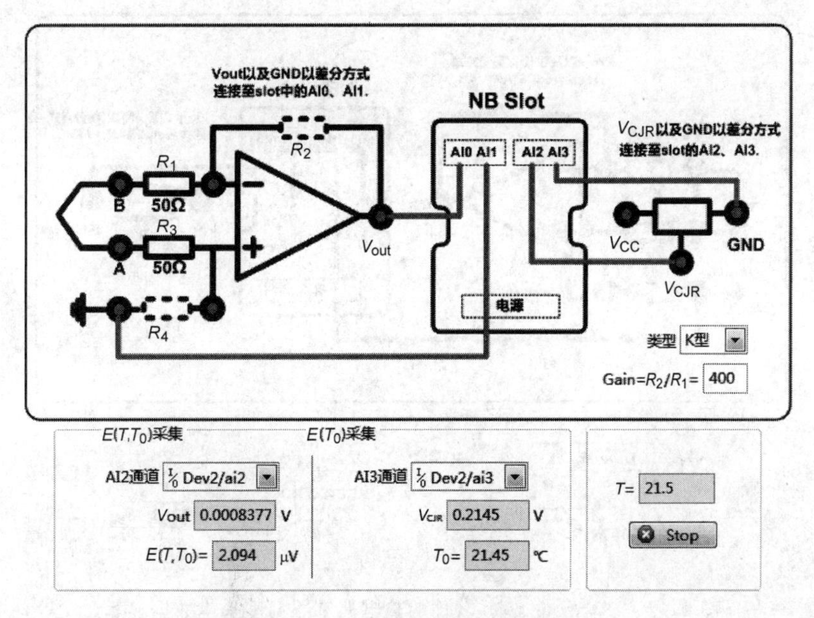

图 11.21　LabVIEW 温度调零数据显示

系统调零结束之后，断开 A、B 短接线。将热电偶连接到 A、B 接线柱上，硬件电路实物图同 11.2.1 节。连好硬件后，打开 Nextboard 电源，打开 LabVIEW 前面板，运行 VI，选择热电偶类型，输入放大电路增益，选择 V_{out} 以及 V_{CJR} 的通道，开始采集温度，VI 运行界面将显示测量到的 V_{out}、V_{CJR} 以及自动换算出来的 $E(T,T_0)$ 和 T_0 和 T(℃)。如图 11.22 为将热电偶放入刚烧开的热水中稳定后采集到的温度数据显示结果。图 11.23 为采集手掌心温度的数据显示结果。

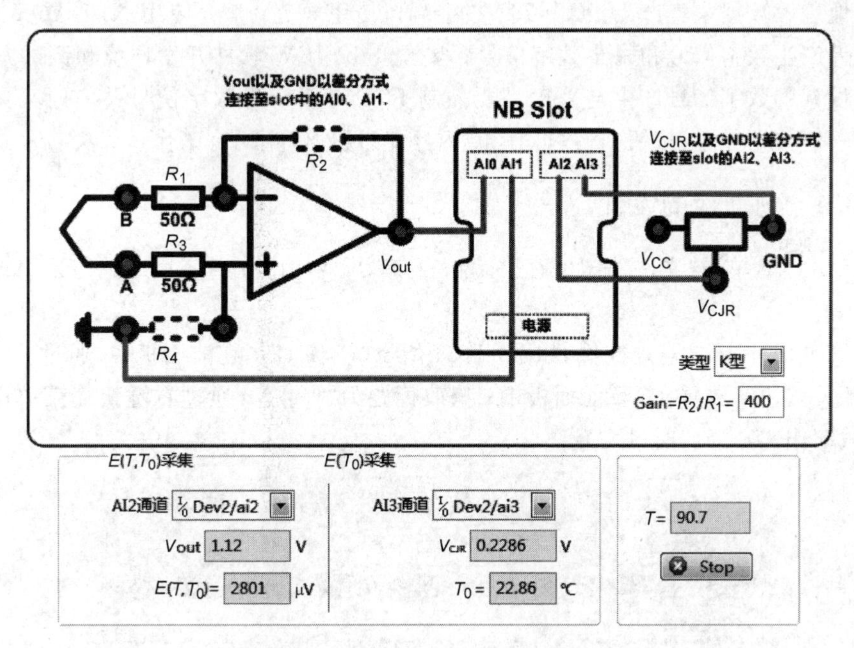

图 11.22　基于 nextpad 软件的热电偶热水中温度采集数据显示

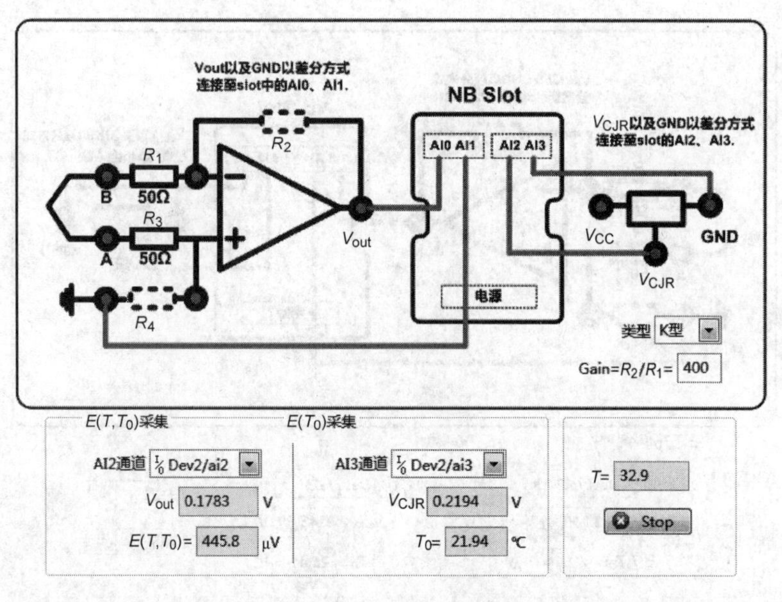

图 11.23 基于 nextpad 软件的热电偶掌心温度采集数据显示

11.3 基于 Nextboard 数字信号产生与采集的设计

第 10 章已经讲过数据采集的基本知识，本节基于硬件资源 NI PCI-6221、Nextboard、软件 LabVIEW、DAQmx、API 函数的基础上，详细阐述数字信号产生与采集设计过程。让大家更好地理解数据采集产品 PCI-6251 数字端口使用规范；学会使用 NI DAQmx API 函数控制硬件产生数字信号和采集数字信号；掌握 LabVIEW 软件开发环境和调试方法。

本节设计的数字信号产生与采集是要控制 PCI-6251 产生数字信号并实时采集回读信号状态，并且单击“停止”按钮，程序能在 1s 内停止，硬件停止所有工作。

11.3.1 前面板的设计

(1) 新建 VI，单击“文件”→“保存”命令，自定义命名为“数字信号产生与采集系统的设计.vi”。

(2) 添加 Stop 布尔输入控件，如图 11.24 所示“步骤 1”。在前面板中，通过右键快捷菜单添加“开关按钮”，放置在 VI 前面板上；修改标题为“停止”；通过右键快捷菜单设置布尔控件“机械动作”为“释放时触发”。

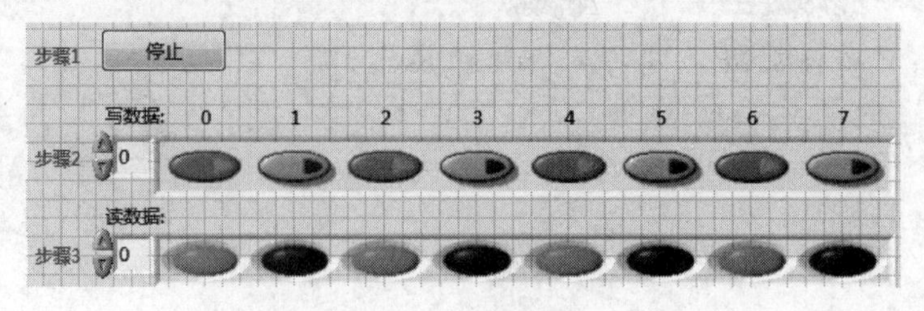

图 11.24 前面板设计

(3) 添加一维布尔数组输入控件,如图 11.24 所示的“步骤 2”。在前面板中,通过右键快捷菜单添加“数组”和“开关按钮”,放置在数组里;修改数组标题为“写数据”。

(4) 添加一维布尔数组显示控件,如图 11.24 所示的“步骤 3”。在前面板中,通过右键快捷菜单添加“数组”和“圆形指示灯”,放置在数组里;修改数组标题为“读数据”。

11.3.2　程序框图的设计

1. 完成 DAQmx 创建虚拟通道函数,如图 11.25 所示“步骤 1”

(1) 添加 DAQmx 虚拟通道(DO-数字输出)函数,选择“数字输出”;创建 DAQmx 虚拟通道(DO-数字输出)函数线输入控件,修改标签为“DigOutputlines”;创建线分组输入控件,选择“单通道用于所有线”。

(2) 添加 DAQmx 虚拟通道(DI-数字输入)函数,选择“数字输入”;创建函数线输入控件,修改标题为“数字输出端口”,修改标签为“DigInputlines”;创建线分组输入控件,选择“单通道用于所有线”。

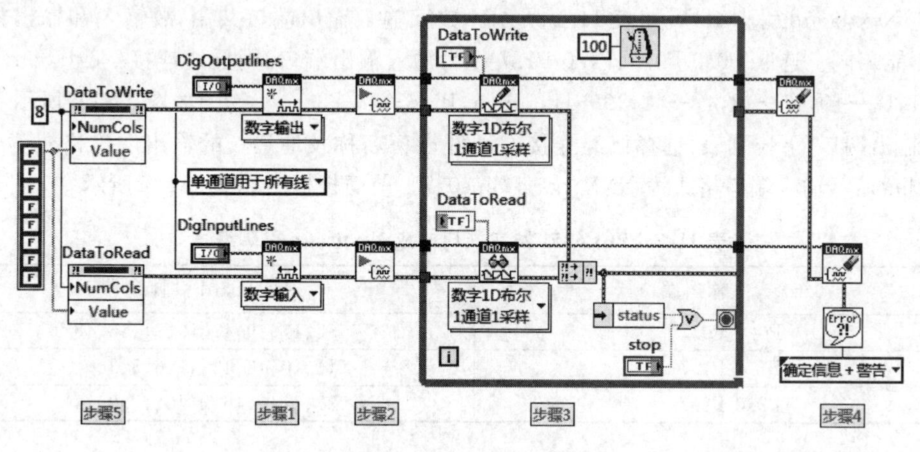

图 11.25　程序框图

2. 完成 DAQmx 开始函数,如图 11.25 所示“步骤 2”

添加两个“DAQmx 开始任务”,如图 11.25 连接各个函数。

3. 完成 while 结构,如图 11.25 所示“步骤 3”

(1) 新建 while 循环;添加“等待下一个整数倍毫秒”函数。

(2) 添加 DAQmx 写入函数:右击程序框图,选择“测量 I/O”→“DAQmx 数据采集”→“DAQmx 写入”,放置在程序框图上,右击,选择“类型”→“数字”→“单通道”→“单采样”→“1D 布尔(N 线)”,创建 DAQmx 写入函数的输入控件,修改标签为 DataToRead。

(3) 添加 DAQmx 读取函数:右击程序框图,选择“测量 I/O”→“DAQmx 数据采集”→“DAQmx 读取”,放置在程序框图上,单击多态 VI 选择器,选择“数字”→“单通道”→“单采样”→“1D 布尔(N 线)”,创建 DAQmx 写入函数的输入控件,修改标签为 DataToWrite。

(4) 添加“合并错误”函数、“按名称解除捆绑”函数和“或”函数。

4. 添加 DAQmx 清除任务函数和“简单错误处理器”,如图 11.25 所示“步骤 4”

(1) 添加 DAQmx 清除任务函数,右击程序框图,选择“测量 I/O”→“DAQmx”数据采集”→“DAQmx 清除任务”。

(2) 添加“简单错误处理器”,右击该函数节点左侧“对话框类型”连线端,设置“确定信息＋警告”。

5. 完成参数初始化部分,如图 11.25 所示的“步骤 5”

(1) 添加 DataToWrite 属性节点：右击 DataToWrite 布尔控件选择“创建”→“属性节点”→“列数”,将其放置在程序框图中,单击“属性节点”,在底部再拉出一个属性值,选择“值”,单击“属性节点”→“全部转换为写入”。

(2) 添加 DataToRead 属性节点：添加“列数”,将其放置在程序框图中,单击“属性节点”,在底部再拉出一个属性值,选择“值”,单击“属性节点”→“全部转换为写入”。

11.3.3 程序调试

前后面板程序设计完成后,搭建硬件电路。本实例中参数初始化时选择了 8 个布尔量输入,因此要对应有 8 个输入端口和 8 个输出端口。打开 NI-DAQ 配置管理软件 MAX,选择“设备与接口”→“NI PCI-6251 ‘Dev1’,PCI 6251”,右击选择“设备引脚”,可查看 PCI 6251 数字端口对应 Nextboard 引脚编号,如表 11.2 所示。数字输入输出端口共用,故输入和输出的 port 端口不能相同。选取 P0.0-P0.7、P1.0-P1.7 作为输入输出端口,则导线连接 Nextboard 引脚,52→11,17→10,49→43,47→42,19→41,51→6,16→5,48→38。实物图如图 11.26 所示。单击“数字输出端口”下拉列表,选择已经连接的硬件设备名称及通道。故输出端口格式为 XXX/port0/line0:7,输入端口格式为 XXX/port1/line0:7。前面板框图如图 11.27 所示。

表 11.2 PCI 6251 数字端口对应 Nextboard 引脚编号

6251 数字输出端口	Nextboard 引脚编号
P0.0-P0.7	52、17、49、47、19、51、16、48
P1.0-P1.7	11、10、43、42、41、6、5、38
P2.0-P2.7	37、3、45、46、2、40、1、39

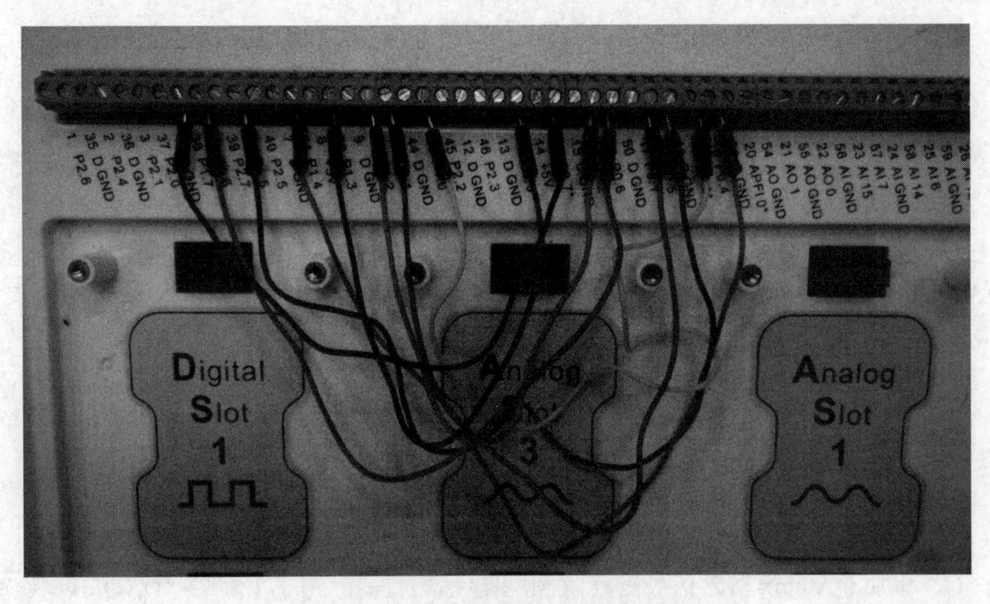

图 11.26 Nextboard 数据采集实物图

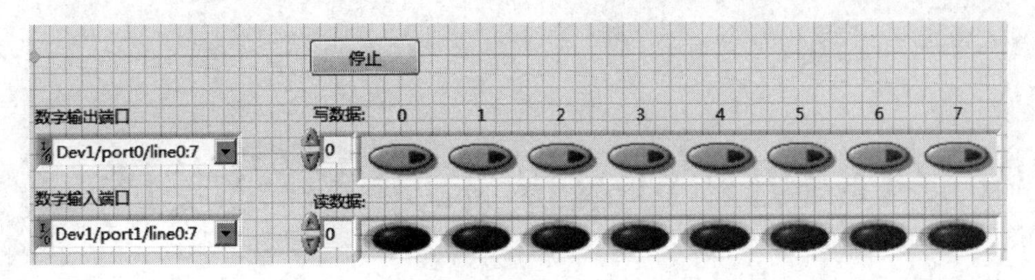

图 11.27　数字信号产生与采集前面板

打开 Nextboard 电源，选择数字输入输出端口，运行程序，结果如图 11.28 所示。按下输出端口"写数据"0～7 位置布尔按钮，对应输入端口"读数据"0～7 位置布尔显示灯点亮，再次按下输出端口布尔按钮，布尔显示灯灭，程序正确。单击"停止"按钮，PCI 6251 停止输出，程序停止。

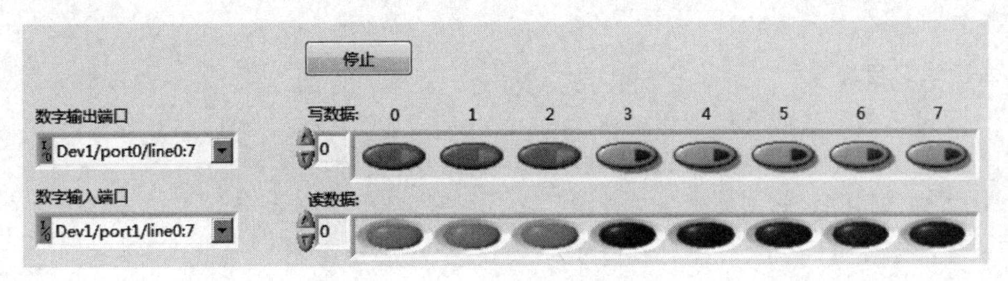

图 11.28　调试结果

第12章

基于TCP/IP的数据采集系统设计

本章学习目标

- 了解数据采集的基础知识
- 掌握 nextkit 万用仪的使用方法
- 了解 TCP/IP 协议簇的使用方法
- 掌握基于 TCP/IP 传递数据的方法

本章基于 TCP/IP 的数据采集系统硬件由 nextkit 信号源以及 Nextboard 硬件平台上的 PXI-6251 数据卡和 PC 组成。基于 LabVIEW 软件编程实现单机数据采集以及基于 TCP/IP 的多终端数据采集与传输。

12.1 nextkit 信号万用仪

nextkit 是泛华测控为工程师精心设计的一款 USB 信号万用仪，可实现包括示波器、波形发生器、频率响应分析仪等多种常用仪器功能，更可通过二次开发实现功能自定义，广泛用于产品研发、车载测试、实验室教学、课外工程创新等领域。

12.1.1 nextkit 硬件介绍

nextkit 首创性地将示波器与信号发生器功能完美结合在一台可手持的 USB 仪器中，nextkit 一端与计算机 USB 接口相连，另一端包含两个信号输入通道(CH1 和 CH2)和一个信号输出通道(OUT)，实物图如图 12.1 所示，nextkit 技术指标如表 12.1 所示。安装好驱动软件，将 nextkit 的 USB 接口插入计算机，通过软面板操作即可实现 nextkit 的各项功能。

图 12.1　nextkit 信号万用仪

表 12.1　nextkit 参数标注表

参　数		具体值或范围
工作温度		0～55℃
双通道数字存储示波器	实时采样速率	200MHz，可按 5、2、1 方式向下设置
	垂直分辨率	8b
	每通道存储容量	4kB
	量程	1∶1 探头 50mV/DIV-2V/DIV1∶10 探头 500mV/DIV20V/DIV
	输入通道耦合	DC、AC、GND
	输入阻抗	1MΩ/13μF
	输入信号带宽	0Hz～50MHz
	最高采样速率	50MSa/s
	输出波形种类	正弦/方波/三角波/锯齿波/直流/噪声/调制/任意波
	输出电压量程	$\pm 4V_{pp}$
	输出阻抗	50Ω
	分辨率	12 位
数字电压表	电压范围	0～200V
	输入参数	与示波器一致
频率分析仪(扫频)	扫频范围 1Hz～10MHz 幅频、相频分析	

12.1.2　nextkit 软面板介绍

nextkit 软面板程序是基于 nextpad 软件平台，可以通过软面板直接使用 nextkit 的各种仪器功能。在 nextpad 主界面中选择 nextkit 图标，如图 12.2 所示，双击进入 nextkit 软面板。

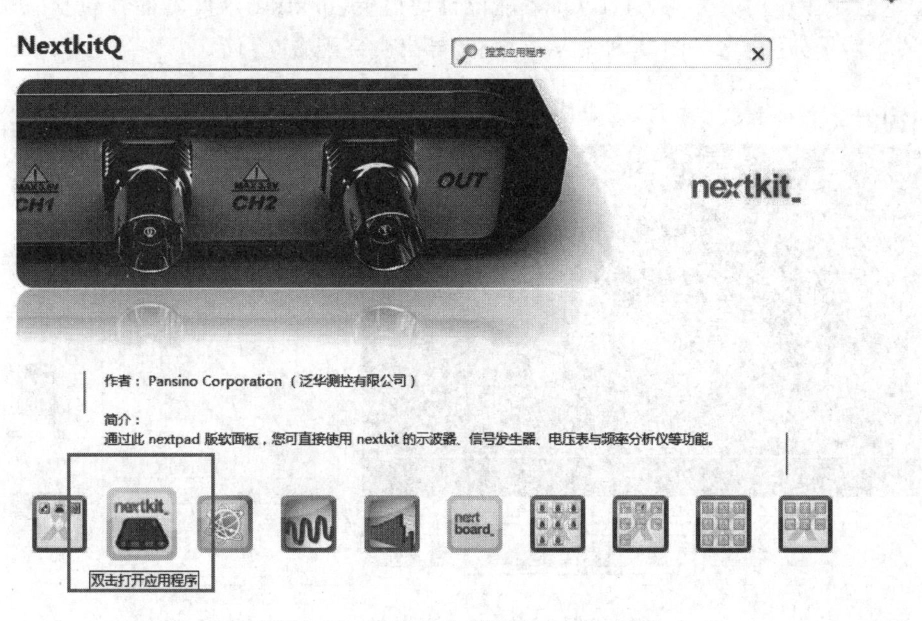

图 12.2　nextpad 主界面中 nextkit 图标

双击打开 nextkit 应用程序，如果 nextkit 已经插入，则会提示"nextkit 打开成功"，如图 12.3 所示。如果 nextkit 没有插入或者有问题，界面中的各项功能图标为灰色。整个界面主要由示波器、信号发生器、电压表以及频率分析仪四部分组成，本章内容涉及示波器、信号发生器两个功能。

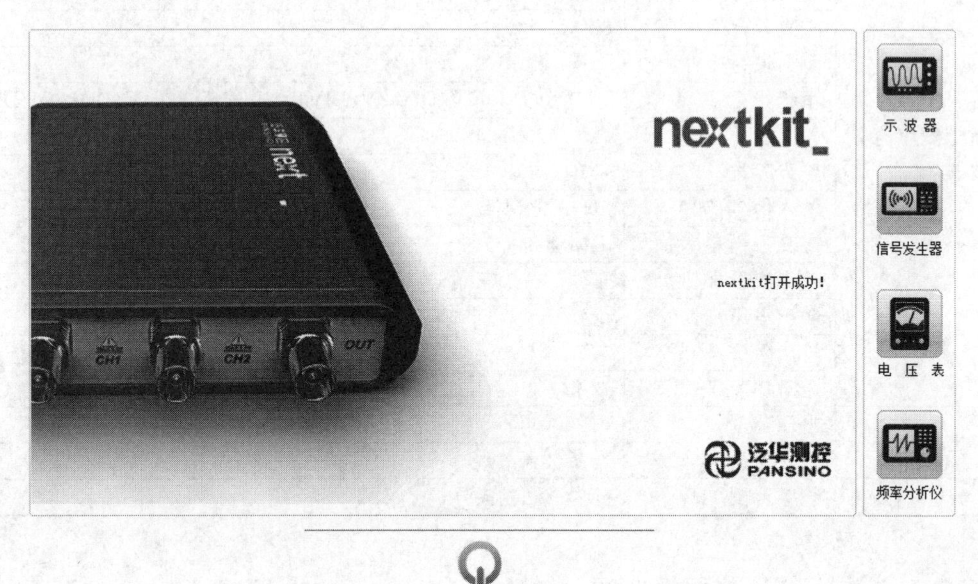

图 12.3　nextkit 打开成功界面

1. 示波器

单击"信号发生器"图标，即可调出示波器软面板。如图 12.4 所示，在第一次运行"示波器"时，系统都会自动进入双通道的自动设置，静等 5s，将完成自动设置过程；或者也可以通过手动单击"波形图"下方的 CH1、CH2 进行自动设置，nextkit 示波器面板包括"波形图""波形图+信号分析""XY 图"3 种显示界面和"导出文件配置"界面。

图 12.4　nextkit 示波器

1）显示模式

自动设置完成后，示波器左半部分显示界面稳定的显示信号，nextkit 示波器有“波形图”“波形图+信号分析”“XY 图（利萨如图）”3 种显示模式，如图 12.5 所示，例如，给 CH1 输入一个三角波波形图显示模式。

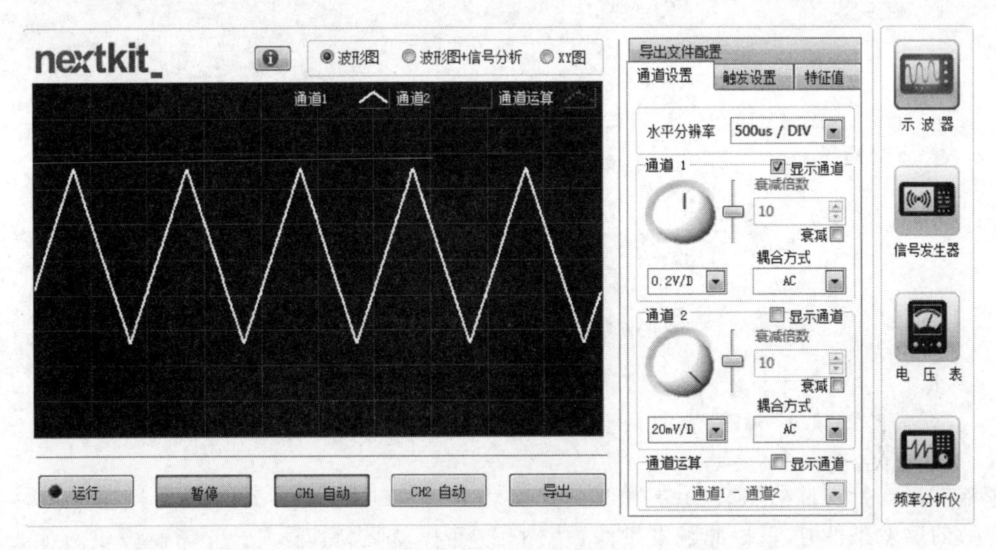

图 12.5　波形图显示模式

2）通道设置

“通道设置”界面如图 12.6 所示，可设置显示界面的水平分辨率、量程、偏移、衰减模式、耦合方式、是否显示、通道运算等通道参数。

“水平分辨率”，即设置示波器的采样率，按照 5、2、1 方式向下设置，最小值从 10μs/DIV 开始，往上依次是 20μs/DIV、50 μs/DIV、100μs/DIV、200μs/DIV，直到 50ns/DIV。需要根据所显示信号频率设置该参数，使示波器最佳地显示波形信号，例如图 12.6 中水平分辨率为“500μs/DIV”。

“量程”，调节通道下方的圆形旋钮或其下方的下拉菜单，设置通道的量程参数，例如图 12.6 通道 1 的量程为 0.2V/D。

“偏移”，如图 12.6 所示，上下调节通道偏移按钮可使该通道波形在显示界面上下移动，双击可恢复到中点。

“衰减模式”，设置该通道的衰减或耦合方式，耦合的选择有 DC、AC 和 GND 三种。如果选择 DC 表示采集的波形反映了实际信号特征；选择 AC 表示采集的波形自动将直流分量滤去；选择 GND 表示采集零电平。

“耦合方式”设置的默认状态为直流耦合方式，在测量过程中，通常信号频率低于 100Hz，推荐使用直流耦合方式。

“是否显示”，设置是否在波形图中显示该通道信息。

“通道运算”，选择运算通道的模式（例如通道相减、相加等）。

3）触发设置

触发设置界面如图 12.7 所示，可设置触发方式、触发源、触发电平、触发沿、预触发位置等参数。

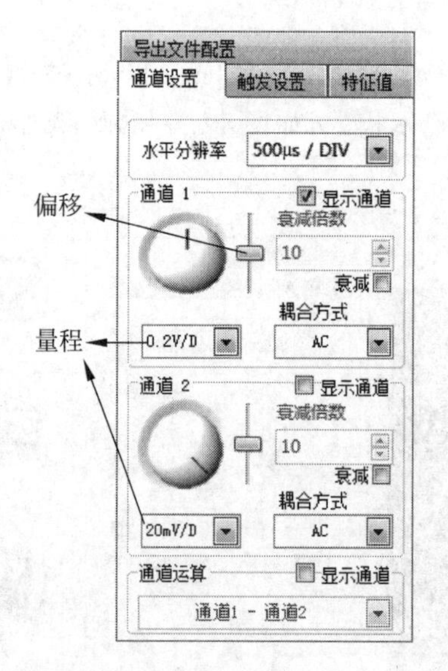

图 12.6　通道设置界面

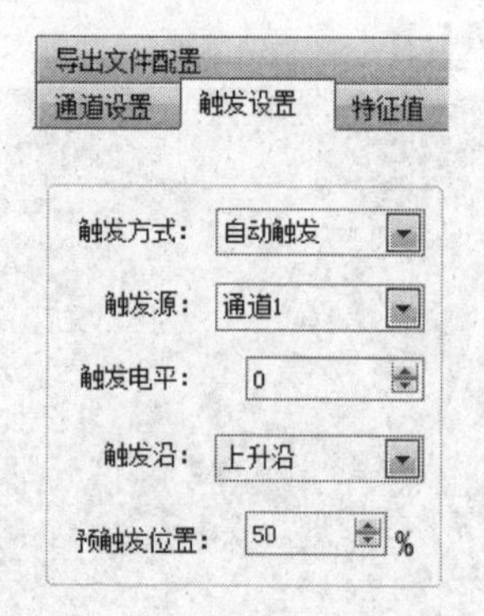

图 12.7　触发设置界面

触发方式分为自动触发、正常触发两种模式。自动触发：当示波器在一定时间内检测到有效的触发条件时，就以此触发条件触发采集，否则就强制其触发。正常触发仅当示波器检测到有效的触发条件时才触发采集并更新显示波形，在用新波形替代原有波形之前，示波器将显示原有波形。

触发源有软触发、通道 1、通道 2 三种。可根据需求自行选择触发源。

触发电平是示波器进行稳定显示波形的关键参数，用户应事先预估输入通道信号的范围，根据通道输入信号的大小，选择合适的触发电平，这一点对于稳定显示波形信号是至关重要的，用户可以用鼠标或键盘输入触发电平值，注意触发电平的设置是在触发源选择在"通道 1""通道 2"时有效，在"自动"方式下不能进行触发电平的设置。

触发沿有上升沿和下降沿两种，用户可以根据测量需要选择，注意触发沿的设置是在触发源选择在"通道 1""通道 2"时有效，在"自动"方式下不能进行触发沿的设置。

预触发位置：设置触发条件到来前的采样长度，预触发设置使用整个采样长度的百分比来表示。软面板的波形显示区在 X 轴方向上 10 等分，每格表示 10%，从左到右依次是 0～100。相应的预触发标志停留的位置也是触发条件满足的位置。

4）特征值设置

特征值显示列表动态地显示该通道的各种特征值信息，如图 12.8 所示。可增加、移除通道的特征值显示。还可以用 4 个游标。按照自己需要设置选用，并可直接在波形图中选择游标位置获得特征值。

5）导出文件配置

按下"通道设置上方"的"导出文件配置"键，弹出界面如图 12.9 所示，则可以选择性地导出各种图形、数据等，保存为图片与数据文件格式。

2. 信号发生器

单击"信号发生器"图标，即可调出信号发生器软面板。调整相关的按钮设置波形参数，可以输出任意波形。信号发生器包括"函数发生器"和"任意信号发生器"两类。"函数发生

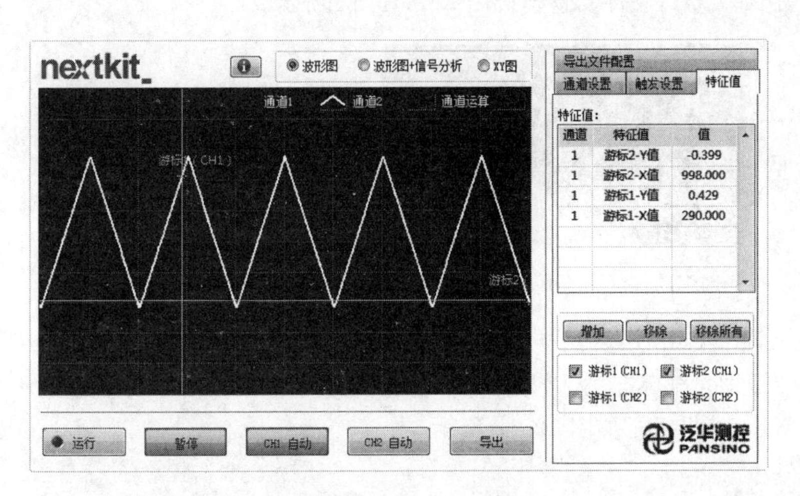

图 12.8　特征值界面

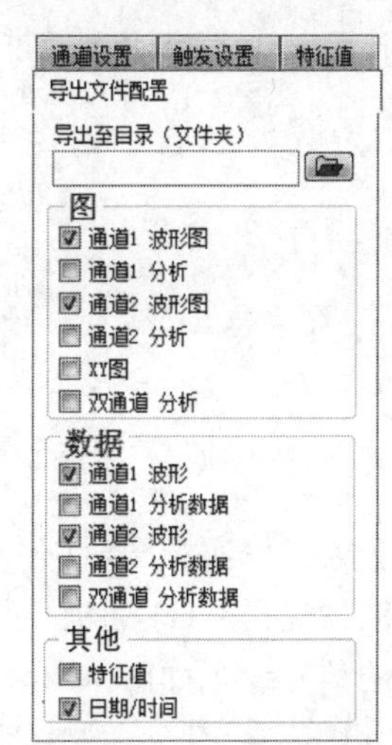

图 12.9　导出文件配置界面

器”可选择 8 种常用的函数发生波形，包括正弦波、方波、脉冲、三角波、锯齿波、白噪声、正向直流、反向直流。任意信号发生器可以任意绘制你想输出的波形，绘制方式有三种，如图 12.10 所示。一是可按照 X 值逐点输入所对应的 Y 值，每段波形代表的是一个周期的波形，其中 Y 值的范围为－1～1，共由 4096 个点组成。二是通过单击“文件”按钮，直接能够读取“自定义保存的文件或者纯文本格式文件”。三是可通过单击“自定义”按钮，根据需要选择不同的信号类型，调整信号参数获得想要的信号，通过“预览”在左侧显示界面显示出来，单击“保存”按钮可以将当前设置信号保存成文件。

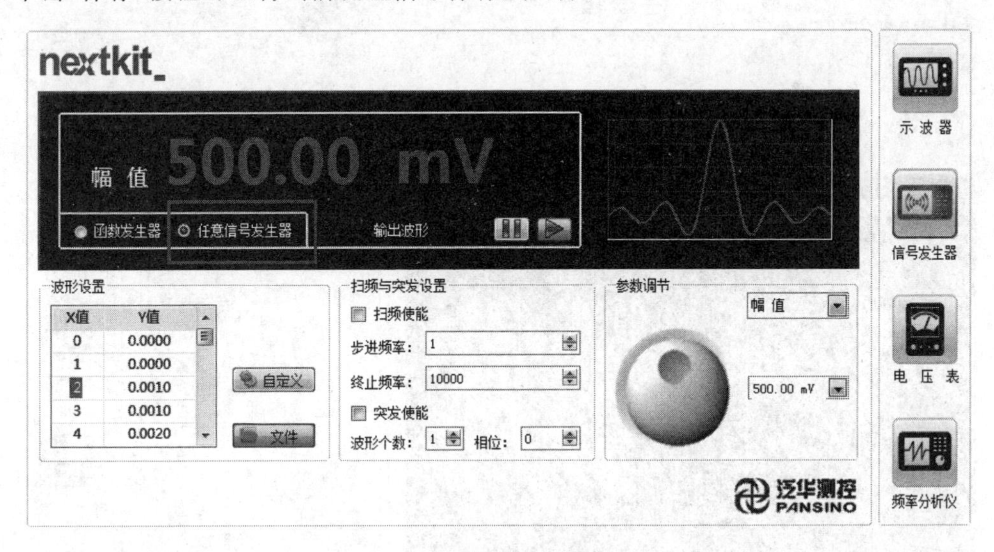

图 12.10　nextkit 任意信号发生器

12.1.3　nextkit 示波器与信号发生器的使用

信号源面板和示波器面板可并行地运行，只需单击相应的图标即可进行切换，因此可实现 nextkit 信号发生器发出信号在 nextkit 示波器上显示。首先将 nextkit 输出通道 OUT

连接到其中一个输入通道，例如 CH1，硬件实物连接图如图 12.11 所示。

图 12.11　nextkit 实物连接

连接好实物图，打开 nextkit，打开信号源，任意设置一个信号，单击“输出波形”，再打开示波器选择 CH1 通道，示波器即可显示信号发生器所产生的信号。nextkit 信号发生器产生的信号设置如图 12.12 所示，结果显示如图 12.13 所示。

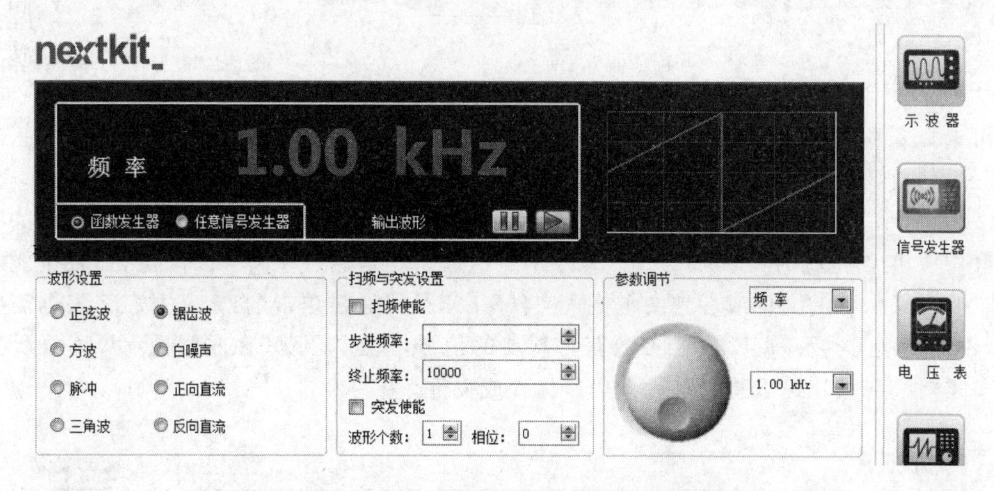

图 12.12　nextkit 信号发生器产生的信号设置

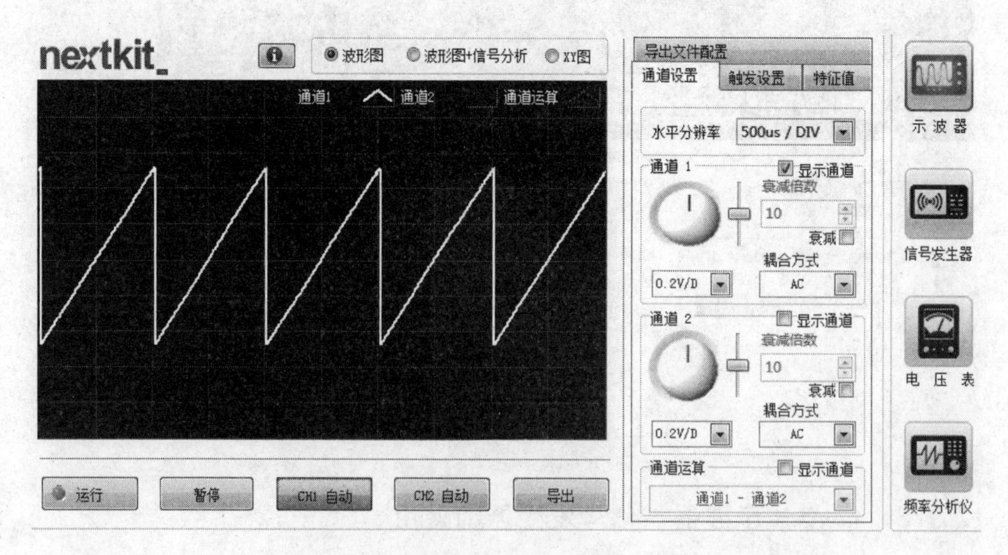

图 12.13　nextkit 信号发生器产生的信号在 nextkit 示波器显示

12.2　基于LabVIEW的单机数据采集系统的实现

本节设计基于LabVIEW的单机数据采集系统，系统硬件采用nextkit信号万用仪作为信号源，PXI-6251作为数据卡采集，利用LabVIEW编程实现信号的采集并显示。

12.2.1　基于API函数的LabVIEW程序设计

（1）新建VI，自定义命名为“单机数据采集系统设计.vi”。

（2）创建“DAQmx创建虚拟通道”，选择“模拟输入”→“电压”；创建函数最大值输入控件；创建DAQmx虚拟通道函数最小值输入控件；创建输入接线端配置输入控件；创建物理通道输入控件。

（3）添加“DAQmx定时”函数，选择“采样时钟”；创建DAQmx定时函数采样模式输入控件，设置为“常量”；创建每通道采样输入控件；创建采样率输入控件。

（4）添加“DAQmx开始任务”函数和while循环，放置在程序框图上。

（5）在while循环上添加“DAQmx读取”函数，选择“DBL”；添加“按名称解除捆绑”函数；添加“复合运算”函数。

（6）添加“DAQmx清除任务”函数；添加“简单错误处理器”函数，右击该函数节点左侧“对话框类型”连线端，设置为“确定信息＋警告”。

所有函数创建完成以后，按照图12.14连线。

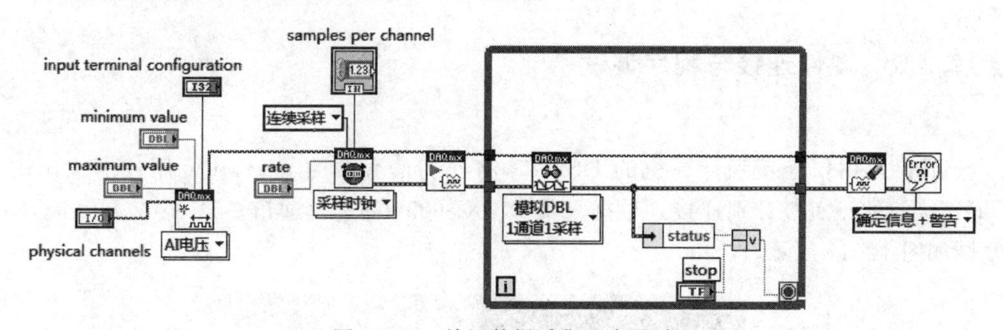

图12.14　单机数据采集程序设计

（7）打开前面板，在添加完程序框图的基础上，添加“波形图表”显示控件；然后打开程序框图，按照图12.15所示连线，完成单机数据采集的LabVIEW程序设计，完成最终的程序框图。

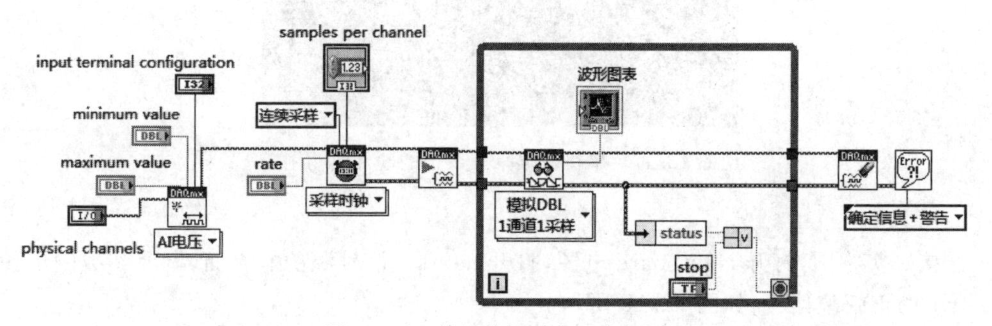

图12.15　单机数据采集程序框图

程序运行：从通道名称中选择要测试的DAQ设备通道，Dev2/ai1；从输入配置中选择"RSE"输入模式。根据信号源发出信号频率，按照奈奎斯特定律，调节合适的采样率；运行程序，程序采集的信号在前面板显示结果如图12.16所示。将LabVIEW数据采集结果与测试面板采集结果对比分析，可以看到结果一致，说明基于LabVIEW编程单机数据采集的程序运行正确。

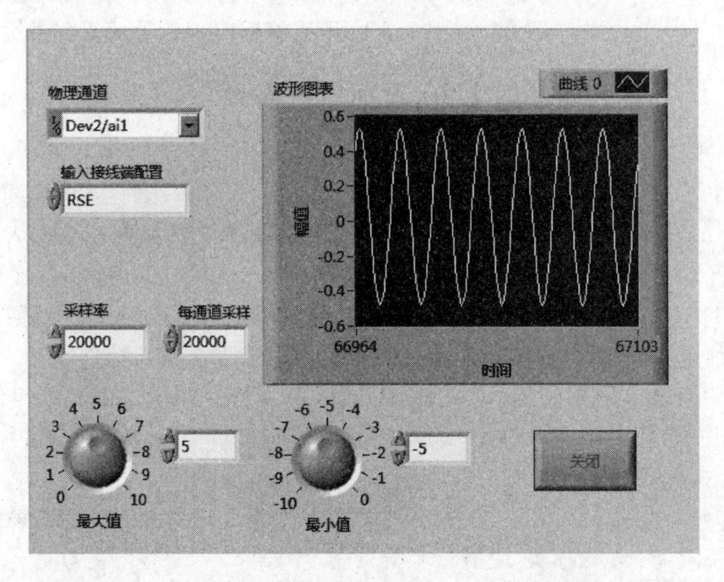

图12.16 单机数据采集系统LabVIEW前面板程序调试界面

12.2.2 硬件连接与程序调试

1. 硬件电路

nextkit万用仪连接到计算机的USB口，将作为信号源的nextkit万用仪的输出端口OUT连接线的正负极分别连接到数据采集卡PXI-6251的物理通道AI 1接口与AI GND，实物图如图12.17所示。

图12.17 单机数据采集系统的硬件实物图

2. 信号源

连接好实物图，打开Nextboard电源，打开nextkit信号源功能界面，调节参数输出频率为1kHz的正弦波信号，如图12.18所示。

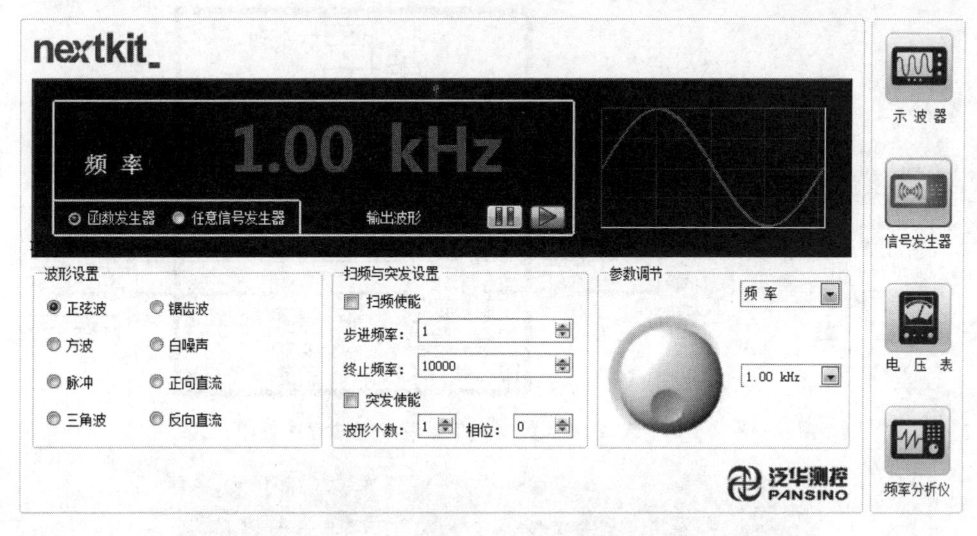

图 12.18 nextkit 信号源产生的信号

12.3 基于 LabVIEW 的 TCP/IP 的数据采集系统的实现

本节主要是利用 TCP/IP 技术实现远程数据采集和传输，系统是在单机数据采集系统的基础上，添加 TCP/IP 协议的相关控件实现多机通信。

12.3.1 信号发送端程序设计

信号发送端程序设计是在基于 API 函数编程的单机数据采集的程序基础之上，添加 TCP/IP 协议的相关控件具体步骤如下：

(1) 启动 LabVIEW，打开单机数据采集程序 VI。

(2) 右击程序框图，选择“数据通信”→“协议”→“TCP”，添加 TCP 侦听函数和关闭 TCP 连接，放置在程序框图上；添加两个“写入 TCP 数据”，放置在 while 循环上。

(3) 添加两个强制类型转换函数，右击程序框图，选择“数学”→“数值”→“数据操作”→“强制类型转换”，放置在程序框图 while 循环上。

(4) 添加字符串长度函数，右击程序框图，选择“编程”→“字符串”→“字符串长度”，放置在程序框图 while 循环上。

(5) 添加完以上函数，按照图 12.19 连线，至此完成程序框图的设计，发送端前面板框图如图 12.20 所示。

12.3.2 信号接收端程序设计

具体步骤如下：

(1) 启动 LabVIEW，打开一个空白的 VI，自定义命名保存为“×××. vi”，例如“张三. vi”。

(2) 添加“打开 TCP 连接”和“关闭 TCP 连接”，放置在程序框图上。

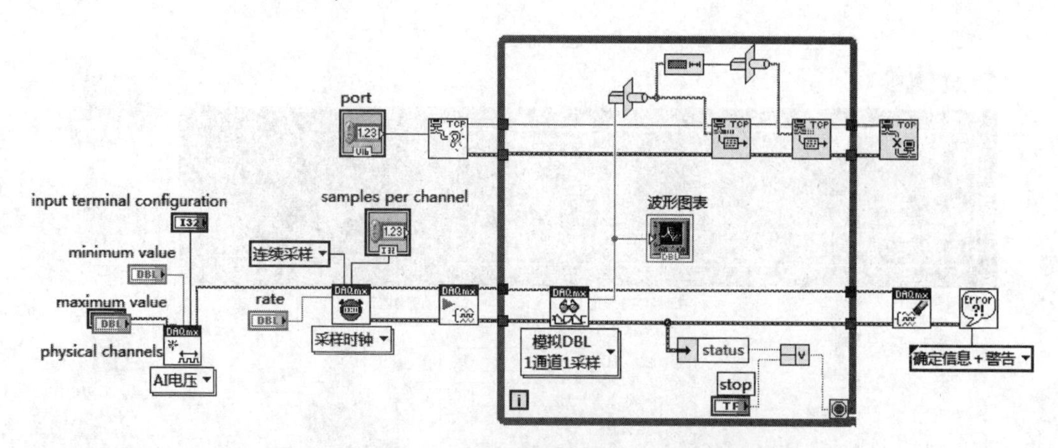

图 12.19　TCP/IP 的数据采集系统发送端程序框图

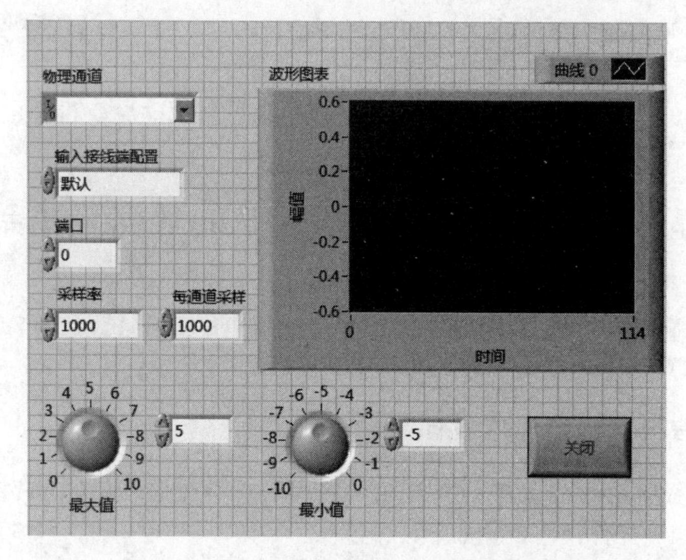

图 12.20　TCP/IP 采集系统发送端前面板设计

(3) 新建 while 循环；添加两个“读取 TCP 数据”函数，放置在程序框图 while 循环上；添加两个“强制类型转换”函数，放置在程序框图 while 循环上。

(4) 打开前面板，添加“波形图表”；添加一个“停止按钮”。

(5) 添加完以上函数，打开程序框图，按照图 12.21 连线，至此完成程序框图的设计，前面板如图 12.22 所示。

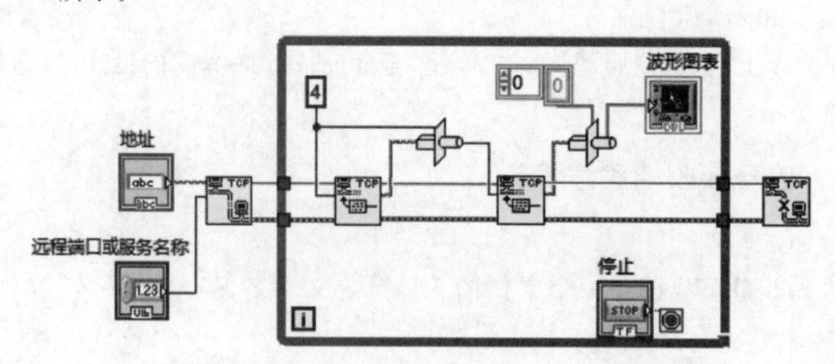

图 12.21　TCP/IP 的数据采集系统接收端程序框图

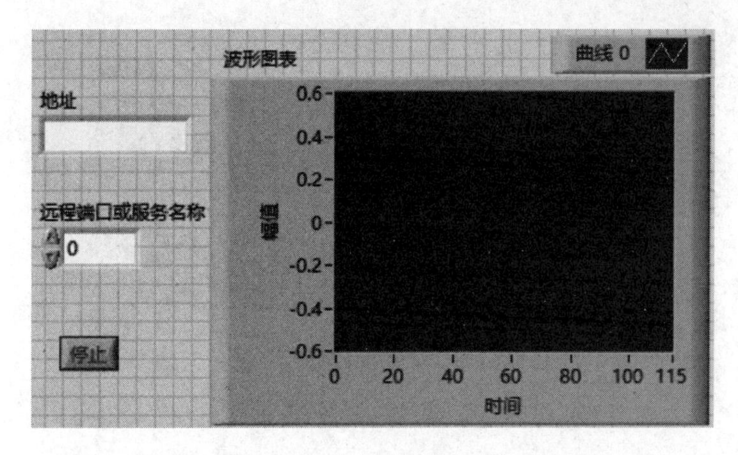

图 12.22 TCP/IP 采集系统接收端前面板设计

12.3.3 程序调试

TCP/IP 的数据采集系统的信号源与 12.2.2 节中相同，利用 nextkit 信号万用仪产生信号，例如频率为 1kHz 的正弦波信号，硬件连接如图 12.17 所示，硬件连接完成后打开 nextkit 信号源，输出信号；打开 Nextboard 电源；打开服务器端（发送端）和客户端（接收端）LabVIEW 程序，从通道名称中选择要测试的 DAQ 设备通道，Dev2/ai1；从输入配置中选择“RSE”输入模式。根据信号源发出信号频率，按照奈奎斯特定律，调节合适的采样率；设置发送端和接收端一致的四位端口号，例如 6020；设置接收端的地址“localhost”；单击运行发送端 LabVIEW 程序，再单击运行接收端 LabVIEW 程序，发送端和接收端的调试结果显示分别如图 12.23 和图 12.24 所示。

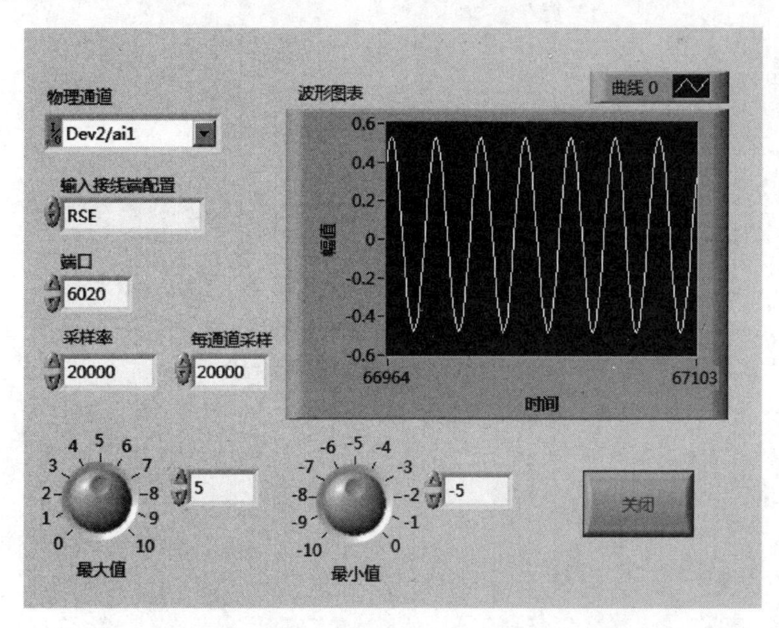

图 12.23 TCP/IP 采集系统发送端前面板调试结果显示

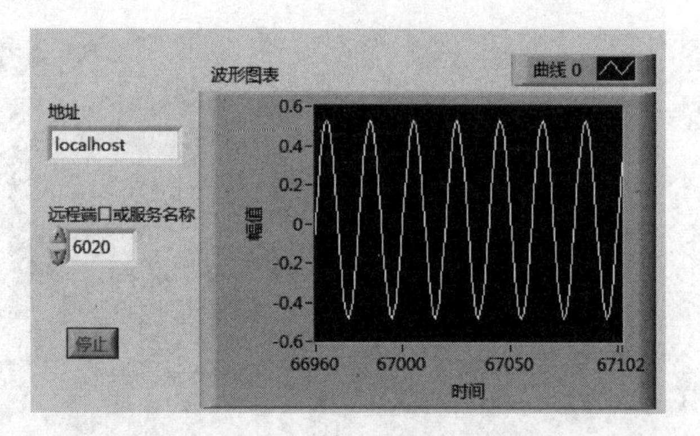

图 12.24　TCP/IP 采集系统接收端前面板调试结果显示

第13章

基于声卡的数据采集系统设计

本章学习目标

- 了解声卡的一些基础知识
- 掌握 LabVIEW 中声卡模块的使用方法

本章介绍基于声卡的数据采集系统,该系统硬件是利用计算机本身集成的声卡,软件是利用 LabVIEW 编程,从而实现数据采集。计算机的声卡作为数据采集卡,其 A/D 转换功能已经成熟,而且计算机无须添加额外配件便能完成所有音频信号的采集功能;LabVIEW 中提供了一系列声音处理相关 VI,可以实现声音的采集与回放。

13.1 声卡简介

声卡(Sound Card)也叫音频卡,是多媒体技术中最基本的组成部分,是实现声波/数字信号相互转换的一种硬件。从数据采集的角度来看,声卡是一种音频范围内的数据采集卡,是计算机与外部的模拟量环境联系的重要途径。如果测量对象的频率在音频范围,而且对指标又没有太高要求,就可以考虑使用声卡进行数据采集。通过声卡,人们可以将来自话筒、收录机等外部音源的声音录入计算机,并转换成数字文件进行存储和编辑等操作;人们也可以将数字文件还原成声音信号,通过扬声器回放,例如为电子游戏配音,以及播放 CD、VCD、DVD、MP3 和卡拉 OK 等。

13.2 声卡的工作原理

声音的本质是一种波,表现为振幅、频率、相位等物理量的连续性变化。声卡工作原理的实质是数模转换过程。声卡作为语音信号与计算机的通用接口,其主要功能就是将所获取的模拟音频信号转换为数字信号,经过 DSP 音效芯片的处理,将该数字信号转换为模拟信号输出。声卡的基本工作流程为：输入时，即录入声音，麦克风或线路输入（LineIn）获取的音频信号通过A/D转换器转换成数字信号，送到计算机进行播放、录音等各种处理；输出时，即声卡播放，计算机通过总线将数字化的声音信号以PCM（脉冲编码调制）方式送到D/A转换器，变成模拟的音频信号，进而通过功率放大器或线路输出（LineOut）送到音箱等设备转换为声波，人耳侦测到环境空气压力的改变，大脑将其解释为声音。

模拟声信号经过声卡前置处理及A/D转换后变成数字信号，送入输入缓冲区，然后通过各种数字信号处理的方法对波形输入缓冲区的数据进行处理，完成声音消噪、音效处理、声音合成等功能，最后把处理好的数据保存到存储设备，这就是声音信号的录制过程，其原理图如图13.1所示。相应的声音信号回放过程为：把处理好的数据送到输出缓冲区，再由声卡的D/A转换，将数字音频转换为模拟信号，经过功率放大，送到喇叭，其原理图如图13.2所示。如果将工程中所需采集的信号仿照声音信号输入，即可实现对信号的采集和存储。

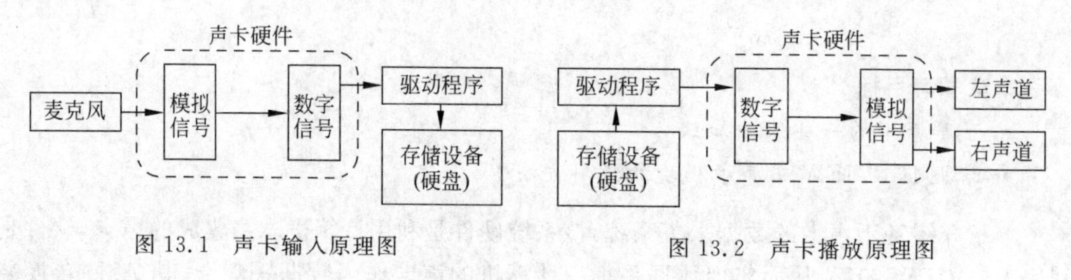

图13.1　声卡输入原理图　　图13.2　声卡播放原理图

13.3　声卡的主要技术参数

衡量声卡的技术指标包括采样频率、采样精度、声道数、信噪比（SNR）、数字信号处理器（DSP）、合成技术、频率响应（FR）、复音数、双工等。

1. 采样频率

采样频率是指每秒钟获取音频信号的采样次数。单位时间内采样次数越多，即采样频率越高，数字信号就越接近原声。根据奈奎斯特的采样定理，采样频率只要达到信号最高频率的两倍，就能精确描述被采样的信号。一般人耳的听力范围在20Hz～20kHz，因此只要采样频率达到20kHz×2＝40kHz，就能满足人们的要求。目前，声卡的最高采样频率是44.1kHz，少数达48kHz，对于民用声卡，一般将采样频率设为4挡，分别是44.1kHz、22.05kHz和8kHz。22.05kHz是FM广播的声音品质；44.1kHz是理论上的CD音质界限，48kHz则更好一些。20kHz范围内的音频信号，对最高采样频率才48kHz，虽然理论上没有问题，但似乎余量不大。使用声卡比较大的局限性在于，它不允许用户在最高采样频率之下随意设定采样频率，而只能分4挡设定。这样虽然可以使制造成本降低，但不便于使用。用户基本上不可能控制整周期采样，只能通过信号处理的方法来弥补非整周期采样带来的问题。

2. 采样精度

采样精度是指采样的位数，它决定了记录声音的动态范围，单位是位（bit）。采样位数有8位、16位、32位，采样位数越大，精度就越高，录制的声音质量就越好，但是位数越大，数据量也就越大，占用计算机的存储空间也越大。如采用立体声双声道录制1min16位44.1kHz频率的声音，所需要的存储空间约为10.6MB(16×44100×60×2÷8=10.6MB)。所以要注意选择适当的采样精度。目前主流声卡一般采用16位的精度(16位即可以把声波分成65 536级的信号)。

3. 声道数

声卡所支持的声道数是声卡的一项重要指标。声卡包括单声道、立体声和四声道环绕三种。单声道指声音来自两个音箱的中间。立体声的声音来自两个独立的声道。四声道环绕是一种三维音响技术，发音点有前左、前右、后左、后右。

4. 信噪比

信噪比(Signal to Noise Ratio，SNR)是一个诊断声卡抑制噪声能力的重要指标。通常使用信号和噪声信号功率的比值表示，单位是分贝(dB)。SNR值越大，则声卡的滤波效果越好。按照微软在PC98中的规定，至少要大于80dB才行。从AC'97开始声卡上的ADC、DAC必须和混音工作及数字音效芯片分离。

13.4 基于声卡的数据采集系统的设计

商用的数据采集卡虽具有较大的通用性，但其价格昂贵。计算机本身集成的声卡代替专用数据采集卡进行数据采集，计算机的声卡作为数据采集卡，其A/D转换功能已经成熟，具有16位的量化精度、数据采集频率使44kHz完全可以满足特定应用范围内数据采集的需要，而且计算机无须添加额外配件便能完成所有音频信号的采集功能，个别性能指标还优于普通商用数据采集卡，因此基于声卡的数据采集系统采用普通声卡作数据采集卡。

LabVIEW数据采集库包含了许多有关采样和生成数据的函数，它们与NI的插卡式或远程数据采集产品协同工作。由于数据采集卡价格低廉、操作携带方便，因此大大地降低了每个通道的成本。

13.4.1 LabVIEW中有关声卡的函数简介

LabVIEW中提供了一系列使用Windows底层函数编写的与声卡有关的函数，右击程序框图，选择"编程"→"图像与声音"→"声音"，包括"输入""输出"和"文件"三个功能模块，每个部分包括若干VI函数，如图13.3所示。声音输出VI用于配置和控制声音输出设备。声音输入VI用于配置和控制声音输入设备。声音文件VI用于创建和获取PC波形文件。由于使用Windows底层函数直接与声卡驱动程序打交道，因此封装层次低，速度快，而且可以访问、采集缓冲区中任意位置的数据，具有很大的灵活性，能够满足实时不间断采集的需要。

13.4.2 声音采集模块LabVIEW程序设计

声音采集模块LabVIEW程序设计是基于计算机的虚拟技术，用以模拟通用示波器的面板操作和处理功能，采用个人计算机及其接口电路来采集现场或实验信号，并通过图形用

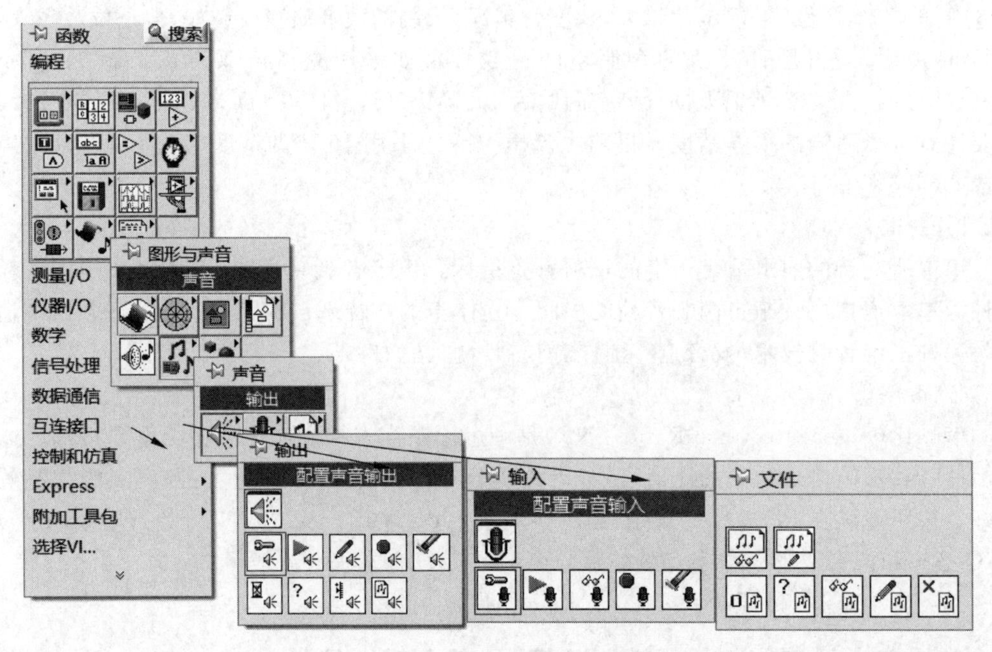

图 13.3 声音各功能模块

户界面(GUI)来模仿示波器的操作面板,实现信号采集、调理、分析处理和显示输出等功能。本节以完成信号采集和显示输出功能为例,介绍声音采集模块的 LabVIEW 程序设计过程。

采集模块主要由以下几部分组成:声卡设置模块、波形实时显示模块、数据采集及储存模块等。程序设计步骤如下:

(1) 新建 VI,单击“文件”→“保存”,自定义命名为“声卡采集系统设计.vi”。

(2) 添加“文件对话框”函数,设置开始路径为默认数据目录,创建类型(所有文件)、类型标签常量控件。

(3) 添加“打开声音文件”函数,右击程序框图,选择“编程”→“图形与声音”→“声音”→“文件”,添加“打开声音文件”,选择“写入”。

(4) 完成配置声音输入函数。

① 右击程序框图,选择“编程”→“图形与声音”→“声音”→“输入”,添加“配置声音输入”,放置在程序框图上。

② 创建每通道采样总数输入控件;创建采样模式输入控件;创建设备 ID 输入控件;创建声音格式输入控件。

(5) 新建 while 循环,在 while 循环上添加“读取声音输入”函数、“按名称解除捆绑”函数、“写入声音文件”函数,“停止按钮”。

(6) 添加“关闭声音文件”函数、“声音输入清零”函数和“简单错误处理器”,放置在程序框图上。

(7) 打开前面板,右键添加“波形图”,放置在前面板上。

(8) 全部添加完成,打开程序框图,将“波形图”放置在 while 循环上。按照图 13.4 完成连线,为最终的程序框图。

程序设计完成后,打开前面板,指定采样模式、设备 ID、每通道采样数和声音格式。设

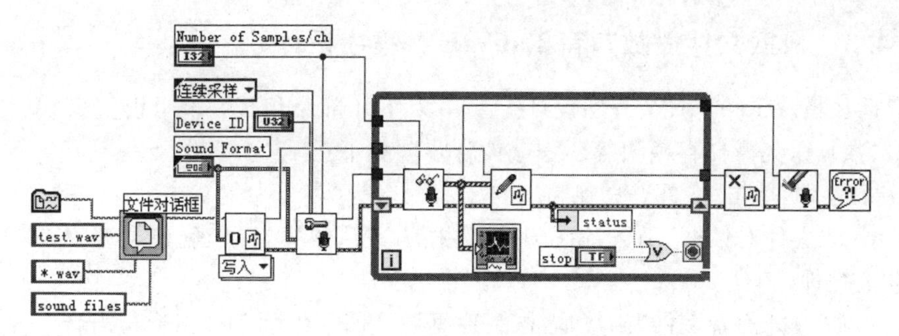

图 13.4　声音采集模块程序框图

备 ID 设置为默认值“0”；其他参数根据实际需求调节。运行 VI，弹出文件保存路径，选择保存路径及文件名称，如图 13.5 所示，保存后 VI 将采集连续信号并在波形图中绘制原始数据，声音采集前面板调试结果如图 13.6 所示。

图 13.5　声音采集文件保存路径

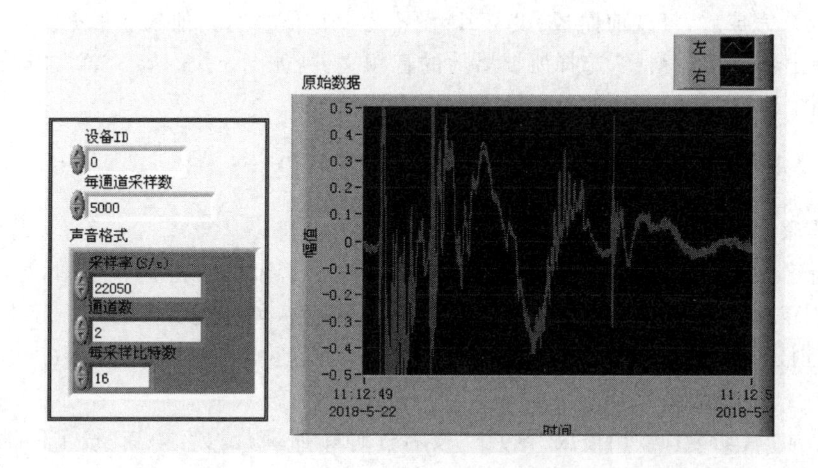

图 13.6　声音采集模块调试结果

13.4.3 根据文件播放声音 LabVIEW 程序设计

声音播放模块 LabVIEW 程序设计主要由以下几部分组成：声卡设置模块、波形实时显示模块、数据采集及储存模块等。程序设计步骤如下：

(1) 新建 VI,单击"文件"→"保存",自定义命名为"声卡采集系统设计.vi"。

(2) 添加"文件对话框"函数,设置开始路径为默认数据目录,创建类型(所有文件)、类型标签常量控件。

(3) 添加"打开声音文件"函数,右击程序框图,选择"编程"→"图形与声音"→"声音"→"文件",添加"打开声音文件",选择"读取"。

(4) 添加"配置声音输入",放置在程序框图上,创建每通道采样数输入控件、采样模式输入控件、设备 ID 输入控件。

(5) 新建 while 循环,在 while 循环上添加"读取声音文件"函数；添加"设置声音输出音量"函数,设置声音输出音量函数音量输入控件,并在前面板中将其替换成"垂直指针滑动杆"；添加"写入声音输出"函数、"按名称解除捆绑"函数、"复合运算"函数。

(6) 添加"关闭声音文件"函数、"声音输出等待"函数、"声音输出清零"函数和"简单错误处理器",放置在程序框图上。

(7) 打开前面板,添加"波形图"和"停止按钮",放置在前面板上。

(8) 全部添加完成,打开程序框图,将"波形图"和"按钮"放置在 while 循环上。按照图 13.7 完成连线,为最终的程序框图。

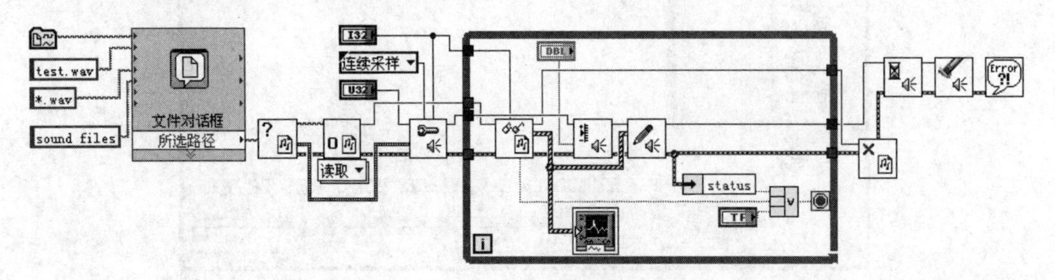

图 13.7 声音播放模块程序框图

程序设计完成后,打开前面板,设备 ID 设置为默认值"0",其他参数根据实际需求调节,运行 VI,弹出输入文件路径,选择所要播放的音频文件,如图 13.8 所示,单击"确定"开始声音播放,如图 13.9 所示。

13.4.4 根据波形播放声音 LabVIEW 程序设计

具体步骤如下：

(1) 新建 VI,完成配置声音输出函数,如图 13.10 所示。右击程序框图,添加"配置声音输出",创建配置声音输出函数每通道采样数输入控件,创建配置声音输出函数采样模式常量控件,创建配置声音输出函数设备 ID 输入控件,创建配置声音输出函数声音格式输入控件。

(2) 添加"启动声音输出播放"函数、"按名称解除捆绑"函数,添加"按名称捆绑"函数,添加 while 循环将其放置在程序框图中。

图 13.8 打开音频文件

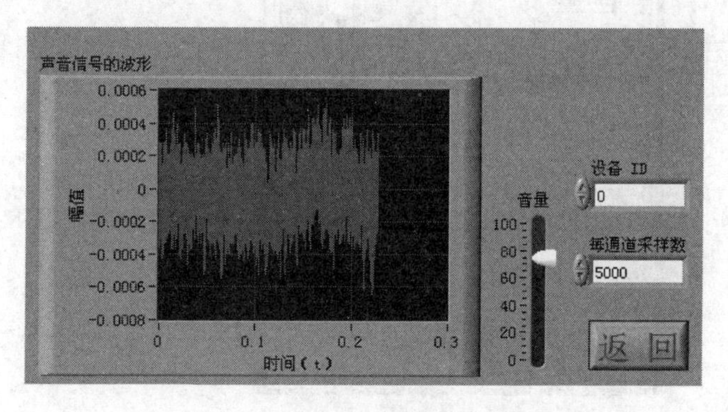

图 13.9 声音播放模块前面板

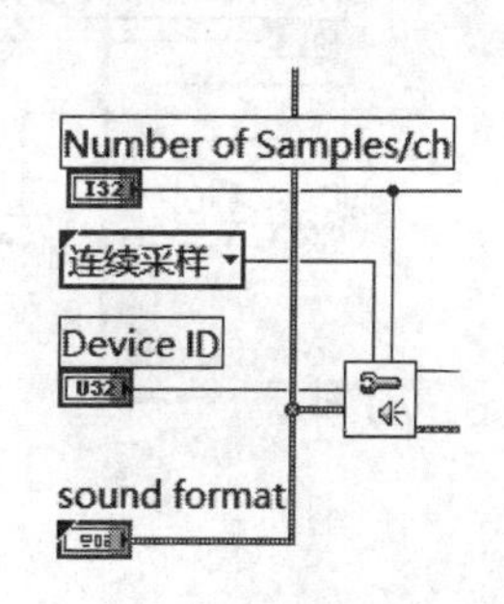

图 13.10 配置声音输出函数

(3) 完成“设置声音输出音量”函数,添加“设置声音输出音量”,创建“设置声音输出音量”函数音量输入控件,并在前面板中将其替换成垂直指针滑动杆。

(4) 完成条件结构:

① 添加“条件结构”,将其放置在程序框图 while 循环中。

② 为条件结构添加 4 个分支,分别命名为 Sine、Square、Sawto 和 Triangle;依次在每个分支右击,选择“信号处理”→“波形生成”→“正弦波形”“方波波形”“锯齿波形”和“三角波形”,如图 13.11 所示。

(5) 添加“写入声音输出”函数、“停止声音输出播放”函数、“声音输出清零”函数、“简单错误处理器”函数,放置在程序框图上。

(6) 打开前面板,添加“波形图”和 STOP,放置在前面板上,打开程序框图,将“波形图”和“停止按钮”放置在 while 循环上。按照图 13.12 完成连线,为最终的程序框图。前面板如图 13.13 所示。

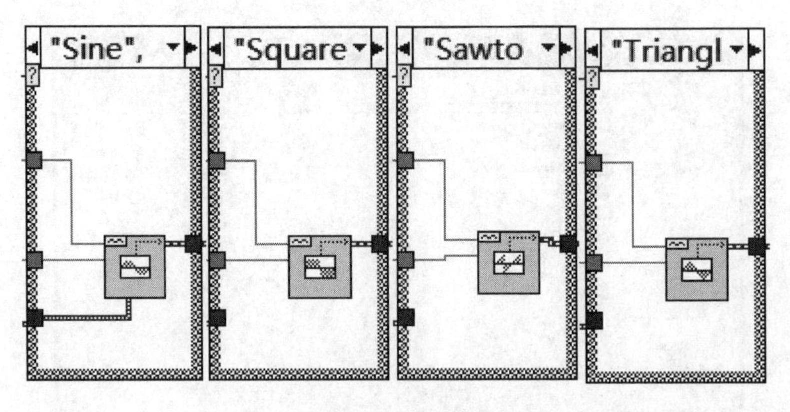

图 13.11 条件结构

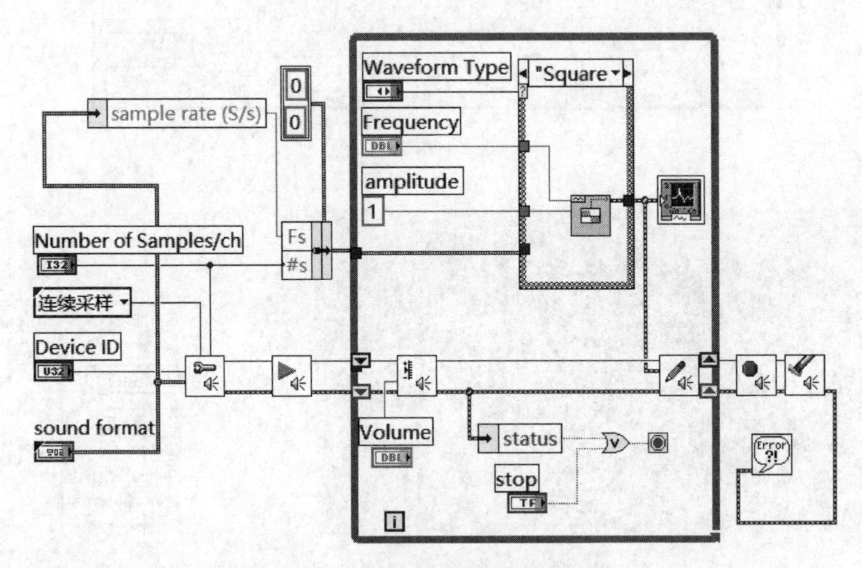

图 13.12 声音播放模块程序框图

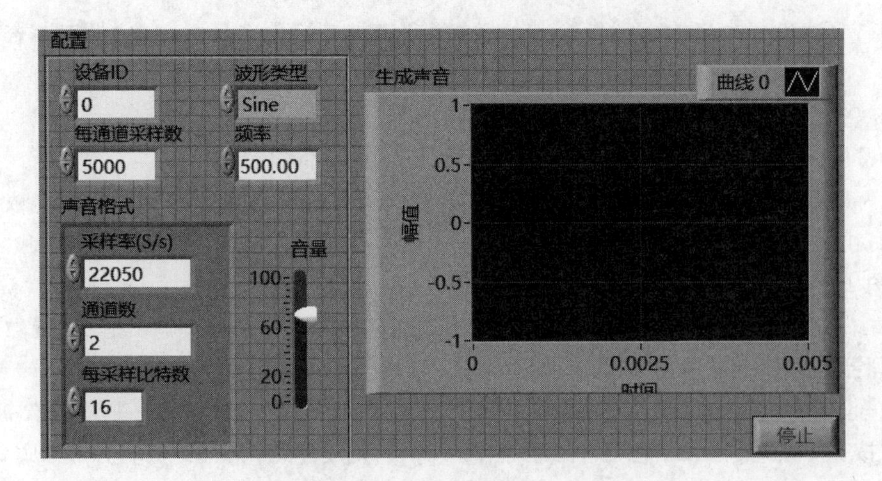

图 13.13 声音播放模块的前面板

参 考 文 献

[1] 侯国屏,王坤,等. LabVIEW 7.1 编程与虚拟仪器设计[M]. 北京:清华大学出版社,2007.

[2] 程学庆,房晓溪,等. LabVIEW 图形化编程与实例应用[M]. 北京:中国铁道出版社,2005.

[3] 刘晋霞,胡仁喜,等. LabVIEW 2012 中文版虚拟仪器从入门到精通[M]. 北京:机械工业出版社,2014.

[4] 阮奇桢. 我和 LabVIEW(一个 NI 工程师的十年编程经验)[M]. 北京:北京航空航天大学出版社,2010.

[5] 陈树学,刘萱. LabVIEW 宝典[M]. 2 版. 北京:电子工业出版社,2018.

[6] 陈飞,陈奎,等. LabVIEW 编程与项目开发实用教程[M]. 西安:西安电子科技大学出版社,2016.

[7] 宋铭. LabVIEW 编程详解[M]. 北京:电子工业出版社,2018.

[8] Nextboard_UserManual_CHS,Nextboard 面板使用手册.

[9] nextsense01_UserManual_CHS,热电偶实验模块使用手册,泛华恒兴.

[10] nextkit万用仪使用说明,泛华恒兴.

[11] 龙华伟,顾永刚. DAQ 8.2.1 与 DAQ 数据采集[M]. 北京:清华大学出版社,2008.

[12] 江建军,孙彪. LabVIEW 程序设计教程[M]. 2 版. 北京:电子工业出版社,2012.

[13] 代峰燕. LabVIEW 基础教程[M]. 北京:机械工业出版社,2016.